高等学校遥感信息工程实践与创新系列教材

遥感综合应用实践

李刚　编著

WUHAN UNIVERSITY PRESS
武汉大学出版社

图书在版编目(CIP)数据

遥感综合应用实践/李刚编著. —武汉：武汉大学出版社,2018.7
高等学校遥感信息工程实践与创新系列教材
ISBN 978-7-307-20270-2

Ⅰ.遥… Ⅱ.李… Ⅲ.遥感技术—高等学校—教材 Ⅳ.TP7

中国版本图书馆 CIP 数据核字(2018)第 119777 号

责任编辑:顾素萍 责任校对:汪欣怡 版式设计:汪冰滢

出版发行:**武汉大学出版社** （430072 武昌 珞珈山）

（电子邮件：cbs22@whu.edu.cn 网址：www.wdp.com.cn）

印刷:湖北民政印刷厂

开本:787×1092 1/16 印张:18.25 字数:433 千字 插页:1

版次:2018 年 7 月第 1 版 2018 年 7 月第 1 次印刷

ISBN 978-7-307-20270-2 定价:39.00 元

序

    实践教学是理论与专业技能学习的重要环节，是开展理论和技术创新的源泉。实践与创新教学是践行"创造、创新、创业"教育的新理念，是实现"厚基础、宽口径、高素质、创新型"复合型人才培养目标的关键。武汉大学遥感信息工程类(遥感、摄影测量、地理国情监测与地理信息工程)专业人才培养一贯重视实践与创新教学环节，"以培养学生的创新意识为主，以提高学生的动手能力为本"，构建了反映现代遥感学科特点的"分阶段、多层次、广关联、全方位"的实践与创新教学课程体系，夯实学生的实践技能。

    从"卓越工程师计划"到"国家级实验教学示范中心"建设，武汉大学遥感信息工程学院十分重视学生的实验教学和创新训练环节，形成了一套针对遥感信息工程类不同专业和专业方向的实践和创新教学体系，形成了具有武大特色以及遥感学科特点的实践与创新教学体系、教学方法和实验室管理模式，对国内高等院校遥感信息工程类专业的实验教学起到了引领和示范作用。

    在系统梳理武汉大学遥感信息工程类专业多年实践与创新教学体系和方法基础上，整合相关学科课间实习、集中实习和大学生创新实践训练资源，出版遥感信息工程实践与创新系列教材，服务于武汉大学遥感信息工程类在校本科生、研究生实践教学和创新训练，并可为其他高校相关专业学生的实践与创新教学以及遥感行业相关单位和机构的人才技能实训提供实践教材资料。

    攀登科学的高峰需要我们沉下去动手实践，科学研究需要像"工匠"般细致入微实验，希望由我们组织的一批具有丰富实践与创新教学经验的教师编写的实践与创新教材，能够在培养遥感信息工程领域拔尖创新人才和专门人才方面发挥积极作用。

2017 年 1 月

1

前　　言

　　"摄影测量与遥感"是武汉大学的优势学科，是教育部审定的首批全国重点学科，也是 211 和 985 工程重点建设学科。在该学科基础上创建与发展的"遥感科学与技术"专业是国家一类特色专业、湖北省"高校人才培养质量与创新工程品牌专业"。

　　在笔者申报的教育部首批新工科研究项目"面向新工科的遥感信息工程实践教育体系与实践平台构建"支持下，对《遥感综合应用实践》一书进行了编纂，在吸收摄影测量与遥感学科部分相关科研成果的基础上，将遥感技术与环境监测中的热点问题相结合，通过设置自主设计型、综合应用型、程序开发型与探索研究型实验教学环节，以具体典型应用为基础，将遥感原理、遥感方法、遥感软件操作、遥感算法编程、遥感数字图像处理结合起来，力求在内容和编排表达方面有新的突破，培养学生理论联系实际、解决遥感应用问题的能力以及研究开发的能力。

　　全书共分 8 章，引入了 7 个具体典型专题的应用，如基于像素的变化检测、面向对象的信息提取、高光谱影像分类、叶绿素浓度反演、气溶胶光学厚度反演、地表温度反演、SAR 影像提取 DEM，包括 3 种遥感主流软件 ERDAS、ENVI、eCognition 的操作，涉及 7 种影像如多光谱影像、高分辨率影像、热红外影像、雷达影像、高光谱影像等的处理，以及 VS \ GDAL \ OpenCV 的遥感处理编程。第一章介绍了利用 VS 进行遥感影像处理编程的基础知识，以及 GDAL 库和 OpenCV 库的相关知识。第二章介绍了遥感影像变化检测的理论、方法与实验，对遥感变化检测的原理和方法进行了概括、总结，重点讲解了基于特征差异的变化检测方法、基于主分量变换的光谱特征变化检测实验、基于 EM 算法的纹理特征变化检测实验、分类后比较法的变化检测方法与实验以及变化检测的精度评定。第三章介绍了面向对象的遥感影像信息提取的理论、方法与实验，包括多尺度影像分割方法与实验、面向对象特征的信息提取方法与实验、面向对象分类的信息提取方法与实验、面向对象的变化信息提取方法与实验。第四章介绍了多光谱遥感影像叶绿素浓度反演的理论、方法与实验，对水域叶绿素浓度反演的原理和方法进行了概括和总结，重点讲解了 TM 影像叶绿素 a 浓度经验法反演方法与实验、MODIS 影像叶绿素 a 浓度半经验法反演方法与实验。第五章介绍了热红外遥感影像地表温度反演的理论、方法和实验，对遥感地面温度反演的原理和方法进行了概括和总结，重点讲解了单窗算法地表温度反演的方法与实验，包括影像的辐射定标、大气校正、影像分类、计算植被覆盖度、地表比辐射率、亮度温度以及地表温度反演等。第六章介绍了 MODIS 影像气溶胶光学厚度反演的理论、方法和实验，对遥感气溶胶光学厚度反演的原理和方法进行了概括和总结，重点介绍了基于 6S 模型的气溶胶光学厚度反演的方法与实验，包括利用 VS 程序设计实现暗目标提取、6S 模型调用、查找表生成以及光学厚度匹配反演等。第七章介绍了利用 SAR 影像提取 DEM 的理论、方法和实验，对利用 SAR 影像提取 DEM 的原理和方法进行了概括和总结，重点讲解了利用 SAR 立体像对提取 DEM 的方法与实验，包括轨道纠正、影像裁剪、去噪滤波、影像配准、影像匹配、生成 DEM 等。第八章介绍了高光谱影像分类的理论、方法和实验，对高光谱影像分类的原理和方法进行了概括和总结，重点讲解了基于 PPI 端元提取的高光谱影像分类方法与实验，包括高光谱影像的辐射校正、最小噪声分离变换、计算 PPI 指数、N 维可视化端元提取、端元波谱分析和影像分类等。最后对遥感信息工程国家级实验教学示范中心的建设与教学改革做了介绍，总结了基于工程教育认证的遥感综合实验课程的改革与创新。

本书是教育部首批新工科研究与实践项目"面向新工科的遥感信息工程实践教育体系与实践平台构建"、武汉大学教学研究项目"新工科背景下遥感综合实习的创新教学研究"（项目编号 2018JG074）、湖北省教学研究项目"基于 CDIO 模式的遥感实践教学改革研究"（项目编号 2013016）和"遥感信息工程国家级实验教学示范中心"的成果，全书由李刚编写完成。本书既可以作为遥感、GIS、测绘等专业本科生学习遥感技术的教材，也可供从事遥感应用的人员参考。本书在编写过程中参考了相关网站的电子资料以及科技著作和论文，有些未能在参考文献中一一列出，在此一并表示衷心感谢。

由于笔者水平和时间有限，书中不足之处在所难免，恳请读者批评指正，使本书能够得到逐步改进和完善。

李　刚

2018 年 7 月

目　　录

第一章　遥感影像处理编程基础

1.1　VS 编程中 GDAL 库和 OpenCV 库的配置

Visual Studio 是微软公司推出的开发工具包系列产品，是目前最流行的 Windows 平台应用程序开发环境。Visual Studio 2010 对 C++新标准 C++0x 支持，引进的 C++新特性带来了 C++性能与效率的更大提升。

GDAL(Geospatial Data Abstraction Library)是一个在 X/MIT 许可协议下的开源栅格空间数据转换库，它利用抽象数据模型来表达所支持的各种文件格式，抽象数据模型包括数据集(dataset)、坐标系统(coordinate system)、仿射地理坐标转换(Affine Geo Transform)、大地控制点(GCPs)、元数据(Metadata)、栅格波段(Raster Band)、颜色表(Color Table)、子数据集域(Subdatasets Domain)、图像结构域(Image_Structure Domain)、XML 域(XML：Domains)等。GDAL 提供对多种栅格数据的支持，包括 Arc/Info ASCII Grid(asc)、GeoTiff(tiff)、Erdas Imagine Images(img)、ASCII DEM(dem)等格式。

OpenCV 是开源计算机视觉库，由 C++语言编写，它的主要接口也是 C++语言，实现了图像处理和计算机视觉方面的很多通用算法。OpenCV 拥有包括 500 多个 C/C++函数的跨平台的中、高层 API。作为一个基本的计算机视觉、图像处理和模式识别的开源项目，OpenCV 可以直接应用于很多领域，如物体识别、图像处理、人脸识别、动作识别、运动跟踪、机器人、人机互动等。

1.1.1　建立 MFC 应用程序

启动 VS2010 打开"新建项目"窗口，选择"MFC 应用程序"，输入项目名称 CDTest，如图 1.1.1 所示。

单击"确定"按钮，按照"MFC 应用程序向导"，单击"下一步"按钮直到生成类窗口。在视图类 CCDTestView 的"基类"中选择 CScrollView 类，使视图客户区支持滚动条，以能完整显示超过绘图客户区尺寸的图像，如图 1.1.2 所示。

单击"完成"按钮，即创建了一个 MFC 应用程序。MFC 文档/视图结构的应用程序至少包含：

① CCDTestApp 类。CCDTestApp 类是 CWinAppEx 的派生类，CCDTestApp 类对象负责整个应用程序的管理，按消息映射网络分配消息给它的所有子程序。

② CMainFrame 类。CMainFrame 类是 CMDIFrameWndEx 类的派生类，CMainFrame 类对象是程序的主窗体，包含菜单、工具栏、状态栏、视图等。

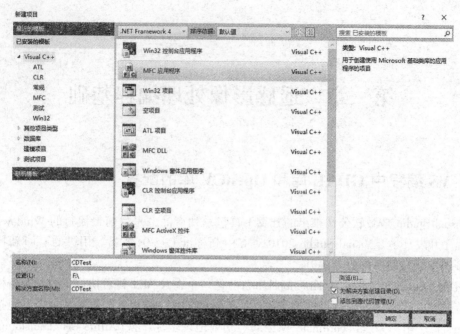

图 1.1.1　新建项目

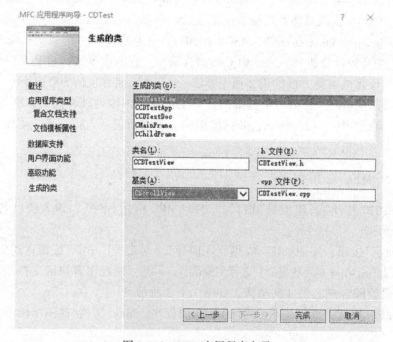

图 1.1.2　MFC 应用程序向导

　　③ CCDTestDoc 类。CCDTestDoc 类是 CDocument 类的派生类，CCDTestDoc 类对象存储应用程序的数据，并把这些信息提供给应用程序的其他部分。

④ CCDTestView 类。CCDTestView 类是 CScrollView 类的派生类,CCDTestView 类对象对应框架窗口客户区,接受用户对应用程序的输入,并显示相关联的文档数据。

MFC 多文档视图结构可以处理多个文档,每个文档至少对应一个关联视图。视图只能与一个文档相关联。文档用于保存数据,视图用来显示数据。文档模板维护文档、视图之间的关系,文档视图结构在开发大型软件项目时比较方便。

1.1.2 配置 GDAL 库

GDAL 是一个操作各种栅格地理数据格式的开源栅格空间数据转换库。已经编译好的 GDAL 库中包含 include、lib、bin 三个文件夹。将 include 文件夹、lib 文件夹复制到当前新建项目目录下,将 bin 目录下的 gdal19. dll 复制到 Debug 目录下。在 VS2010 项目界面中点击"视图"→"解决方案资源管理器",在打开的"解决方案资源管理器"中用鼠标右键点击项目名称"CDTest",选择"属性"后打开"CDTest 属性页"窗口。点击"VC++目录",在"包含目录"中添加 GDAL 的 include 文件夹,在"库目录"中添加 GDAL 的 lib 文件夹,如图 1.1.3 所示。

图 1.1.3 "VC++目录"设置

单击"应用"、"确定"按钮后,在"CDTest 属性页"窗口单击"链接器"→"输入",在"附加依赖项"中添加 gdal_i. lib,如图 1.1.4 所示。

在运用 GDAL 开源库对影像读写之前,需要注意三个问题:

① 在工程中包括 GDAL 开源库的头文件,在需要用到 GDAL 的程序中添加以下引用:

图 1.1.4　添加附加依赖项

#include<gdal. h>、#include<gdal_priv. h>。

② 在调用 GDAL 函数库前添加 GDALAllRegister( )函数，实现对 GDAL 开源库所有已知驱动的注册。

③ 在读取中文路径的影像文件时，添加 CPLSetConfigOption（"GDAL_FILENAME_IS_UTF8"，"NO"），实现对中文路径的支持。

1.1.3　配置 OpenCV 库

OpenCV 是基于 C++实现的强大的图形图像处理库，包含很多图像处理和机器学习的工具函数。将已编译好的 OpenCV 库中的 include 文件夹复制到当前新建工程目录下，将 lib 文件夹下的 opencv_core248d. lib、opencv_highgui248d. lib、opencv_imgproc248d. lib、opencv_legacy248d. lib、opencv_ml248d. lib 复制到项目目录中的 lib 文件夹中，将 bin 文件夹中的 opencv_core248d. dll、opencv_highgui248d. dll、opencv_imgproc248d. dll、opencv_legacy248d. dll、opencv_ml248d. dll 复制到 Debug 目录下。在"解决方案资源管理器"中用鼠标右键点击项目名称"CDTest"，选择"属性"后打开"CDTest 属性页"窗口。点击"VC++目录"，在"包含目录"中添加 include、include \ opencv、include \ opencv2，在"库目录"中添加 lib 文件夹，如图 1.1.5 所示。

单击"应用"、"确定"按钮后，在"CDTest 属性页"窗口单击"链接器"→"输入"，在"附加依赖项"中添加 opencv_core248d. lib、opencv_highgui248d. lib、opencv_imgproc248d. lib、opencv_legacy248d. lib、opencv_ml248d. lib，如图 1.1.6 所示。

图 1.1.5　"VC++目录"设置

图 1.1.6　添加附加依赖项

在 VS 中使用 OpenCV 时，需要在程序开头包含头文件#include<opencv2/highgui/
highgui. hpp>、#include<opencv2/imgproc/imgproc. hpp>，如果需要使用 OpenCV 中的 ml
库，就需要在 C++代码中加入对应的头文件#include<opencv2/ml/ml. hpp>。

1.2 利用 GDAL 库读写显示遥感影像实验

【实验目的和意义】

① 掌握在 VS2010 中配置 GDAL 库的方法。

② 掌握 GDAL 常用函数的使用方法。

③ 会利用 GDAL 库实现遥感影像读写显示功能。

【实验软件】

VS2010，GDAL 库。

1.2.1 建立影像类

为方便处理影像的读写显示等基本操作，需要建立一个影像类，在影像类中将影像的一些基本属性声明为数据成员，并定义对影像进行读写显示处理的一些成员函数。新建 IMG. h 文件，在 IMG. h 文件中影像类 CImg 初步声明以下数据成员和成员函数：

```
class CImg
{
    public:
        CImg(void);
        ~CImg(void);
    public:
        GDALDataset * poDataset;
        BYTE * m_BandsDataPtr;
        GDALRasterBand * pRasterBand;
        double * m_pdBandMaxVal;
        double * m_pdBandMinVal;
        BYTE * myDib;
        BYTE * m_pDIBs;
        LONG dibWidth;
        LONG dibHeight;
        BITMAPINFO * bitinfor;
        long lLineBYTES;
        LONG nWidth;
        LONG nHeight;
        int nBands;
        GDALDataType nDataType;
};
```

其中，poDataset 是影像数据集指针，m_BandsDataPtr、pRasterBand 分别表示影像数据内存指针、波段指针，m_pdBandMaxVal、m_pdBandMinVal 分别表示各波段的最大值数组、最小值数组, myDib、m_pDIBs、bitinfor、dibHeight、dibWidth、lLineBYTES 分别表示影像显示位图的位图指针、位图数据指针、位图信息指针、位图高度、位图宽度、每行字节数, nWidth、nHeight、nBands、nDataType 分别表示影像的宽度、高度、波段数、数据类型。

1.2.2　读取影像文件

（1）定义读取影像文件的函数

该函数从影像文件中读取影像数据, 并创建一个显示位图, 函数定义如下:

```
int CImg::OpenGdalFile(char * pszFilename, GDALAccess eAccess)
{
    GDALAllRegister();
    CPLSetConfigOption("GDAL_FILENAME_IS_UTF8","NO");
    poDataset = (GDALDataset *) GDALOpen(pszFilename, GA_ReadOnly);
    if( poDataset == NULL )
    {
        AfxMessageBox((LPCTSTR)"File open Error!",0,0);
    }
    nWidth = poDataset->GetRasterXSize();
    nHeight = poDataset->GetRasterYSize();
    nBands = poDataset->GetRasterCount();
    nDataType = poDataset->GetRasterBand(1)->GetRasterDataType();
    if(nBands>=3)
        CreateDIB(3,nWidth,nHeight);
    else
        CreateDIB(1,nWidth,nHeight);
    GetRasterData();
    return 0;
}
```

（2）定义创建位图的函数

该函数生成一个指定高度、宽度和类型的真彩色位图或灰度位图,函数定义如下:

```
void CImg::CreateDIB(int DibType,LONG nWidth,LONG nHeight)
{
    BITMAPINFOHEADER  *hdr;
    dibWidth = nWidth;
    dibHeight = nHeight;
    if ( DibType == 3 )
    {
        lLineBYTES = (nWidth * 24+31)/32 * 4;
        myDib = new
```

```
        BYTE[ sizeof( BITMAPINFOHEADER )+lLineBYTES * nHeight];
        memset( myDib ,0 , sizeof( BITMAPINFOHEADER )+lLineBYTES * nHeight);
        m_pDIBs = myDib+sizeof( BITMAPINFOHEADER );
        hdr = ( BITMAPINFOHEADER * ) myDib;
        hdr->biBitCount = 24;
        hdr->biClrImportant = 0;
        hdr->biClrUsed = 0;
        hdr->biCompression = BI_RGB;
        hdr->biHeight = nHeight;
        hdr->biPlanes = 1;
        hdr->biSize = 40;
        hdr->biSizeImage = lLineBYTES * nHeight;
        hdr->biWidth = nWidth;
        hdr->biXPelsPerMeter = 0;
        hdr->biYPelsPerMeter = 0;
    }
    if ( DibType = = 1 )
    {
        lLineBYTES = ( nWidth * 8+31 )/32 * 4;
        myDib = new
        BYTE[ sizeof( BITMAPINFOHEADER )+256 * sizeof( RGBQUAD )+lLineBYTES
         * nHeight];
        memset( myDib ,0 , sizeof( BITMAPINFOHEADER )+256 * sizeof( RGBQUAD )+
        lLineBYTES * nHeight);
        m_pDIBs = myDib+sizeof( BITMAPINFOHEADER )+256 * sizeof( RGBQUAD );
        hdr = ( BITMAPINFOHEADER * ) myDib;
        hdr->biBitCount = 8;
        hdr->biClrImportant = 0;
        hdr->biClrUsed = 0;
        hdr->biCompression = BI_RGB;
        hdr->biHeight = nHeight;
        hdr->biPlanes = 1;
        hdr->biSize = 40;
        hdr->biSizeImage = lLineBYTES * nHeight;
        hdr->biWidth = nWidth;
        hdr->biXPelsPerMeter = 0;
        hdr->biYPelsPerMeter = 0;
        RGBQUAD * rgb = ( RGBQUAD * )
```

```
                （myDib+sizeof（BITMAPINFOHEADER））；
            for（int i＝0;i<256;i++）
                {
                    rgb[i].rgbBlue＝i；
                    rgb[i].rgbGreen＝i；
                    rgb[i].rgbRed＝i；
                    rgb[i].rgbReserved＝0；
                }
        }
        bitinfor＝（BITMAPINFO ＊）myDib；
    }
```

（3）定义读取影像数据的函数

该函数将影像数据读到内存中，并对位图数据区赋值，函数定义如下：

```
BYTE ＊ CImg::GetRasterData（）
{
    int nTypeSize＝GDALGetDataTypeSize（nDataType）；
    if（m_BandsDataPtr！＝NULL）
    {
        delete []m_BandsDataPtr；
        m_BandsDataPtr＝NULL；
    }
    m_BandsDataPtr ＝ new BYTE [nWidth ＊ nHeight ＊ nTypeSize ＊ nBands]；
    if（ m_BandsDataPtr ＝＝ NULL ）
    {
        AfxMessageBox（（LPCTSTR）"申请缓存错误",0,0）；
        return NULL；
    }
    poDataset->RasterIO（GF_Read,0,0,nWidth,nHeight,m_BandsDataPtr,nWidth,
    nHeight,nDataType,nBands,NULL,0,0,0）；
    switch（nDataType）
    {
    case GDT_Byte：
        SetDibData（byte（0））；
        break；
    case GDT_UInt16：
        SetDibData（WORD（0））；
        break；
    case GDT_Int16：
```

```
                SetDibData(short(0));
                break;
        case GDT_UInt32:
                SetDibData(DWORD(0));
                break;
        case GDT_Int32:
                SetDibData(int(0));
                break;
        case GDT_Float32:
                SetDibData(float(0));
                break;
        case GDT_Float64:
                SetDibData(double(0));
                break;
            default:
                break;
        }
        return m_BandsDataPtr;
}
```

（4）定义对位图数据区赋值的函数

该函数根据内存中的影像数据，求出波段最小值和最大值，将各波段数据按最小值、最大值缩放到[0,255]的范围内，并赋值相应的位图数据区，函数定义如下：

```
template<class T>
void CImg::SetDibData(T)
{
        T * pDataTemp=(T *)m_BandsDataPtr;
        GDALRasterBand * pBand;
        m_pdBandMinVal=new double[nBands];
        m_pdBandMaxVal=new double[nBands];
        if (nBands>=3)
        {
                for (int k=0;k<nBands;k++)
                {
                        pBand=poDataset->GetRasterBand(k+1);
                        pBand->GetStatistics(FALSE,TRUE,&m_pdBandMinVal[k],
                        &m_pdBandMaxVal[k],NULL,NULL);
                        if (k<3)
                        {
```

```
            for (int j=0;j<nHeight;j++)
            {
                for (int i=0;i<nWidth;i++)
                {
                    if (nDataType==GDT_Byte)
                    {
                        m_pDIBs[(nHeight-1-j) * lLineBYTES+i * 3+(2-k)]
                        =pDataTemp[j * nWidth+i+k * nWidth * nHeight];
                    }
                    else
                        m_pDIBs[(nHeight-1-j) * lLineBYTES+i * 3+(2-
                        k)]=(BYTE)(((T)pDataTemp[j * nWidth+i+k *
                        nWidth * nHeight]-m_pdBandMinVal[k]) * 255/(m_
                        pdBandMaxVal[k]-m_pdBandMinVal[k])+0.5);
                }
            }
            pBand->FlushCache();
        }
    }
}
else
{

    pBand=poDataset->GetRasterBand(1);
    pBand->GetStatistics(FALSE,TRUE,&m_pdBandMinVal[0],
    &m_pdBandMaxVal[0],NULL,NULL);
    for (int j=0;j<nHeight;j++)
    {
        for (int i=0;i<nWidth;i++)
        {
            if (nDataType==GDT_Byte)
            {
                m_pDIBs[(nHeight-1-j) * lLineBYTES+i]=pDataTemp[j *
                nWidth+i];
            }
            else
                m_pDIBs[(nHeight-1-j) * lLineBYTES+i]=(BYTE)(((T)
                pDataTemp[j * nWidth+i]-m_pdBandMinVal[0]) * 255/(m_
                pdBandMaxVal[0]-m_pdBandMinVal[0])+0.5);
```

```
            }
         }
            pBand->FlushCache();
      }
}
```

1.2.3 显示影像文件

MFC 文档视图结构中，需要在文档中读取、存储数据，在视图中显示数据。

（1）重新定义 CCDTestDoc 文档类的成员函数 OnOpenDocument

在 CDTest 项目窗口中，点击"项目"→"类向导"打开"MFC 类向导"对话框，在"类名"中选择 CCDTestDoc，点击"虚函数"后选择 OnOpenDocument，点击"编辑代码"，定义代码如下：

```
pImg->OpenGdalFile((char *)lpszPathName,GA_ReadOnly);
```

（2）在视图类 CCDTestView 中定义 OnDraw(CDC * pDC)函数

OnDraw(CDC * pDC)函数在视图客户区显示文档类成员函数 OnOpenDocument()读取的影像数据，该函数代码如下：

```
CCDTestDoc * pDoc = GetDocument();
ASSERT_VALID(pDoc);
if(!pDoc)
    return;
if(pDoc->pImg->poDataset==NULL)return;
RECT DCRect,DIBRect;
DCRect.top=0;
DCRect.left=0;
DCRect.right=pDoc->pImg->nWidth;
DCRect.bottom=pDoc->pImg->nHeight;
DIBRect=DCRect;
CSize sizeTotal;
sizeTotal.cx=DCRect.right;
sizeTotal.cy=DCRect.bottom;
SetScrollSizes(MM_TEXT, sizeTotal);
pDoc->pImg->Paint(pDC->m_hDC,&DCRect,&DIBRect);
```

（3）创建影像类的绘图函数

文档类成员函数 OnOpenDocument()读取影像数据后，根据影像数据创建一个显示位图，定义影像类的绘图函数绘制显示位图，该函数代码如下：

```
bool CImg::Paint(HDC hDC, LPRECT lpDCRect, LPRECT lpDIBRect)
{
    ::SetStretchBltMode(hDC,COLORONCOLOR);
```

```
::StretchDIBits(hDC,lpDCRect->left,lpDCRect->top,lpDCRect->right-lpDCRect->left,
lpDCRect->bottom-lpDCRect->top,lpDIBRect->left,lpDIBRect->top,
lpDIBRect->right-lpDIBRect->left,lpDIBRect->bottom-lpDIBRect->top,
m_pDIBs,bitinfor,DIB_RGB_COLORS,SRCCOPY);
return TRUE;
}
```

1.2.4 存储影像文件

（1）定义存储影像数据的函数

该函数根据影像数据的类型，将内存中的影像数据存储为文件，函数代码定义如下：

```
BOOL CImg::SaveImage(CString lpszpathName)
{
    switch(nDataType)
    {
    case GDT_Byte:
        SaveImage(byte(0),lpszpathName);
        break;
    case GDT_UInt16:
        SaveImage(WORD(0),lpszpathName);
        break;
    case GDT_Int16:
        SaveImage(short(0),lpszpathName);
        break;
    case GDT_UInt32:
        SaveImage(DWORD(0),lpszpathName);
        break;
    case GDT_Int32:
        SaveImage(int(0),lpszpathName);
        break;
    case GDT_Float32:
        SaveImage(float(0),lpszpathName);
        break;
    case GDT_Float64:
        SaveImage(double(0),lpszpathName);
        break;
    default:
        break;
    }
```

13

```
        return TRUE;
    }
```

（2）定义存储影像文件的函数模板

函数模板用来创建通用函数，将函数使用的数据类型作为参数，以支持多种不同类型的形参。函数模板的声明形式如下：

template<typename 数据类型参数标识符>

<返回类型><函数名>（参数表）

{

　　函数体

}

其中，template 是定义函数模板的关键字，typename（或 class）是声明数据类型参数标识符的关键字，用以说明它后面的标识符是数据类型标识符。该函数将内存中的确定类型的影像数据存储为文件，函数代码如下：

```
template<class T>
void CImg::SaveImage(T,CString lpszpathName)
{
        int index;
        index=lpszpathName. Find('. ');
        CString str=lpszpathName. Right(lpszpathName. GetLength()-index-1);
        str. MakeLower();
        str=GetFileGeshi(str);
        GDALDataset * pDatasetSave;
        GDALDriver * pDriver;
        pDriver=GetGDALDriverManager()->GetDriverByName(str);
        char * * papszOptions=pDriver->GetMetadata();
        pDatasetSave=pDriver->Create(lpszpathName,nWidth,nHeight,nBands,nDataType,
        papszOptions);
        T * pDataTemp=(T *)m_BandsDataPtr;
        pDatasetSave->RasterIO(GF_Write,0,0,nWidth,nHeight,pDataTemp,nWidth,
        nHeight,nDataType,nBands,NULL,0,0,0);
        GDALClose(pDatasetSave);
}
```

（3）定义文件存储格式的函数

该函数获得文件的标准后缀名，作为 GetDriverByName() 函数的参数获得文件的存储格式，函数代码如下：

```
CString CImg::GetFileGeshi(CString str)
{
        if(str=="jpg"||str=="jpeg")
```

```
        return "JPEG";
    if( str = = "bmp")
        return "BMP";
    if( str = = "tiff" || str = = "tif")
        return "GTIFF";
    if( str = = "gif")
        return "GIF";
    if( str = = "png")
        return "PNG";
    if( str = = "img")
        return "HFA";
    return str;
}
```

【实验考核】

① 在 VS2010 中正确配置已编译好的 GDAL 库。

② 正确编写利用 GDAL 库的遥感影像读写显示函数,并封装一个影像类。

③ 调试程序,实现遥感影像读写显示功能。

1.3　利用 OpenCV 读写显示图像实验

【实验目的和意义】

① 掌握在 VS2010 中配置 OpenCV 库的方法。

② 掌握 OpenCV 中基本图像处理函数的使用方法。

③ 会利用 OpenCV 库实现图像读写显示功能。

【实验软件】

VS2010,OpenCV 2.4.8。

1.3.1　创建 Mat 对象

Mat 是一个通用的矩阵类,也是一个图像容器类,可用来创建和操作多维矩阵。在 OpenCV 中 Mat 由两个数据部分组成,包括矩阵头和一个指向存储所有像素值矩阵的指针。矩阵头包含矩阵尺寸、存储方法、存储地址等信息,矩阵头的尺寸是常数值。像素值矩阵根据存储方法的不同具有不同维数,矩阵尺寸随图像的不同而不同。

(1) Mat 类构造函数

Mat 类构造函数创建矩阵的形式有多种,如:Mat(int rows, int cols, int type)、Mat(Size size, int type)、Mat(int rows, int cols, int type, const Scalar& s)、Mat(Size size, int type, const Scalar& s)、Mat(const Mat& m)、Mat(int rows, int cols, int type, void * data, size_t step = AUTO_STEP)、Mat(Size size, int type, void * data, size_t step = AUTO_STEP)、Mat(const Mat& m, const Range& rowRange, const Range& colRange = Range::all( ))、Mat (const Mat& m, const Rect& roi)、Mat(int ndims, const int * sizes, int type)、Mat(int ndims, const int * sizes, int type, const Scalar& s)、Mat(int ndims, const int * sizes, int type, void * data, const size_t * steps＝0)、Mat(const Mat& m, const Range * ranges)等。对于二维多通道矩阵，需要定义行数、列数，指定存储元素的数据类型以及每个矩阵的通道数，如以下语句定义二维矩阵：

Mat M(5,8,CV_8UC3, Scalar(0,0,255));

cout << "M = " << endl << " " << M << endl << endl;

数据类型和通道数使用 CV_[The number of bits per item][Signed or Unsigned][Type Prefix]C[The channel number]定义，CV_8UC3 表示使用 8 位 unsigned char 型，且每个像素由三个元素组成三通道。Scalar 是 short 型 vector，用来初始化矩阵。为创建多维矩阵，可通过构造函数指定维数，传递一个指向包含每个维度尺寸的数组的指针进行初始化，如以下语句定义三维矩阵：

int sz[3] = {2,2,2}; Mat L(3,sz, CV_8UC(1), Scalar∷all(0));

（2）create()函数

create()函数有如下形式：create(int rows, int cols, int type)、create(Size size, int type)、create(int ndims, const int * sizes, int type)，可创建矩阵，并为矩阵分配内存，OpenCV 中大多数函数当返回值是 Mat 时会自动调用该 create()函数。如以下语句创建 4 行 4 列的 8 位无符号 2 通道矩阵：

M. create(4,4, CV_8UC(2));

create()函数不能为矩阵设初值，只是在改变尺寸时重新为矩阵数据开辟内存。

（3）矩阵赋值

可通过赋值运算符"="将一个矩阵赋值给另一个矩阵，如以下语句实现矩阵之间的赋值运算：

Mat A = (Mat_<float>(2, 2) << 1, 2, 3, 4);

Mat B = (Mat_<float>(1, 4) << 3, 2, 1, 4);

Mat C = A; C = B;

OpenCV 矩阵赋值时使用引用计数机制，只拷贝信息头和矩阵指针而不拷贝矩阵。每个 Mat 对象都有自己的信息头，但矩阵指针指向同一地址，共享同一个矩阵。

（4）clone()或 copyTo()复制函数

当在程序中传递图像并创建拷贝时，比较占用内存是由矩阵数据区而不是信息头造成的。clone()或 copyTo()函数复制矩阵时，既复制信息头，又对矩阵数据区进行内存复制，以下语句对矩阵进行了深复制：

Mat RowClone = C. row(1). clone();

cout << "RowClone = " << endl << " " << RowClone << endl << endl;

Mat F = A. clone()

A. copyTo(G)

（5）小矩阵的初始化

对于小矩阵可以使用逗号分隔的初始化函数：

Mat c =（Mat_<double>(3,3)<<1,2,3,0,−1,0,4,5,6）；

在对图像进行模板运算时，定义模板中使用这种方法比较方便。

1.3.2　访问 Mat 元素

（1）.ptr 和[ ]操作符

Mat 最直接的访问方法是通过.ptr<>函数得到一行的指针，并用[ ]操作符访问某一列的像素值。如以下代码通过.ptr 和[ ]操作符访问 Mat 元素：

```
Mat image = imread("d:\\Lena.jpg");
int nr = image.rows;
int nc = image.cols * image.channels();
for (int j=0; j<nr; j++)
{
    uchar * data = image.ptr<uchar>(j);
    for (int i=0; i<nc; i++)
        data[i] = data[i]/div * div + div/2;
}
```

（2）.ptr 和指针操作

```
Mat image = imread("d:\\Lena.jpg");
int nr = image.rows;
int nc = image.cols * image.channels();
for (int j=0; j<nr; j++)
{
    uchar * data = image.ptr<uchar>(j);
    for (int i=0; i<nc; i++)
        * data++= * data/div * div + div/2;
}
```

（3）at( )和行列号

```
int nr = image.rows; // number of rows
int nc = image.cols; // number of columns
for (int j=0; j<nr; j++)
{
    for (int i=0; i<nc; i++)
    {
        image.at<cv::Vec3b>(j,i)[0]=image.at<cv::Vec3b>(j,i)[0]/div * div+div/2;
        image.at<cv::Vec3b>(j,i)[1]=image.at<cv::Vec3b>(j,i)[1]/div * div+div/2;
        image.at<cv::Vec3b>(j,i)[2]=image.at<cv::Vec3b>(j,i)[2]/div * div+div/2;
    }
}
```

（4）Mat 迭代器 Mat_iterator

Mat_< Vec3b>∷iterator it = image. begin<Vec3b>( );

Mat_< Vec3b>∷iterator end = image. end< Vec3b>( );

for （ ; it! = itend; ++it)

{

　　(∗ it)[0] = (∗ it)[0] ∗2;

　　(∗ it)[1] = (∗ it)[1] ∗2;

　　(∗ it)[2] = (∗ it)[2] ∗2;

}

（5）Mat∷data

data 指向矩阵数据区的首地址，默认是 uchar ∗ 类型。若知道每行的字节数和元素字节数，可以通过 data 得到元素的地址为 M. data + M. step[0] ∗ i_0 + M. step[1] ∗ i_1 + ⋯ + M. step[M. dims−1] ∗ $i_{M.dims−1}$，step[i]是第 i 维占用的字节数。对于二维矩阵第 i 行第 j 列元素的地址为 Addr(Mi,j) = M. data + M. step[0] ∗ i + M. step[1] ∗j，step[0]是一行占用的字节数，step[1]是一个元素占用的字节数。

1.3.3　Mat 的基本操作

Mat∷convertTo(OutputArray m,int rtype,double alpha = 1,double beta = 0) const
将源矩阵在缩放或不缩放的情况下转换为另一种数据类型的目标矩阵。rtype 是目标矩阵的类型，若 rtype 为负，则目标矩阵与源矩阵类型相同。

Mat Mat∷reshape(int cn, int rows = 0) const
在无需复制数据的前提下改变 2 维矩阵的形状和通道数或其中之一。在逻辑上改变连续矩阵的行列数或者通道数，没有任何的数据复制，也不会增减任何数据。cn 为目标矩阵的通道数，若 cn = 0 则通道数保持不变。rows 为目标矩阵的行数，若 rows = 0 则行数保持不变。改变后目标矩阵要满足 rows ∗ cols ∗ channels 和原矩阵的相等。

bool Mat∷isContinuous( ) const
确定矩阵元素在内存中是否为连续存储。行矩阵、create( )创建的矩阵中所有元素在内存中都是连续存储的。但是由矩阵部分元素得到的子矩阵，如某一列 col( )、diag( )等则是非连续存储的。

Mat∷t( )、Mat∷inv( )、Mat∷mul( )、Mat∷cross( )、Mat∷dot( )
分别表示矩阵的转置、矩阵的逆(LU、CHOLESKY、SVD 三种解法)、数乘(两个矩阵对应行列元素相乘或一个矩阵与一个标量相乘)、叉乘(含有三个元素的两个向量运算，叉乘结果是浮点型三元素向量)、点乘(矩阵转化为一维向量运算，如果矩阵有多个通道，从所有通道得到的点乘会被加在一起)。

size_t Mat∷elemSize( )、size_t Mat∷elemSize1( )、int Mat∷channels( )、int Mat∷depth( )
分别表示矩阵的一个元素占用的字节数、矩阵元素的一个通道占用的字节数、矩阵通道数、矩阵数据的类型(其取值范围为 0~7)。

Mat∷push_back( )、Mat∷pop_back( )

具有 STL 容器的功能。Mat∶∶push_back( )在矩阵最后一行压入行元素，当矩阵为空时可以压入任意一个矩阵，当矩阵不为空时只能压入行元素个数相同的矩阵，并且 type 相同。Mat∶∶pop_back( )在矩阵最后一行弹出行元素。

1.3.4 图像的读写显示

（1）imread( )函数读取图像

Imread( )函数的原型为

cv∶∶Mat imread(const string& filename, int flags=1)

filename 指定要读取图像的位置；flags 指定图像的颜色空间，flags>0 表示以 3 通道的彩色方式读入图像，flags=0 表示以灰度方式读入图像，flags<0 表示读入图像时不改变颜色方式。如以下语句使用 imread 函数返回 Mat 对象：

Mat image=imread("d∶\\Lena.jpg",-1)；

（2）imwrite( )函数写入图像

imwrite( )函数用于将 Mat 类型的矩阵保存为图像存储到指定文件，文件名需要带有图像格式后缀，imwrite 支持的图像格式有 bmp、gif、hdf、jpg、jp2、png、tif 等，图像格式基于文件的扩展名。其函数原型为

bool imwrite(const string& filename, InputArray img, const vector<int>& params=vector<int>( ))

img 参数为图像数据矩阵。不是所有格式的 Mat 数据都能被保存为图像，目前 OpenCV 只支持单通道和 3 通道的、深度为 8 bit 和 16 bit 无符号的矩阵保存为图像文件，对其他一些数据类型不支持。如果 Mat 数据的深度不为 8 bit 或 16 bit 无符号，可使用 convertTo( )函数将其他数据类型如 float 型的 Mat 数据转换到 imwrite( )函数能够接受的类型。如果 Mat 数据不为单通道或 3 通道，可使用 cvtColor( )函数将其他通道数的 Mat 数据转换为单通道或 3 通道。

（3）imshow( )函数显示图像

OpenCV 的 imshow( )函数提供了以窗口的形式显示图像的方法，以下代码在窗口中显示图像：

Mat img =imread("d∶\\Lena.jpg",-1)；

const string name ="Pic"；

namedWindow(name)；

imshow(name,img)；

waitKey( )；

【实验考核】

① 在 VS2010 中正确配置已编译好的 OpenCV 库。

② 正确使用 .ptr 和 [ ]操作符、.ptr 和指针操作、at( )和行列号、Mat 迭代器 Mat_iterator、Mat∶∶data 访问矩阵元素。

③ 正确编写利用 OpenCV 库的图像读写显示程序，实现图像读写显示功能。

第二章　遥感影像变化检测

从遥感影像上检测地表覆盖的变化信息是遥感应用研究的热点。由于社会经济的迅速发展，对自然资源的开发和利用日益扩大，人类活动引起地表环境的变化也越来越剧烈。为加强对土地资源的有效管理和合理利用，促进经济可持续发展和社会的全面进步，迫切需要科学、及时地对国土资源利用情况进行动态的监测。遥感技术以其快速、准确、周期性短等特点在国土资源变化检测中得到了广泛的应用。影像是获取地表信息的有效手段，遥感影像能连续、可重复地提供对地表覆盖的动态、宏观观测，广泛应用于土地资源普查、城镇用地调查、地质环境评估等各个方面，其中一个重要的应用就是土地利用遥感变化检测。遥感变化检测是从不同时期的遥感数据中分析确定、定量评价影像中像元光谱响应变化所反映出的地表随时间的变化特征与过程。如何有效地从遥感数据中提取变化信息，已经成为遥感应用的研究热点。目前，针对中、低分辨率遥感影像变化检测，已经提出了大量的像素级方法，且有多种类型的划分方案。实际应用中较多采用的方法有基于特征差异的方法、基于分类比较的方法等。基于特征差异的方法，是通过比较不同时相影像特征的差异来检测变化数量的多少。基于分类比较的方法则是通过对多时相影像分别进行分类，比较分类结果的异同来确定变化或不变的类型和数量。

2.1　遥感变化检测概述

2.1.1　遥感变化检测原理

当影像空间分辨率较低时，一般采用基于像素的方法直接在原始影像上进行变化检测。基于像素的影像变化检测，是在影像几何配准、辐射校正的基础上，对每个像素前后时相的特征或类别进行比较，来判断是否发生变化，进而检测出变化区域。由于像素级方法基于最原始的影像数据，能更多地保留原始影像的细微信息，因而目前较多使用的变化检测方法是像素级变化检测。遥感变化检测涉及多种空间、时间、光谱分辨率的影像及地理信息数据的综合分析，处理过程比较复杂，一般包括数据选择、辐射校正、几何纠正、特征提取、判别分析、精度评估等诸多环节。每一个环节都有多种方法可以实现，每种方法都会产生不同的效果，并对后续处理产生影响，因而影响最终检测结果的因素很多，也比较复杂，如几何纠正和辐射校正的精确性、地面真值数据的获取、地面景观的复杂性、变化检测方法、分析者的知识与经验等。其中几何纠正和辐射校正对于减弱不同时相影像的非地表显著变化或伪变化信息具有重要作用。

在遥感成像时，由于受大气、太阳、地形以及传感器等因素影响，会使影像上产生一定程度的辐射量失真现象。辐射校正是指校正因辐射误差而引起影像畸变的处理，目的是减弱影像数据中依附在辐射亮度中的各种失真，消除传感器得到的测量值与目标真实光谱反射率或光谱辐射亮度之间的不一致。辐射误差产生的原因包括传感器响应特性、太阳高度与传感器观察角度的变化、地形以及大气中不同成分的散射和吸收等。辐射误差或失真不利于影像的解译与应用，必须对其做消除或减弱处理。辐射校正包括绝对辐射校正和相对辐射校正两种类型，如传感器校正、大气校正以及太阳辐射和地形校正。通常购买得到的影像数据都已对系统辐射强度进行了校准，但为了更精确地校正辐射值，需要进行大气校正以削弱由大气散射引进的辐射误差。由于测量当前数据的大气参数和地面目标是非常昂贵的，尤其对于历史数据几乎是不可能的，因此有些情况下也可以采取相对辐射校正。典型的相对辐射校正方法包括图像回归法、伪不变特征法、未变化集辐射归一法、直方图匹配法等。

变化检测方法要求对多时相影像进行精确配准，如果不能得到较高的影像配准精度，则将导致大量的伪变化信息，因此高精度影像配准是必需的。影像配准一般可通过几何精纠正来完成，几何精纠正是在地面或地图上选取控制点，根据控制点大地坐标和图像坐标之间确定的数学模型，如共线方程等，来近似描述遥感影像几何畸变过程，利用控制点来解算数学模型后再利用模型对整幅影像进行几何畸变纠正。几何精纠正将影像数据投影到平面上使其符合地图投影系统，由于所有地图投影系统都遵从于一定的地图坐标系统，因此几何精纠正也包含了地理参考的过程，在纠正影像数据畸变的同时也赋予了地图坐标。几何精纠正后的影像可以用于精确提取距离、面积和方向等信息，还可以建立与地理信息系统(GIS)之间的联系，是实现遥感影像解译应用的前提。

2.1.2 遥感变化检测方法

目前提出的变化检测方法非常多，各国学者纷纷从不同的角度进行了总结分类。最早的分类是将变化检测分为直接比较法和分类比较法两类。特征提取是遥感影像变化检测的重要环节，常用的特征包括影像的光谱特征、纹理特征、边缘特征、指数特征、变换特征，如主分量变换、独立分量变换、典型相关变换等。

直接比较法是对多时相数据特征进行直接比较，根据特征差异大小提取变化信息，是最为常见的方法。直接比较法对同一区域不同时相影像首先进行特征提取，然后利用特征进行运算、变换和比较，再采用阈值分割方法确定变化信息发生的位置。但阈值的确定是其应用的难点，通常很难找到一个适合于整个影像范围的全局阈值。直接比较法根据提取的特征不同和选择的阈值方法不同，又可分为很多不同的变化检测方法。

分类比较法是对多时相数据提取信息类别后进行比较，首先对研究区不同时相的影像进行各自分类，获得两个或多个分类影像，然后比较影像同一位置分类结果的异同，确定变化信息的位置和类型。此方法的优点是，除了确定变化的空间范围外，还可以提供关于变化性质的信息，如由何种类型向何种类型变化等。缺点是必须进行两次影像分类，变化检测的精度依赖于影像分类的精度，可能会夸大变化的程度，而影像分类本身也是遥感应用研究领域的难点和热点。根据不同的应用场合和数据源以及分类方法，分类比较法也有很多不同的具体方法。

不同的变化检测方法能够提供不同程度的变化检测信息，如直接比较法只能提供变化/不变的数量信息，分类比较法还能够提供变化/不变的类型信息。面对大量的变化检测方法，许多学者针对不同的应用选择不同的方法进行了比较试验，得出的结论基本一致：变化检测结果受数据源、影像质量、研究区域特性、变化检测方法和分析者知识与经验等多种因素影响，对于特定的应用选择合适的变化检测方法是必要的。同一种方法应用于不同数据效果不一样，适用于一组数据的方法不一定适用于另一组数据，同一数据应用不同的检测方法效果也是不一样的。没有哪一种方法是最优的，能够适用于所有应用。每种方法都有各自的优缺点和适用情况，应该根据不同的情况选择使用。通常对几种方法进行测试和比较，选择一种相对较优的方法。

2.2 基于特征差异的变化检测

2.2.1 光谱特征变化检测

利用光谱特征进行变化检测的方法包括影像差值法、比值法、回归分析法、相关系数法、主分量变换法、变化向量分析法等。

（1）差值法

影像**差值法**是使用最广泛的变化检测方法，它是将两个时相的遥感影像按波段进行逐像元相减，从而生成一幅新的代表光谱变化的差值图像。差值图像中接近于零的像元被看做是未变化的，而那些大于或小于零的像元表示其覆盖状况发生了某种变化。t_1, t_2 时相对应像素的特征 $x_{ij}(t_1), x_{ij}(t_2)$ 的差异值 D_{ij} 计算为

$$D_{ij} = |x_{ij}(t_2) - x_{ij}(t_1)|$$

设置阈值系数 T，当满足 $|D_{ij} - \text{Mean}| \geq T \cdot \text{Std}$ 时，将像素归为变化类别。

差值法包括直接差值法、窗口均值差值法、归一化差值法等，只能定量描述变化或不变的数量，而难以对变化的属性信息进行定性区分。另外，受成像时的大气条件影响，相同地物在不同时相影像上呈现出的差异可能较大，因此变化阈值的确定也较为困难。

（2）比值法

比值法被认为是辨识变化区域相对较快的方法，与差值法不同，它是将多时相遥感影像按波段进行逐像元的相除。t_1, t_2 时相对应像素的特征 $x_{ij}(t_1), x_{ij}(t_2)$ 的比值 R_{ij} 计算为

$$R_{ij} = \frac{x_{ij}(t_1)}{x_{ij}(t_2)}$$

显然，经过辐射配准后，在影像中未发生变化的像元其比值 R_{ij} 应近似为 1，而对于变化像元而言，比值 R_{ij} 将明显高于或低于 1。比值法通常采用均值和标准差来划分变化与非变化区域，这对于比值图像呈正态分布较为适用，但对于非正态分布的情况变化阈值的选取较为不易。

一些研究将比值法进行推广，提出了对数比值法，通过对像素比值取对数，可以将影像中的乘性噪声转化为加性噪声，能有效地去除噪声影响。对数比值 LR_{ij} 可以表示为

$$\mathrm{LR}_{ij} = \log \frac{x_{ij}(t_1)}{x_{ij}(t_2)} = \log x_{ij}(t_1) - \log x_{ij}(t_2)$$

另外，在影像比值法的基础上还发展了影像均值比值法，在像素特征比值中引入了邻域信息，可更进一步减少噪声的影响。邻域比值 NR_{ij} 可以表示为

$$\mathrm{NR}_{ij} = \frac{\sum\limits_{x_{pq} \in N(i,\,j)} x_{pq}(t_1)}{\sum\limits_{x_{pq} \in N(i,\,j)} x_{pq}(t_2)}$$

（3）回归分析法

影像**回归分析法**认为同一地物在不同时相的变化应该是线性的，将两个不同时相的像元值表示成一个线性函数：

$$\widetilde{x}_{ij}(t_2) = k x_{ij}(t_1) + b$$

根据样本点，采用最小二乘法估计出这个线性函数的参数 k, b，然后由时相 t_1 影像特征 $x_{ij}(t_1)$ 根据这个线性函数算出估计的时相 t_2 的影像特征 $\widetilde{x}_{ij}(t_2)$，再与真实的时相 t_2 的影像比较获得两时相的回归残差影像 D_{ij}，

$$D_{ij} = |\widetilde{x}_{ij}(t_2) - x_{ij}(t_2)|$$

最后通过阈值确定变化区域。影像回归分析法可以用于处理不同时相影像的均值和方差存在较大差别的情况，回归分析法类似于相对辐射校正，在一定程度上减弱了大气条件不同所带来的辐射误差。

（4）相关系数法

相关系数法计算多时相影像中对应像素特征值的相关系数来表示不同时相影像中像素的相关性，一般可通过影像上邻域窗口来计算。相关系数 C_{ij} 可以表示为

$$C_{ij} = \frac{\sum\limits_{x_{pq} \in N(i,\,j)} (x_{pq}(t_1) - \overline{x(t_1)})(x_{pq}(t_2) - \overline{x(t_2)})}{\sqrt{\sum\limits_{x_{pq} \in N(i,\,j)} (x_{pq}(t_1) - \overline{x(t_1)})^2} \sqrt{\sum\limits_{x_{pq} \in N(i,\,j)} (x_{pq}(t_2) - \overline{x(t_2)})^2}}$$

若相关系数值 C_{ij} 接近 1，则表明对应像素点的相关性较高，属于未变化的可能性较大。若相关系数值 C_{ij} 越小，则对应像素属于变化信息的可能性越大。相关系数法以待定点为中心的窗口内影像特征分布为基础，不同于逐个像元法只考虑单个像素的特征，而是考虑了定义窗口内所有像素的相关性，可以很大程度上减弱成像条件差异带来的影响。

（5）主分量变换法

主分量变换是建立在统计特征基础上的多维正交线性变换，在多光谱、高光谱影像中不同波段之间一般存在着一定的相关性，主分量变换可将具有相关性的多个波段数据压缩为较少的彼此不相关的几个波段，这些波段包含了原始影像中的绝大部分信息，并且各主分量正交，相关系数为 0 或接近于 0。一般地，第一主分量相当于原各波段的加权和，包含了原始多光谱影像的绝大部分信息，其他各主分量包含的信息逐渐减少。主分量变换法能够减少数据之间的冗余，突出和保留主要地物类别信息，但只能反映变化的分布和大小难以表达变化的类型。主分量变换法应用于多光谱遥感影像变化检测有两种方法。第一种

方法的原理是，先对两时相多光谱影像的各个波段影像计算像素特征差值，得到一个多波段差值影像。然后对多波段差值影像作主分量变换，主分量变换后的第一分量集中了差异影像的主要信息，也就是原多光谱影像的主要差异信息，再设置合适的阈值提取出变化信息。第二种方法的原理是，首先分别对两时相多光谱影像作主分量变换，主分量变换后第一分量集中了两个影像的主要信息，再对其进行差值后设置阈值提取变化信息。

（6）变化向量分析法

变化向量分析法是基于不同时相影像之间的辐射变化，着重对各波段的差异进行分析，确定变化的强度与方向特征。变化向量分析法是一种多变量方法，用一个向量空间来表达多波段遥感影像数据，向量空间的维数就是波段数。对于两个不同时相的遥感影像进行光谱测量，每个像元可以生成一个具有变化方向和变化强度两个特征的变化向量。在不同时相影像的多个波段构成的多维空间中，未变化的像素位于多维空间中相同的点位，而发生变化的像素位于多维空间中不同的点位，每个像素的变化可由其变化强度和变化方向来描述。变化向量分析法的主要优点在于可以利用较多波段信息来检测变化像元，主要的不足是变化阈值的确定比较困难。

设两时相 t_1，t_2 对应影像像素的特征向量分别为 $v_1 = (f_{11}, f_{12}, \cdots, f_{1k})$，$v_2 = (f_{21}, f_{22}, \cdots, f_{2k})$，变化向量 Δv 按下式计算：

$$\Delta v = v_1 - v_2 = \begin{pmatrix} f_{11} - f_{21} \\ f_{12} - f_{22} \\ \vdots \\ f_{1k} - f_{2k} \end{pmatrix}$$

变化向量 Δv 的强度为 $\| \Delta v \| = \sqrt{(f_{11} - f_{21})^2 + (f_{12} - f_{22})^2 + \cdots + (f_{1k} - f_{2k})^2}$，当 $\| \Delta v \|$ 越大时，像素属于变化类别的可能性越大，设置合适的阈值可进行变化检测。

2.2.2　纹理特征变化检测

遥感影像中具有丰富的纹理特征，纹理特征是目标和区域识别的重要特征，对于大多数地物类型，纹理特征相对于灰度信息更加稳定。纹理特征种类较为丰富，采用不同的表达形式可以得到丰富的特征类型，不同的纹理特征可以反映地物类型的不同信息。通过选择不同的特征组合，可以对目标的多方面特点进行综合考虑，实现各种变化信息的提取。

（1）纹理特征的计算

灰度共生矩阵（GLCM）是一种重要的影像纹理特征分析方法，强调灰度的空间依赖性，主要描述在一定角度方向上、相隔一定距离，具有一定的灰度值的像元对出现的频率。既可以反映亮度分布特征，也可以反映亮度分布的像素之间的位置分布特征。对于粗糙的纹理，随着距离的改变，其灰度分布变化较慢。而对于细纹理，随着距离的改变，其灰度分布变化较快。灰度共生矩阵通过二阶矩组合条件概率密度函数来表达纹理特征，如同质、对比度、相异性、熵、二阶矩、相关性等。

灰度共生矩阵能反映灰度关于方向、相邻间隔、变化幅度的综合信息，定义为在一定方向上相距一定距离的两个像素灰度同时出现的联合概率分布。若影像的灰度级为 N，灰

度共生矩阵为一个 $N \times N$ 矩阵，矩阵中每个元素 $p(m, n, d, \theta)$ 表示在一定角度 θ 上，相邻一定距离 d，灰度级 (m, n) 成对出现的频数。灰度共生矩阵是像素方向和距离的函数，当对不同方向和距离进行研究时，同一幅影像的灰度共生矩阵特征不同。通过改变灰度共生矩阵的方向和距离，可以对所研究特征的方向和疏密程度进行调整，从而提取出具有特定特征值的地物类型。

计算得到共生矩阵之后，往往不是直接应用灰度共生矩阵表达纹理，而是基于共生矩阵计算一些纹理特征量，我们经常用反差、能量、熵、相关性等特征量来表示纹理特征。

能量（Energy）是灰度共生矩阵各元素值的平方和，按下式计算：

$$\mathrm{Energy} = \sum_m \sum_n p^2(m, n, d, \theta)$$

能量是对图像纹理的灰度变化稳定程度的度量，反映了图像灰度分布均匀程度和纹理粗细程度。能量值大表明当前纹理是一种规则变化较为稳定的纹理。

熵（Entropy）是影像包含的信息量的随机性度量，表示影像中纹理的非均匀程度或复杂程度。熵值越大，图像越复杂，熵按下式计算：

$$\mathrm{Entropy} = \sum_m \sum_n p(m, n, d, \theta) \log p(m, n, d, \theta)$$

当共生矩阵中所有值均相等、像素值表现出较大的随机性时，熵较大；若影像中灰度均匀，或共生矩阵中元素大小差异大，则熵值较小；若影像中没有任何纹理，则灰度共生矩阵的元素几乎为 0，熵值也达到最小。

反差（Con）又称为**对比度**，反映图像的清晰度和纹理的沟纹深浅，按下式计算：

$$\mathrm{Con} = \sum_m \sum_n (m - n)^2 p(m, n, d, \theta)$$

纹理沟纹较深、效果清晰时，反差值较大；纹理沟纹较浅、效果模糊时，反差则较小。

相关性（Corr）也称为**同质性**，可度量影像中灰度级在行或列方向上的相似程度，值越大，相关性也越大，按下式计算：

$$\mathrm{Corr} = \frac{\sum_m \sum_n mn p(m, n, d, \theta) - \mu_x \mu_y}{\sigma_x \sigma_y}$$

$$\mu_x = \sum_m m \sum_n p(m, n, d, \theta)$$

$$\mu_y = \sum_n n \sum_m p(m, n, d, \theta)$$

$$\sigma_x^2 = \sum_m (m - \mu_x)^2 \sum_n p(m, n, d, \theta)$$

$$\sigma_y^2 = \sum_n (n - \mu_y)^2 \sum_m p(m, n, d, \theta)$$

当灰度共生矩阵元素值均匀相等时，相关值就大。相反，如果矩阵元素值相差很大，则相关值就小。如果影像中有水平方向纹理，则水平方向灰度共生矩阵的相关值大于其余方向矩阵的相关值。因此，该特征反映了影像中的局部灰度相关性。

（2）EM 算法

从提取纹理特征后的对数比值图像中检测变化信息，其关键之处在于选择合适的阈值来划分变化信息和不变信息。一般地，特征差异图上变化信息和不变信息的先验概率是不均衡分布的，如很多情况下纹理特征对数比值图像通常呈现高斯混合模型分布，此时采用传统的阈值选取方法将具有非常明显的缺点。可利用最大期望(EM)算法对高斯混合模型的参数进行估计，最后利用贝叶斯最小错误率理论进行变化信息的提取。

最大期望(EM)算法是在概率模型中寻找参数最大似然估计或者最大后验估计的算法，广泛应用于机器学习和计算机视觉的数据聚类领域。当纹理特征对数比值图像服从高斯混合模型分布时，可表示为

$$p(x) = \sum_{i=1}^{2} \alpha_i p(x \mid w_i)$$

$$p(x \mid w_i) = \frac{1}{\sqrt{2\pi}\,\sigma_i} \exp\left\{ -\frac{(x - \mu_i)^2}{2\sigma_i^2} \right\}, \quad i = 1,2$$

其中，w_1, w_2 分别表示变化信息和不变信息，$\alpha_1, \mu_1, \sigma_1$ 为变化信息的先验概率、均值和方差，$\alpha_2, \mu_2, \sigma_2$ 为不变信息的先验概率、均值和方差，满足 $\alpha_1 + \alpha_2 = 1$。由贝叶斯公式可以得出，特征 x 在分割阈值为 T 时属于 w_i 的后验概率可表示为

$$p(i \mid x, T) = \frac{p_i(T) p(x \mid i, T)}{p(x)}$$

则基于最小错误率的贝叶斯决策规则是：若 $p(w_1 \mid x) > p(w_2 \mid x)$，则 x 属于变化信息；若 $p(w_1 \mid x) < p(w_2 \mid x)$，则 x 属于不变信息。为求得最佳阈值 T，对于高斯混合模型，采用 EM 算法进行参数估计的过程如下：

① 首先运用 K-Means 方法初始化参数 $\alpha_1, \mu_1, \sigma_1$ 和 $\alpha_2, \mu_2, \sigma_2$，计算每个样本属于 w_i 类的后验概率 $p(i \mid x, T) = \alpha_i p(x \mid w_i)$，将其标准化为

$$R_{i,x} = \frac{\alpha_i p(x \mid w_i)}{\sum_{i=1}^{2} \alpha_i p(x \mid w_i)}$$

② 为使满足最大似然期望，按下式计算 $\alpha_i, \mu_i, \sigma_i$：

$$\alpha_i = \frac{\sum_x R_{i,x}}{N}, \quad \mu_i = \frac{\sum_x R_{i,x} x}{N\alpha_i}, \quad \sigma_i = \frac{\sum_x R_{i,x}(x - \mu_i)^2}{N\alpha_i}$$

③ 迭代运行第①、第②步直到收敛。其中，第①步计算对数似然函数的期望，第②步用于选择使期望最大的参数，将第②步选择后的参数代入第①步计算新的期望，循环迭代，直到收敛到最大似然意义上的最优解为止。

2.3 基于特征差异的变化检测实验

【实验目的和意义】
① 掌握基于光谱特征的变化检测方法。
② 会用主分量变换实现光谱特征变化检测。
③ 掌握基于纹理特征的变化检测方法。

④ 会用 EM 算法实现纹理特征变化检测。

【实验软件和数据】

ERDAS9.2，ENVI5.3，同一地区 2000 年和 2006 年 TM 影像。

2.3.1 基于主分量变换的光谱特征变化检测实验

光谱特征差异法的变化检测需要比较同一地理位置对应的像素光谱特征的差异，根据差异大小确定变化/不变信息。不同时相的影像因成像时的大气辐射对地表真实信号的影响不同，而引起地表非显著性变化，可通过辐射校正减弱这些伪变化信息。变化检测方法要求对多时相影像进行精确配准，如果影像配准精度不高，则地面上的同一地理位置可能对应影像上的不同像素位置而带来大量的伪变化信息。

（1）相对辐射校正

辐射校正中的相对大气校正一般可用直方图匹配进行。**直方图匹配**（Histogram Matching）又叫**直方图规定化**（Histogram Normalization）是指，指定一幅影像作为参考影像，将输入影像的直方图以参考影像的直方图为标准作变换，使两幅影像的直方图形状相同或近似，从而使两幅影像具有类似的色调和反差。直方图匹配在遥感影像处理中有着广泛应用，如影像镶嵌、变化检测等。在对多时相影像进行差异分析检测变化情况时，经常利用直方图匹配的方法，以一个时相的影像为标准而对另一幅影像的色调与反差进行调整，使相邻两幅影像的色调和反差趋于相同或相近，以便作进一步的差异分析。

在 ERDAS 软件的图标面板中选择 ![Interpreter]，然后点击菜单命令 Radiometric Enhancement，在弹出的菜单栏中选择 Histogram Matching 打开直方图匹配对话框，可设置相应的参数，如图 2.3.1 所示。

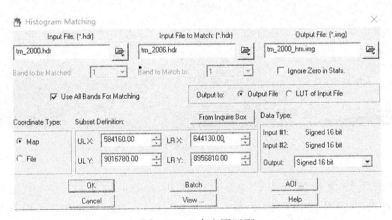

图 2.3.1 直方图匹配

在直方图匹配对话框中，在 Input File 下输入需要匹配直方图的影像文件（2000 年的影像文件）tm_2000.hdr，在 Input File to Match 下输入被匹配直方图的影像文件（2006 年的影像文件）tm_2006.hdr，在 Output File 下输入匹配直方图后生成的影像文件 tm_2000_hm.img。选择 Use All Bands For Matching，表示两个影像用所有波段参与匹配。Coordinate

Type 表示坐标类型，选择 Map 坐标或 File 坐标。Data Type 选择 Signed 16 bit 型。

（2）影像配准

影像配准一般可通过影像对影像的几何纠正完成。变化检测中两时相影像间的几何配准是以一个时相影像为参考影像，另一时相影像为需要纠正的输入影像，在两时相影像上选取控制点，根据控制点输入坐标和参考坐标之间的数学模型如多项式模型，实现输入影像与参考影像之间准确的地理位置匹配。在实验中可以 tm_2000_hm 为输入影像，tm_2006 为参考影像。

① 打开待纠正影像和参考影像。在 ERDAS 图标面板中点击 两次，打开两个视窗 Viewer #1、Viewer #2，在 ERDAS 主菜单栏中 Session 的下拉菜单中点击 Tile Viewers，将两个视窗 Viewer #1、Viewer #2 平铺放置。在视窗 Viewer #I 中打开待纠正的 TM 影像 tm_2000_hm，在视窗 Viewer #2 中打开作为参考影像的 tm_2006，如图 2.3.2 所示。

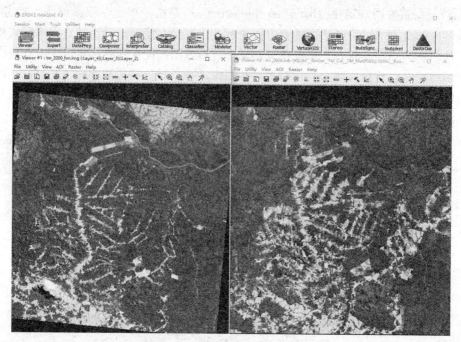

图 2.3.2 打开待纠正影像、参考影像

② 在待纠正影像视窗 Viewer #1 菜单栏中 Raster 的下拉菜单中选择 Geometric Correction，打开设置几何模型对话框，在 Select Geometric Model 下的模型列表中选择 Polynomial 多项式模型。点击 OK 后打开多项式模型参数工具框，如图 2.3.3 所示。

在多项式模型参数工具框中，Polynomial Order 表示选择的多项式模型的阶数，这里设为 1。控制点 GCP 的个数与多项式模型的阶数有关，对于一阶多项式，最少需要三个控制点解算模型。一般地，在较平坦地区用一阶多项式就可以减少扭曲变形从而保证整体精度。如果地形起伏较大，可选择二阶多项式。

③ 在多项式模型参数工具框中设置了多项式模型次数后，点击 Close 将打开参考控制

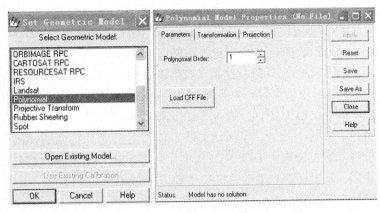

图2.3.3 多项式模型参数设置

点设置工具框，Collect Reference Points From 下列出了选择参考点的方式，如图 2.3.4 所示。

图 2.3.4 中 Existing Viewer 表示从已打开影像的视窗中选择参考点，选择 Existing Viewer 视窗采点方式，从已打开的参考影像 tm_2006 中读取参考控制点的坐标。在参考点设置工具框中点击 OK 后，弹出视窗选择指示器，要求在读取参考点坐标的视窗中点击。在参考影像 tm_2006 的视窗 Viewer #2 中点击鼠标左键，随后出现参考地图信息 Reference Map Information 显示框，列出了当前参考地图投影信息，包括投影类型、椭球体名称、带号、基准面、地图单位等，如图 2.3.5 所示。

④ 在 Reference Map Information 中点击 OK 后，屏幕将自动显示包含的一系列窗口：主视

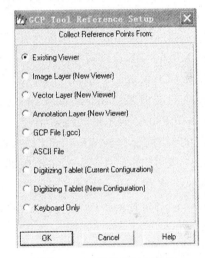

图2.3.4 参考控制点设置

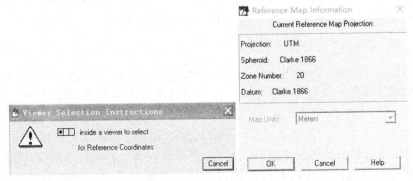

图2.3.5 参考地图信息

窗 Viewer #1、Viewer #2 及其两个关联方框的放大视窗 Viewer #3、Viewer #4，控制点工具框，几何纠正工具等，其中，主视窗 Viewer #1 显示待纠正影像 tm_2000_hm，主视窗 Viewer #2 显示参考影像 tm_2006，此时进入控制点采集状态。

GCP 工具框由菜单条、工具条、控制点数据表(GCP Cell Array)及状态条(Status Bar) 4 个部分组成，可为视窗中的影像选择控制点和检查点，解算和平差多项式模型。在 GCP 工具对话框中点击 Select GCP 图标，进入 GCP 选择状态；将输入 GCP 的颜色(Color)设置为比较明显的黄色；在 Viewer #1 中移动关联方框位置，寻找特征明显的地物点，点击 Create GCP 图标将其定位为输入 GCP。GCP 单元数组中会记录下输入控制点的信息，包括其编号、标识码、X 坐标、Y 坐标；将参考 GCP 的颜色(Color)设置为比较明显的红色，在 Viewer #2 中移动关联方框位置，寻找同名的地物特征点，点击 Create GCP 图标将其定位为参考控制点。GCP 单元数组中会记录下参考控制点的信息。重复上述步骤，采集一定数量控制点直到满足能解算所选定的几何纠正模型。

⑤ 采集检查点。通过控制点及坐标解算出几何纠正模型后，还需要采集一定数量的检查点，用于评估几何纠正模型的精度和效果。此时通过 Edit 下拉菜单中点击 Set Point Type 将点的类型设置为检查点，以后每采集一个输入 GCP 系统自动计算其参考 GCP，以及 X 方向与 Y 方向残差、RMS 中误差和总误差。在 Edit 的下拉菜单中点击 Point Matching 打开 GCP Matching 控制点匹配对话框并设置相应的参数。其中，Input Layer 表示待纠正影像的波段层；Reference Layer 表示参考影像的波段层；Matching Parameters 下 Max. Search Radius 表示最大搜索半径，设置为 3；Search Window Size 表示搜索窗口大小，X、Y 方向均设置为 5；Threshold Parameters 下的 Correlation Threshold 设置相关阈值，设置为 0.8；选中 Discard Unmatched Point 表示删除不匹配的点。与选择控制点一样，分别在 Viewer #1 和 Viewer #2 中选择一定数量的检查点。

⑥ 计算检查点误差，评估转换模型。在 GCP 工具框中点击 ☑ 计算检查点的总误差，在单元组上方的 Total Error 中显示了总误差的数值。变化检测中一般要求多项式几何纠正模型对所有检查点的总误差控制在 0.5 像元之内，几何纠正精度才符合要求，可以进行后续的重采样。如果总误差超出要求，则可通过重新调整控制点位，再次计算检查点的总误差，逐步将误差缩小到允许范围之内。

⑦ 影像重采样。当选择一定数量的控制点解算出几何纠正的转换模型后，Geo Correction Tool 框中的影像重采样图标由灰色(不能执行)变为彩色状态🔲，表示可执行重采样操作。点击图标🔲，打开影像重采样对话框。其中，Resample Method 表示选择重采样方法，这里选择 Cubic Convolution 立方卷积插值法；Output Cell Size 表示输出像元大小即像素的地面分辨率，由于是 TM 影像，X、Y 方向的地面分辨率都是 30 m。实验中几何配准的输出文件为 tm_2000_hm_gc。

⑧ 目视检验。目视检验是通过在同一窗口叠加显示两幅影像，一幅是纠正影像，另一幅是参考影像来检验几何纠正效果。由于纠正影像和参考影像具备相同的地图投影，且在同一地理坐标范围，因此可在同一个视窗中叠加显示，通过视窗 Utility 下拉菜单的 Swipe、Blend、Flicker 观察同一地物在两个影像上的成像特征是否完全重合来检验几何纠

正结果是否正确。如果发现同名地物不重合，则需要重新返回控制点选取步骤，增加或调整控制点位，重新建立几何纠正模型。

（3）计算差异影像

对经过相对辐射校正和几何配准后的两时相影像 tm_2000_hm_gc 和 tm_2006 的各个波段计算像素特征差值，得到一个多波段差值影像。差值影像可以通过 ERDAS 的建模模块来计算，在 ERDAS 图标模块中点击 Modeler→Model Maker 打开 New Model 窗口。在工具栏中点击 ⬡ 将其放置在 New Model 窗口中，双击打开 Raster 对话框，从中选择前时相影像 tm_2000_hm_gc。类似地在 New Model 窗口中放置 ⬡，双击打开 Raster 对话框，从中选择后时相影像 tm_2006。然后在 New Model 窗口继续添加差异运算函数、输入输出连接，建立差值模型，并运行差值模型生成两时相的差异影像 TM_dif.img，如图 2.3.6 所示。

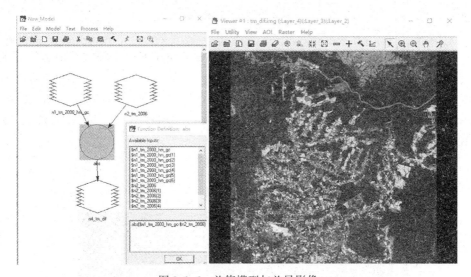

图 2.3.6　差值模型与差异影像

（4）主分量变换

对多波段差值影像 tm_dif 作主分量变换，主分量变换后的第一分量集中了差异影像的主要信息，也就是原多光谱影像的主要差异信息。主分量变换又称为**主成分分析**，简称 PCA，是一种常用的多元数据分析方法。PCA 是一种去除随机变量间相关性的线性变换，将互相关的输入数据转换成统计上不相关的主成分，主成分之间通常按照方差大小进行降序排列。在影像处理上，PCA 变换通常作为数据压缩方法，利用各波段图像数据的协方差矩阵的特征矩阵进行多波段图像数据的变换，以消除它们之间的相关关系，从而把大部分信息集中在第一主成分，部分信息集中在第二主成分，少量信息保留在第三主成分和后面各成分的图像上。变化检测时可通过 PCA 变换，从数量较多的差异影像波段中选取最佳的第一波段差值分析，在减少计算量的同时又能获得较好的分析效果。在 Spectral Enhancement 菜单栏中选择 Principal Components，打开 Principal Components 对话框，如图 2.3.7 所示。

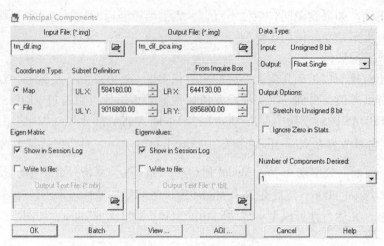

图 2.3.7 主分量变换

其中，Input File 中输入两时相差值影像 tm_dif，Output File 中输入差值影像的主分量变换结果 tm_dif_pca，在 Eigen Matrix 下选中 Show in Session Log 表示将特征矩阵写入日志，在 Eigenvalues 下选中 Show in Session Log 表示将特征值写入日志，Data Type 选为 Float Single，在 Number of Components Desired 中输入主分量变换期望的分量数 1，主分量变换结果如图 2.3.8 所示。

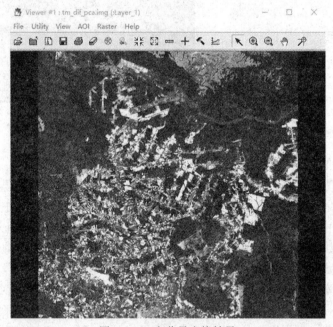

图 2.3.8 主分量变换结果

（5）变化信息提取

差值影像的主分量变换结果中第一主分量包含了原始多时相影像的主要差异信息，其中既包含了真实地表变化所产生的变化信息，也包含了因成像条件差异而导致的不变地物的伪变化信息。一般认为，真实变化信息的变化幅度要大于伪变化信息的变化幅度，因此通过设置合适的阈值可提取出变化信息。在 tm_dif_pca 影像窗口中点击🖾打开 ImageInfo 窗口，如图 2.3.9 所示。

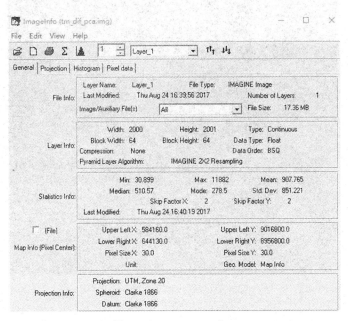

图 2.3.9　ImageInfo 窗口

在 Statistics Info 中显示出差值的均值为 907.765、标准差为 851.221，提取变化信息的阈值模型为 $|x - \text{Mean}| \geqslant k \cdot \text{Std.Dev}$。利用 ERDAS 的 Modeler 模块建立该变化信息提取的阈值模型，如图 2.3.10 所示。

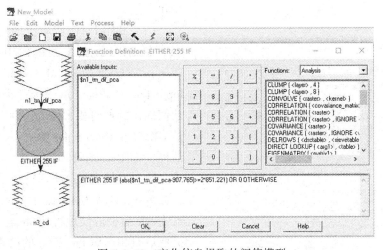

图 2.3.10　变化信息提取的阈值模型

运行该变化检测模型得到变化检测结果，如图 2.3.11 所示。

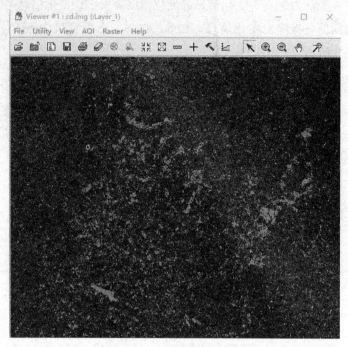

图 2.3.11　变化信息提取结果

2.3.2　基于 EM 算法的纹理特征变化检测实验

实验中对多时相多光谱遥感影像的变化检测主要包括三个环节。首先是利用 ENVI 软件进行多光谱影像纹理特征的提取，然后利用融合法构造差异影像并利用主分量变换获得第一主分量差异结果，最后利用 OpenCV 库中的 trainEM( ) 函数自动确定变化阈值以提取变化区域。

图 2.3.12　共生矩阵纹理参数对话框

（1）利用 ENVI 提取纹理特征

在 ENVI 经典主菜单栏中点击 Filter→Texture→Occurrence Measures 打开 Texture Input File 对话框，从中选择经直方图匹配、几何纠正的前时相影像 tm_2000_hm_gc 后点击 OK 打开 Occurrence Texture Parameters 对话框，如图 2.3.12 所示。

选择计算 Mean 纹理特征，处理窗口的行数为 3、列数为 3，保存为 tm_2000_mean，点击 OK 后提取纹理特征 Mean。按上述方法提取后时相影像 tm_2006 的纹理特征保存为 tm_2006_mean。

（2）利用融合法构造差异影像

由于遥感影像中存在大量的混合像元，在对多波段影像构造差异图像时，需要进行有效增强以滤除噪声、强化变化信息。另外，多个光谱通道的信息在一定程度上存在相关和冗余，对变化检测也会带来一定的不利影响。

① 差值图像与比值图像融合

差值法和比值法在构造差异影像时各有其优缺点，将差值图像与比值图像融合可结合差值法和比值法各自的优点，有效地增强变化信息并较好地抑制噪声。两时相的纹理特征图像 tm_2000_mean、tm_2006_mean 的融合差异图像 M 表示为

$$M_b = \frac{|x_b(t_2) - x_b(t_1)| \cdot \dfrac{x_b(t_2)}{x_b(t_1)}}{\max\left\{\dfrac{x_b(t_2)}{x_b(t_1)}\right\}}$$

式中，M_b 表示融合差异图像 M 的第 b 波段，$x_b(t_1)$，$x_b(t_2)$ 分别表示时相 t_1，t_2 影像的第 b 波段。

在 ERDAS 图标模块中点击 Modeler→Model Maker 打开 New_Model 窗口，建立差值模型如图 2.3.13 所示，输入栅格影像分别为两时相的均值纹理特征图像 tm_2000_mean、tm_2006_mean，模型函数为 ABS（$n2_tm_2006_mean-$n1_tm_2000_mean），输出栅格影像为均值纹理特征差值图像 dif。

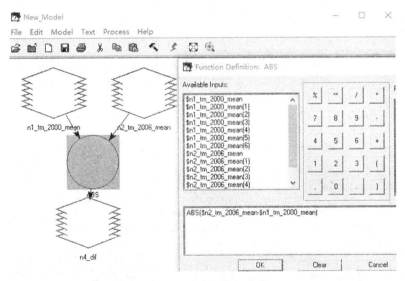

图 2.3.13　纹理特征差值模型

在 New_Model 窗口，建立比值模型如图 2.3.14 所示，输入栅格影像分别为两时相的均值纹理特征图像 tm_2000_mean、tm_2006_mean，模型函数为 $n1_tm_2006_mean/（$n2_tm_2000_mean+0.00001），输出栅格影像为均值纹理特征比值图像 ratio。

在 ERDAS 图标模块中点击 Modeler→Model Maker 打开 New_Model 窗口，建立融合差

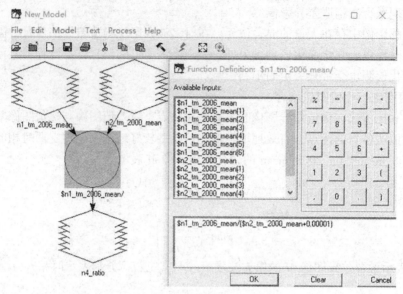

图 2.3.14　纹理特征比值模型

异模型如图 2.3.15 所示，输入栅格影像分别为均值纹理特征差值图像 dif、均值纹理特征比值图像 ratio，模型函数为($n1_dif * $n2\_ratio)/(GLOBAL MAX ($n2_ratio)+0.00001)，输出栅格影像为 merge_dif。

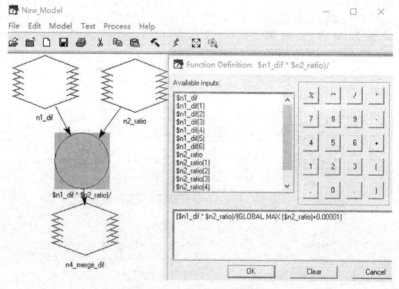

图 2.3.15　纹理特征比值模型

　　点击 OK 运行模型后生成的融合差异图像如图 2.3.16 所示，从图中可以看出，均值纹理特征差值图像和均值纹理特征比值图像的融合差异图像较好地抑制了噪声，使变化信息得到增强。

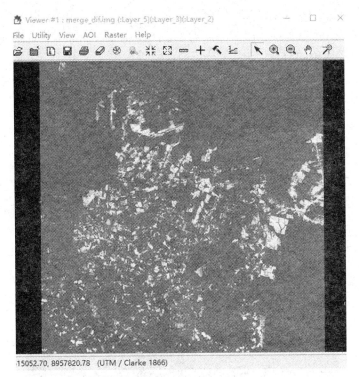

图 2.3.16　融合差异图像

② 融合差异影像主分量变换

对多波段融合差异影像 merge_dif 作主分量变换，主分量变换后的第一分量集中了融合差异影像的主要信息，也就是原多光谱影像的主要差异信息。在 Spectral Enhancement 菜单栏中选择 Principal Components，打开 Principal Components 对话框，如图 2.3.17 所示。

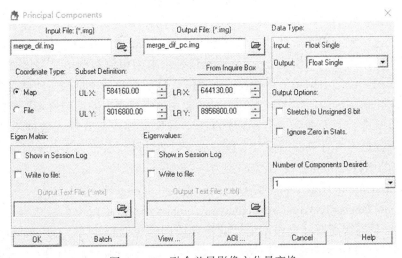

图 2.3.17　融合差异影像主分量变换

　　其中，Input File 中输入融合差异影像 merge_dif，Output File 中输入融合差异影像的主分量变换结果 merge_dif_pc，DataType 为 Float Single，在 Number of Components Desired 中输入主分量变换期望的分量数 1，主分量变换结果如图 2.3.18 所示。

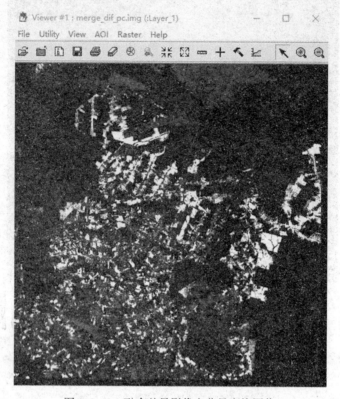

图 2.3.18　融合差异影像主分量变换图像

　　（3）利用 EM 算法确定变化阈值、提取变化区域

　　变化检测过程中的一个关键问题是选取合适的变化阈值以便从差异影像中确定出变化像元、提取变化区域。不同于其他的机器学习模型，EM 算法是一种非监督的学习算法，由不完全观测数据估计概率模型参数。EM 算法是由求期望值和期望最大化两个步骤反复迭代进行：求期望值是根据待估计参数的当前值，从观测数据中直接估计概率密度的期望值；期望最大化是将期望值作为观测值，通过最大化概率密度的期望值来更新参数的最大似然估计，反复迭代直至收敛为止。EM 算法不需先验知识，其输入数据不需要事先标注，仅从观测数据本身计算高斯混合参数的最大似然估计，获得每个数据对应的类别值。

　　EM 算法的函数是 trainEM，函数原型为

bool trainEM(InputArray samples, OutputArray logLikelihoods = noArray( ),

OutputArray labels = noArray( ), OutputArray probs = noArray( ))

其中，samples 是进行高斯混合模型估计的输入数据的单通道矩阵，logLikelihoods 是包含每个数据的似然对数值的输出矩阵，labels 矩阵输出每个数据对应的标注，probs 矩阵输出每个隐性变量的后验概率。trainEM( ) 函数不须初始化输入参数，因其自动执行 k-means

算法并将 k-means 算法得到的结果作为参数的初始化值。EM 算法的执行有三种方式：如果使用了 CvEM::START_AUTO_STEP，则会调用 k-means 算法估计最初的参数，k-means 会随机地初始化类中心；如果指定 CvEM::START_M_STEP 参数，则以 M 步开始；如果指定 CvEM::START_E_STEP，则以 E 步开始。EM 算法是迭代算法，终止条件可以是达到了迭代次数或者两次迭代之间的差异小于 epsilon 就结束。

在菜单栏中新建 Caption 为"EM 阈值变化检测"的菜单项，在视图类中建立该菜单的消息处理函数 void CCDTestView::OnEm()，在函数中添加利用 OpenCV 的 trainEM 函数解算阈值、检测变化区域的代码如下：

```
void CCDTestView::OnEm()
{
    CCDTestDoc * pDoc = GetDocument();
    ASSERT_VALID(pDoc);
    if (!pDoc)
        return;
    if(pDoc->pImg->poDataset==NULL) return;
    CvEM em;
    CvEMParams em_params;
    em_params.means = NULL;
    em_params.covs = NULL;
    em_params.weights = NULL;
    em_params.nclusters =2;
    em_params.start_step = CvEM::START_AUTO_STEP;
    em_params.cov_mat_type = CvEM::COV_MAT_SPHERICAL;
    em_params.term_crit.type = CV_TERMCRIT_ITER | CV_TERMCRIT_EPS;
    int i,j;
    int Height=int(pDoc->pImg->nHeight);
    int Width=int(pDoc->pImg->nWidth);
    float * pData=(float *)(pDoc->pImg->m_BandsDataPtr);
    Mat Data(Height,Width,CV_32FC1,pData);
    Mat Labels(Height,Width,CV_32FC1);
    Data = Data.reshape(0,Height * Width);
    Labels=Labels.reshape(0,Height * Width);
    em.train(Data,Mat(),em_params,&Labels);
    Data =Data.reshape(1,Height);
    Labels=Labels.reshape(1,Height);
    Mat Pix=Mat(1,1,CV_32FC1);
    for(i=0;i<Height;i++)
    {
```

```
        for(j=0;j<Width;j++)
        {
            Pix. at<float>(0)= Data. at<float>(i,j);
            Labels. at<float>(i,j)= em. predict(Pix);
        }
    }
double un_mean=0.0;
double un_dev=0.0;
double ch_mean=0.0;
double ch_dev=0.0;
long un_num=0;
long ch_num=0;
for(i=0;i<Height;i++)
{
    for(j=0;j<Width;j++)
    {
        if(Labels. at<float>(i,j)= =0.0)
        {
            un_mean=un_mean+Data. at<float>(i,j);
            un_num++;
        }
        else
        {
            ch_mean=ch_mean+Data. at<float>(i,j);
            ch_num++;
        }
    }
}
un_mean=un_mean/un_num;
ch_mean=ch_mean/ch_num;
for(i=0;i<Height;i++)
{
    for(j=0;j<Width;j++)
    {
        if(Labels. at<float>(i,j)= =0.0)
        {
            un_dev=un_dev+(Data. at<float>(i,j)-un_mean) * (Data. at<float>
            (i,j)-un_mean);
```

```
            }
            else
            {
                ch_dev=ch_dev+(Data. at<float>(i,j)-ch_mean) * (Data. at<float>
                (i,j)-ch_mean);
            }
        }
    }
    un_dev=un_dev/un_num;
    ch_dev=ch_dev/ch_num;
    double a=un_dev-ch_dev;
    double b=(un_mean * ch_dev-ch_mean * un_dev) * 2;
    double c=ch_mean * ch_mean * un_dev-un_mean * un_mean * ch_dev-2 * un_dev *
    ch_dev * log((sqrt(un_dev)/sqrt(ch_dev)) * float(un_num)/float(ch_num));
    double q=sqrt(b * b-4 * a * c);
    float Yuzhi=float(((-1.0 * b)+q)/(2 * a));
    float Yuzhi2=float(((-1.0 * b)-q)/(2 * a));
    for(i=0;i<Height;i++)
    {
        for(j=0;j<Width;j++)
        {
            if(Data. at<float>(i,j)<Yuzhi2)
            {
                Data. at<float>(i,j)=0. 0;
            }
            else
            {
                Data. at<float>(i,j)=1. 0;
            }
        }
    }
    namedWindow("change detection");
    imshow("change detection",Data);
}
```

【实验考核】

① 利用回归分析法进行遥感影像变化检测，叙述算法过程，编程实现程序代码。

② 利用相关系数法进行遥感影像变化检测，叙述算法过程，编程实现程序代码。

③ 利用光谱变化向量分析法进行遥感影像变化检测，叙述算法过程，编程实现程序

代码。

④ 利用 EM 算法进行遥感影像变化检测，叙述算法过程，编程实现程序代码。

2.4 分类比较法变化检测

分类比较法变化检测首先对不同时相的影像确定统一的分类体系分别进行分类，获得两个或多个分类图像，然后比较不同时相影像分类结果的异同。前后时相分类结果一致的像素属于不变像素，分类结果不一致的像素属于变化的像素。该方法不仅能确定变化的数量，同时还能确定变化信息的类型以及由何种类型向何种类型变化。

分类比较法的优点：① 原理简单、易于理解，遥感软件的分类功能一般较为成熟、操作简单、易于实现；② 能够获取地表变化的空间分布和变化类型；③ 对特征差异法变化检测影响较大的一些因素，如影像时相的一致性、辐射校正、匹配等，对分类比较法影响相对较少。因此，分类比较法作为标准的变化检测方案应用较为广泛，特别是对于数据时相较少和数据源类型不同的情况。然而，分类比较法也有其自身难以克服的缺点，需要对不同时相影像分别进行分类，影像分类本身就是影像应用研究领域的经典难题，分类效果受分类器性能和样本选取的影响，而分类精度直接影响着变化检测的效果，且单次分类的误差会在变化检测过程中产生累积效应。因此，分类比较法变化检测的精度严重依赖于影像分类的精度。

2.4.1 支持向量机分类

支持向量机 SVM 是源于统计学习理论的有监督学习算法，将低维特征空间中非线性可分的样本通过非线性映射转化为高维特征空间中线性可分的问题，即升维和线性化。SVM 用最优超平面最大化类别之间的界限以分隔两个类别，最靠近超平面的数据点成为支持向量，支持向量是训练 SVM 的关键。

设 d 维特征空间中两类样本集为 $(\boldsymbol{x}_i, y_i)$ $(i = 1, 2, \cdots, n)$，$\boldsymbol{x}_i \in \mathbf{R}^d$ 是 d 维特征向量，$y_i \in \{-1, 1\}$ 是类别标号，分类函数为 $g(\boldsymbol{x}) = \boldsymbol{\omega}^\mathrm{T}\boldsymbol{x} + b$。广义的最优分类面 H 对训练样本分类存在三种情况：

① 位于超平面 H_1 和 H_2 之外且分类正确的训练样本，其满足约束条件：
$$y_i(\boldsymbol{\omega}^\mathrm{T}\boldsymbol{x}_i + b) \geq 1$$

② 位于超平面 H_1 和 H_2 之间且分类正确的训练样本，引入正数松弛变量 $0 < \xi_i \leq 1$，其满足约束条件：
$$y_i(\boldsymbol{\omega}^\mathrm{T}\boldsymbol{x}_i + b) \geq 1 - \xi_i, \quad 0 < \xi_i \leq 1$$

③ 分类错误的训练样本，引入正数松弛变量 $\xi_i > 1$，其满足约束条件：
$$y_i(\boldsymbol{\omega}^\mathrm{T}\boldsymbol{x}_i + b) \geq 1 - \xi_i, \quad \xi_i > 1$$

对于三种情况的训练样本 x_i，令松弛变量 $\xi_i \geq 0$，其满足的约束条件可统一为：
$$y_i(\boldsymbol{\omega}^\mathrm{T}\boldsymbol{x}_i + b) \geq 1 - \xi_i, \quad \xi_i \geq 0$$

最优分类面不仅能使两类能正确区分开，而且还要使两类能最大距离分离，必须满足以下目标约束条件：

$$\min\left\{\frac{1}{2}\parallel\boldsymbol{\omega}\parallel^2 + C\sum_{i=1}^{n}\xi_i\right\}$$

$$\text{s.t.}\quad y_i(\boldsymbol{\omega}^\mathrm{T}\boldsymbol{x}_i + b) \geq 1 - \xi_i, \quad \xi_i \geq 0$$

式中，$C > 0$ 是惩罚因子，控制着对错分样本的惩罚程度。C 越大，对错分样本的惩罚越大。根据 KKT 理论(Karush-Kuhn-Tucker)，SVM 把上述问题转化为求解以下最优化问题：

$$\max\left\{\sum_{i=1}^{n}\alpha_i - \frac{1}{2}\sum_{i=1}^{n}\sum_{j=1}^{n}\alpha_i\alpha_j y_i y_j \boldsymbol{x}_i^\mathrm{T}\boldsymbol{x}_j\right\}$$

$$\text{s.t.}\quad \sum_{i=1}^{n}\alpha_i y_i = 0, \quad 0 \leq \alpha_i \leq C_i$$

这是一个二次规划(QP)最优求解问题，拉格朗日乘子 α_i 可以用二次规划方法计算。仅一部分训练样本有非 0 的 α_i，这些样本称为支持向量，因为只有这些非 0 的 α_i 决定着分类超平面的位置。最终的决策函数为 $f(\boldsymbol{x}) = \mathrm{sgn}\left(\sum_{i=1}^{n}\alpha_i y_i \boldsymbol{x}_i^\mathrm{T}\boldsymbol{x} + b\right)$。

最简单形式的 SVM 是二类分类系统，当样本非线性可分时，使用非线性核成为非线性分类器。核函数隐式地将低维、非线性可分样本映射为高维、线性可分样本，并将高维样本的内积运算转化为低维样本的函数运算。核函数的选择是支持向量机的重要因素，最常用的核函数有

① 多项式核：$k(\boldsymbol{x}_i, \boldsymbol{x}_j) = (\boldsymbol{x}_i^\mathrm{T}\boldsymbol{x}_j + 1)^q$, $\quad q > 0$；

② 径向基函数核：$k(\boldsymbol{x}_i, \boldsymbol{x}_j) = \exp\left\{-\dfrac{\parallel \boldsymbol{x}_i - \boldsymbol{x}_j \parallel^2}{\sigma^2}\right\}$；

③ 双曲正切核：$k(\boldsymbol{x}_i, \boldsymbol{x}_j) = \tanh(\alpha\boldsymbol{x}_i^\mathrm{T}\boldsymbol{x}_j + \gamma)$。

SVM 分类输出的是每个像素对于每个类别的决策值，该决策值用于概率估计以判别最终输出类别。每个像素对每个类别的概率值取值范围是 0~1，所有类别概率值的总和为 1，在其中选择最高概率对应的类别作为像素的分类类别。

2.4.2　神经网络分类

人工神经网络分类器具有非线性特征和较强的容错性，在数据偏离假定的正态分布特征时，分类精度优于最大似然法等基于统计特征的分类方法。**BP 神经网络**(Back-propagation neural network，BP)模型是一种按误差逆传播算法训练的多层前馈网络，是目前应用最广泛的神经网络模型之一。BP 神经网络模型的拓扑结构包括输入层(input layer)、隐层(hide layer)和输出层(output layer)。同一层的节点相互之间没有作用，各层节点之间形成聚焦状连接路径，如图 2.4.1 所示。

BP 算法是监督式的学习算法，输入学习样本，使用反向传播算法对网络的权值和偏差进行反复的调整训练，使输出向量与期望向量尽可能地接近。当网络输出层的误差平方和小于指定的阈值时训练完成，保存网络的权值和偏差。BP 神经网络学习过程分为两个阶段：

① 正向传播过程，从输入层经隐含层逐层计算各层节点的实际输出值，每一层的节点只接受前一层节点的输入，也只对下一层节点的状态产生影响。设输入样本集为 $\{(\boldsymbol{x}_m, \boldsymbol{e}_m)\}$, $m = 1, 2, \cdots, M$, M 为训练样本数，$\boldsymbol{x}_m = (x_{m1}, x_{m2}, \cdots, x_{mn})$ 为第 m 个 n 维

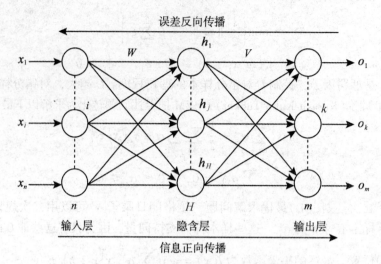

图 2.4.1 BP 神经网络模型拓扑结构

训练样本，$\boldsymbol{e}_m = (e_{m1}, e_{m2}, \cdots, e_{mc})$ 为第 m 个 c 维期望输出向量，$\boldsymbol{o}_m = (o_{m1}, o_{m2}, \cdots, o_{mc})$ 为第 m 个 c 维实际输出向量。则隐含层节点 j 的输出 $\boldsymbol{h}_j$ 表示为

$$\boldsymbol{h}_j = f\Big(\sum_{i=1}^{n} w_{ij}\boldsymbol{x}_i\Big)$$

式中，$\boldsymbol{x}_i$ 为输入层节点 i 的输入，w_{ij} 为输入层节点 i 与隐含层节点 j 之间的连接权值，$f(x) = \dfrac{1}{1 + \mathrm{e}^{-x}}$ 为隐含层和输出层的传递函数。输出层节点 k 的输出 $\boldsymbol{o}_k$ 表示为

$$\boldsymbol{o}_k = f\Big(\sum_{j=1}^{H} v_{jk}\boldsymbol{h}_j\Big)$$

式中，v_{jk} 为隐含层节点 j 与输出层节点 k 之间的连接权值。

② 反向传播过程，若输出层未能得到期望的输出值，则逐层递归计算实际输出与期望输出之间的误差，误差函数为

$$E = \frac{1}{2}\sum_{k=1}^{c} \|\boldsymbol{o}_k - \boldsymbol{e}_k\|^2$$

根据该误差修正前一层权值使误差信号趋向最小。在误差函数斜率下降的方向上不断地调整网络权值和阈值的变化而逐渐逼近目标函数，每一次权值和偏差的变化都与网络误差的影响成正比。

2.4.3 最大似然分类

最大似然分类法，使用概率判别函数和贝叶斯规则对影像进行分类时，假设影像的光谱特征是服从正态分布。正态分布也称为高斯分布，是连续随机变量的一种概率分布，在自然界中大量现象均服从正态分布。正态分布也是概率论和数理统计中重要的研究对象。

若连续随机变量 X 的概率密度可以表示为

$$F(x) = \frac{1}{\sqrt{2\pi}\,\sigma}\int_{-\infty}^{x} \exp\Big\{-\frac{(t-\mu)^2}{2\sigma^2}\Big\}\,\mathrm{d}t$$

其中，μ, σ 为常数，分别是该分布函数的数学期望和标准差，则称 X 服从参数为 μ, σ 的**正态分布**。对于遥感影像来说，若地物类型特征服从正态分布，μ 就是该地物类别所有像素的特征均值，σ 为该地物类别所有像素特征的标准差，表示像素特征值相对于该类特征均值的偏离程度。当遥感影像的每种地物类型的所有像素在特征空间中聚集成群簇并在特征轴上构成正态分布时，根据各类的监督样本数据构造出概率分布函数，再利用贝叶斯判别规则进行最大似然分类。

设分类影像有 C 个类别，像素特征向量表示为 $\boldsymbol{x} = (x_1, x_2, \cdots, x_n)$，贝叶斯准则的判别函数为

$$p_i(\boldsymbol{x}) = p(\omega_i \mid \boldsymbol{x}) = \frac{p(\boldsymbol{x} \mid \omega_i)p(\omega_i)}{p(\boldsymbol{x})}$$

其中，$p(\omega_i)$ 是类别 ω_i 的先验概率，$p(\boldsymbol{x} \mid \omega_i)$ 为类别 ω_i 中 $\boldsymbol{x}$ 的条件概率分布。当各类总体服从多元正态分布 $N(\boldsymbol{\mu}_i, \boldsymbol{\Sigma}_i)$ 时，贝叶斯准则判别函数可以表示为

$$p_i(\boldsymbol{x}) = p(\boldsymbol{x} \mid \omega_i)p(\omega_i) = \frac{p(\omega_i)}{(2\pi)^{n/2} |\boldsymbol{\Sigma}_i|^{1/2}} \exp\left\{ -\frac{1}{2}(\boldsymbol{x} - \boldsymbol{\mu}_i)^{\mathrm{T}} \boldsymbol{\Sigma}_i^{-1}(\boldsymbol{x} - \boldsymbol{\mu}_i) \right\}$$

其中，$\boldsymbol{\mu}_i, \boldsymbol{\Sigma}_i$ 为第 i 类的总体均值向量和协方差矩阵，$p_i(\boldsymbol{x})$ 表示向量 $\boldsymbol{x}$ 归属类 ω_i 的概率。在多类判别时，贝叶斯判别规则为：当 $p_i(\boldsymbol{x}) = \max\{p_j(\boldsymbol{x})\}$ 时，$\boldsymbol{x}$ 归属类 ω_i。

最大似然分类法对于光谱特性呈正态分布的遥感影像能提供较高的分类精度，而对于光谱特性呈非正态分布或偏离正态分布总体的遥感影像，最大似然分类法的实际分类效果并不理想。

2.4.4 分类比较法变化检测实现

点击 ERDAS 软件主菜单中 Classifer→Signature Editor，在弹出的对话框中点击 Feature→View 查看影像聚类地物在 Feature Space 中的可分性，利用 Linker→Cursors 功能查看可分聚类指示的地物类，结合实验区域的实际地形特征确定待分地物类型。对照调绘区的各种影像及辅助资料，了解待分类地物在影像上的光谱特性。在影像上选择各种地物的较纯的训练样区，利用 ERDAS 软件主菜单中 Viewer→AOI 工具及 Classifer→Signature Editor 功能提取各种地类的训练样区。点击 Signature Editor 对话框中 Classify → supervised Classification，对影像进行监督分类。对比前后时相影像分类结果的差异，同一像素位置分类结果一致则属于未变化信息，同一像素位置分类结果不一致则属于变化信息。

2.5 分类比较法变化检测实验

【实验目的和意义】
① 掌握基于分类比较法变化检测的方法。
② 会用 ERDAS 软件或 ENVI 软件实现遥感影像的变化检测。
③ 掌握变化检测精度评定模型和方法。
④ 会用 ERDAS 软件或 ENVI 软件实现变化检测的精度评定。

【实验软件和数据】

ERDAS9.2，ENVI5.3，武汉地区 2002 年 Quickbird 影像、2007 年 SPOT5 全色影像和 SPOT 多光谱影像。

分类比较法首先要对不同时相的影像进行严格的几何配准，使同一图像位置的像素对应同一地理位置的地物，然后制定统一的分类体系分别进行分类，最后比较分类结果的异同。如果同一像素在不同时相影像上分类结果一致，则认为是未发生变化，如果分类结果不一致则认为是发生了变化。

2.5.1 影像几何配准

2002 年 Quickbird 影像包含蓝、绿、红、红外 4 个波段，分辨率是 2.44 m。2007 年的 SPOT5 全色影像分辨率是 5 m。2007 年的 SPOT 多光谱影像包含绿、红、红外 3 个波段，分辨率是 20 m。变化检测中的几何配准是通过影像对影像的几何纠正过程完成的，不仅要对影像之间的几何关系进行配准，还要将各种影像统一到同一分辨率层次。实验中以 Quickbird 影像作为参考影像，分别对 SPOT5 全色影像、SPOT 多光谱影像进行几何纠正，几何纠正的总误差控制在 0.5 个像素以内，并将配准后的 SPOT5 全色影像、SPOT 多光谱影像重采样到 2.44 m 分辨率层次。实验中用 ENVI 软件的 Map-Registration 实现影像几何配准。

（1）打开影像

两幅影像几何配准时要选择其中一幅影像作为参考基准，从两幅影像上采集控制点坐标并建立两者之间的几何关系，利用重采样方法对另一幅影像进行误差纠正。在 ENVI 经典主菜单栏 File 的下拉菜单中点击 Open Image File 打开需要配准的影像 spot.img 和基准影像 qb.img，分别显示在#1 Display 窗口和#2 Display 窗口，如图 2.5.1 所示。

图 2.5.1 打开待配准影像和参考影像

（2）选择控制点

① 在 ENVI 主菜单栏 Map 的下拉菜单中点击 Registration 后选择 Select GCPs：Image to Image，打开 Image to Image Registration 影像到影像配准对话框，如图 2.5.2 所示。在 Base Image 下指定基准影像所在显示窗口，在 Warp Image 下指定需配准的另一幅影像所在显示窗口。选择 Display #2 窗口中显示的快鸟影像作为基准影像（Base Image），选择 Display #1 窗口中的 SPOT 多光谱影像作为变形影像（Warp Image）。

图 2.5.2 选择基准影像与变形影像

② 点击 OK 后打开 Ground Control Points Selection 对话框选择控制点，在两个影像的缩放窗口中搜寻特征明显的地物点作为待选控制点，将放大框移动到控制点区域，在基准影像和变形影像的同一地面位置点定位光标添加单个控制点，分别作为参考控制点和输入控制点。为精确选择控制点，在两个放大窗口中进行检查并分别在窗口中点击左下角第三个按钮打开定位十字丝，按所需调整的控制点位置左键单击进行准确定位，如图 2.5.3 所示。

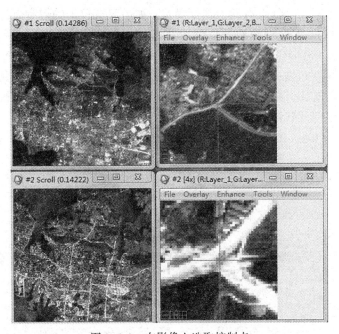

图 2.5.3 在影像上选取控制点

在影像上选取定位控制点后，控制点坐标会自动显示在 Ground Control Points Selection 对话框中，其中，基准影像上控制点坐标读入 Base X、Y 中，变形影像上控制点坐标读入 Warp X、Y 中，如图 2.5.4 所示。

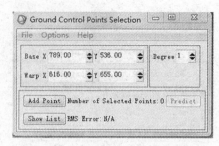

图 2.5.4 地面控制点选择对话框

像素坐标相对于像素的左上角，X、Y 值分别增加到像素的右下角。在放大窗口中支持子像素点位，缩放窗口中子像素片与缩放因子成比例，放大比例越大子像素定位越好。例如，对于 4 倍的放大因子像素划分为 4 个子区域，对于 10 倍的放大因子可以定位到像素的 1/10。根据缩放窗口中子像素位置将控制点定位到子像素可以提供更高的精度，子像素坐标显示为浮点值。在 Degree 中输入几何纠正多项式模型的次数，随着控制点数量增加后可改变纠正模型的次数。

③ 点击 Add Point 将控制点坐标添加到控制点列表中，点击 Show List 打开 Image to Image GCP List 工具框，其中列出了当前所选所有控制点信息，可编辑更新控制点位置，删除所选控制点，预测控制点位置。添加控制点时，控制点标记显示在基准影像和变形影像的影像窗口中，控制点标记中心表示所选的像素或子像素实际位置。单击 Hide List 按钮可隐藏 Image to Image GCP List 工具框。在 Image to Image GCP List 中选择某个控制点后点击 Goto 或直接选择控制点编号，都会在 3 个影像窗口中显示控制点标识。

④ 按以上操作添加控制点，当至少选择 4 个控制点时可以解算纠正多项式模型，就可以在变形影像中预测控制点位置，这时 Ground Control Point Selection 对话框中的 Predict 按钮可用。增加更多的控制点有助于减少误差，如果仅有较少的控制点，应将其分散在整个影像范围并尽可能靠近影像边角。继续在基准影像显示窗口中选择基准控制点，在 Ground Control Point Selection 对话框中单击 Predict 按钮，ENVI 根据几何纠正模型自动计算对应的输入控制点并显示在变形影像窗口中，适当调整输入控制点使其与基准控制点是同一地物位置。点击 Add Point 按钮，将控制点对添加到列表中，ENVI 根据控制点对不断地调整几何纠正模型及其精度。

⑤ 在 Image to Image GCP List 中列出了所有控制点的坐标及其 X、Y 误差和 RMS 误差，如图 2.5.5 所示。在工具框的 Options 下拉菜单中点击 Order Points by Error，对所有控制点按照 RMS 值由高到低排序。为提高几何配准效果，应删除最大误差的点，精确调

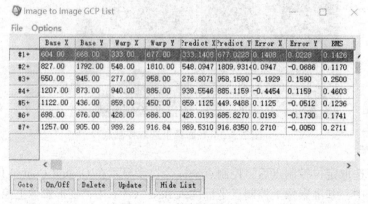

	Base X	Base Y	Warp X	Warp Y	Predict X	Predict Y	Error X	Error Y	RMS
#1+	604.00	668.00	333.00	677.00	333.1408	677.0223	0.1408	-0.0228	0.1426
#2+	827.00	1792.00	548.00	1810.00	548.0947	1809.9314	0.0947	-0.0686	0.1170
#3+	550.00	945.00	277.00	958.00	276.8071	958.1590	-0.1929	0.1590	0.2500
#4+	1207.00	873.00	940.00	885.00	939.5546	885.1159	-0.4454	0.1159	0.4603
#5+	1122.00	436.00	859.00	450.00	859.1125	449.9488	0.1125	-0.0512	0.1236
#6+	698.00	676.00	428.00	686.00	428.0193	685.8270	0.0193	-0.1730	0.1741
#7+	1257.00	905.00	989.26	916.84	989.5310	916.8350	0.2710	-0.0050	0.2711

图 2.5.5 控制点列表框

整像素位置使 RMS 误差尽可能最小。对于 RMS 误差超过 1 的控制点，可在表中选中该行点击 Delete 按钮删除或者分别在基准影像和变形影像的 Zoom 窗口中用十字光标重新调整其位置。

（3）纠正输出

ENVI 经典提供了三种几何变换选项：RST、polynomial、Delaunay triangulation，重采样方法包括 nearest neighbor、bilinear、cubic convolution。

① 在 Ground Control Point Selection 对话框主菜单栏 Options 的下拉菜单中选择 Warp Displayed Band 或 Warp File，打开 Registration Parameters 对话框或 Input Warp Image 对话框。从影像列表中选择待配准的影像文件 spot.img，点击 OK 后打开 Registration Parameters 对话框。

② 在 Registration Parameters 对话框中对配准参数进行设置，如图 2.5.6 所示。

从 Method 下拉列表中选择几何变换方法：RST、Polynomial、Triangulation。RST 表示旋转、缩放、平移的仿射变换，是最简单的几何变换方法，需要 3 个或更多的控制点。Polynomial 表示多项式模型，对从 1 到 n 的次数都是有效的，次数与所选的控制点数相关，它们之间的关系满足 $\#GCPs > (degree + 1)^2$。Triangulation 表示三角网剖分模型，将三角网用于拟合非空间规则分布的控制点并内插值到输出网格中，缺省方法为 Triangulation。根据所选择的几何变换方法，设置相应方法的参数：对于 Polynomial 方法，输入多项式次数，多项式次数取决于定义的控制点数即 $\#GCPs > (degree + 1)^2$；对于三角网方法，为避免纠正后影像边缘出现污点效果，需使用 Zero Edge 切换按钮选择是否想要一个单像素边界。

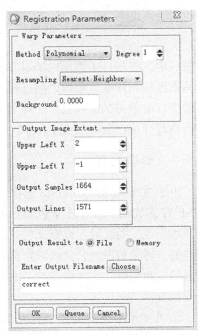

图 2.5.6　配准参数设置

③ 从 Resampling 下拉列表中选择抽样方法，Nearest Neighbor 表示使用最近的像素而没有任何内插，Bilinear 表示使用 4 个像素执行线性内插，Cubic Convolution 表示使用 16 个像素以立方多项式近似 sinc 函数，立方卷积方法重采样速度比其他两种方法都要慢。在 Background 中输入数字 DN 值用以填充纠正后影像中没有像素数据的区域。为改写输出尺寸，在 Output Image Extent 下输入 image-to-image 配准的尺寸，输出影像的尺寸自动设置为包含输入变形影像的外接矩形尺寸。点击 OK 后输出纠正结果添加到 Available Bands 列表中。

按上述同样的方法，以 2002 年快鸟影像为基准影像，完成对 2007 年 SPOT5 全色影像的几何配准。配准后的 SPOT 多光谱影像与快鸟影像、配准后的 SPOT5 全色影像与快鸟影像的叠加显示图如图 2.5.7 所示。

④ 检查纠正效果。在 Available Bands 列表中选择配准后的影像，将其显示在新的影

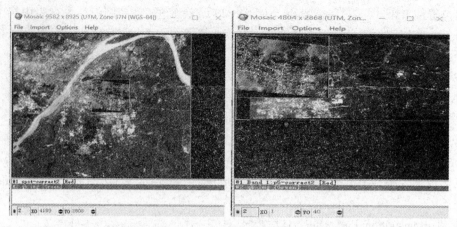

图 2.5.7　影像叠加显示

像窗口中。在窗口主菜单栏 Tools 的下拉菜单中点击 Link Displays 后使用 Dynamic Overlays 在基准影像和配准后影像之间进行闪烁显示，目视判断同名地物是否重合。或者在配准后影像窗口中单击鼠标右键，在弹出的快捷菜单中选择 Geographic Link 命令，选择基准影像进行地理链接(Geographic Link)后，用十字光标查看同一地物点的坐标是否一致。

2.5.2　影像裁剪

由于 2002 年的 Quickbird 影像、2007 年的 SPOT 多光谱、SPOT5 全色影像的成像范围并不一致，需要对三幅影像的重叠区域进行裁剪，将裁剪出的公共区域影像作为变化检测的实验数据。三幅影像的公共区域裁剪步骤如下：

① 在 ENVI 主菜单栏中打开 2002 年的 Quickbird 影像，在 Scroll 窗口选择 ROI Tool 打开 ROI Tool 对话框，选择 Options→Band Threshold to ROI 后在 Band Threshold to ROI Input Band 窗口中选择 Layer_3：qb. img，点击 OK 打开 Band Threshold to ROI Parameters 对话框，如图 2.5.8 所示。

在 Min Thresh Value 中输入最小阈值 0，点击 OK，将 2002 年的 Quickbird 影像中像素值大于 0 的像素构成 ROI。

② 在 ROI Tool 对话框中选择 Options→Reconcile ROIs via Map 打开 Reconcile ROIs via Map Parameters 对话框，如图 2.5.9 所示。

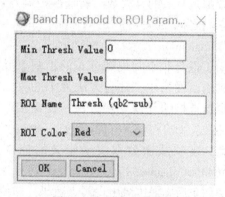

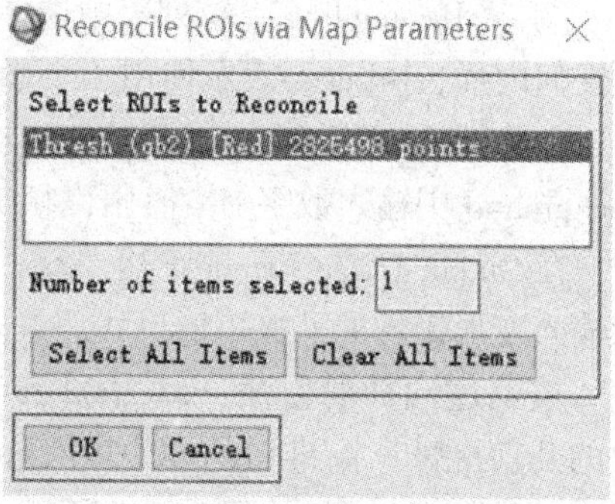

图 2.5.8　波段阈值设置

图 2.5.9　通过地图参数复制 ROI

选中 2002 年 Quickbird 影像中像素值大于 0 的像素构成的 ROI 后点击 OK，在 Select Destination File to Reconcile ROIs to 窗口中选择 2007 年的 SPOT5 全色影像。

③ 在 Available Bands List 中选择 SPOT5 全色影像，点击 Load Band 后在 Scroll 窗口中显示出 SPOT5 全色影像以及 Quickbird 影像与 SPOT5 全色影像重叠区域的 ROI，以红色显示在影像上，如图 2.5.10 所示。

④ 在 ENVI 经典主菜单栏点击 Basic Tools→Subset Data via ROIs 分别选择 Quickbird 影像与 SPOT5 全色影像，在 Spatial Subset via ROI Parameters 选中 Quickbird 影像与 SPOT5 全色影像重叠区域的 ROI，如图 2.5.11 所示，分别生成裁剪影像。

图 2.5.10　重叠区域的 ROI

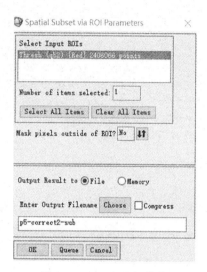

图 2.5.11　ROI 空间裁剪

按上述同样的方法生成 SPOT 多光谱影像的裁剪区域，Quickbird 影像、SPOT 多光谱影像、SPOT5 全色影像的裁剪区域如图 2.5.12 所示。

图 2.5.12　影像裁剪结果

2.5.3　影像融合

对于 2007 年的 SPOT5 全色影像和 SPOT 多光谱影像，SPOT5 全色影像没有多光谱信息，但空间分辨率较高，为 5 m；而 SPOT 多光谱影像具有彩色信息，但空间分辨率较低，为 20 m。为充分利用两种影像的优势，将 2007 年的 SPOT5 全色影像和 SPOT 多光谱影像进行分辨率融合，使融合后的影像既具有多光谱信息，又提高了空间分辨率，其目的是改善基于像素的监督分类效果。ENVI 的 Gram-Schmidt Pan Sharpening 使用高空间分辨率数据融合多光谱数据，首先从低空间分辨率光谱波段模拟全色波段，然后将模拟的全色波段作为第一波段和光谱波段一起执行 Gram-Schmidt 变换，用高分辨率全色波段替换 Gram-Schmidt 的第一波段，最后应用反 Gram-Schmidt 变换以形成 pan-sharpened 光谱波段。Gram-Schmidt 创建 pan-sharpened 影像时，使用给定传感器的光谱响应函数去评估 Pan 数据，因而融合效果较好，在大多数场合被推荐使用。ENVI 中对 SPOT5 全色影像和 SPOT 多光谱影像执行 Gram-Schmidt 光谱融合的步骤如下：在 Image Sharpening 下拉菜单中选择 Gram-Schmidt Spectral Sharpening，打开 Gram-Schmidt 融合参数对话框，如图 2.5.13 所示。

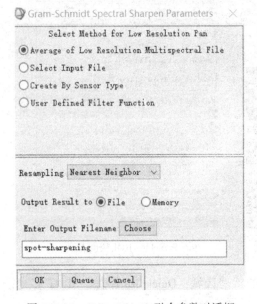

图 2.5.13　Gram-Schmidt 融合参数对话框

其中，在 Select Method for Low Resolution Pan 中选择利用低分辨率多光谱波段模拟全色波段的方法，包含如下选项：Average of Low Resolution Multispectral File、Select Input File、Create By Sensor Type、User Defined Filter Function。Average of Low Resolution Multispectral File 表示使用多光谱波段的平均来模拟低分辨率全色影像。Select Input File 表示选择已存在的与多光谱影像空间尺寸相同的单波段影像。Create By Sensor Type 表示从传感器下拉列表中选择传感器类型，对所选传感器模拟一个全色影像，这个选项需要对数据进行辐射定标。User Defined Filter Function 表示对所选的滤波函数模拟一个全色影像，选择这个选项后需要单击选择输入滤波函数文件以确定使用一个指定的滤波函数，这个选项需要对数据进行辐射定标。Resampling 下拉列表中提供了重采样方法。实验中选择 Average of Low Resolution Multispectral File 模拟全色波段，选择 Nearest Neighbor 作为重采样方法。SPOT5 全色影像和 SPOT 多光谱影像的 Gram-Schmidt Pan Sharpening 融合影像如图 2.5.14 所示。

图 2.5.14　融合影像图

2.5.4 影像监督分类

监督分类是在一定数量监督样本提供的先验知识支持下,通过统计特征参数对分类器进行训练并用训练好的分类器确定决策规则,实现对影像进行分类。监督分类过程一般包括确定分类体系、选择训练样区、训练分类器。

(1)确定分类体系

对 2002 年的 Quickbird 影像和 2007 年的融合影像进行目视判读,将影像上的地物类型确定为水体(湖泊)、建城区(包括城市用地、道路、建筑用地)、林地、农用地(包括旱地、草地)四类地物,其对应的类别编码为 1、2、3、4。

(2)选择训练样区

监督分类是以统计识别函数为基础,依据典型样本训练判决函数进行分类,要求训练区域具有典型性和代表性。训练样区是被选择作为输出类别的代表性区域的像素群组(ROIs)或单个光谱。同一 ROI 中的像素应是同质的,应尽可能选择较为同质的像素构成 ROI。在 2002 年的 Quickbird 影像上目视判读,依次为各个地物类型选择训练样区的步骤如下:

① 打开 2002 年的 Quickbird 影像,在 ENVI 经典主菜单栏中选择 Basic Tools→Region of Interest→ROI Tool 打开 ROI Tool 对话框,如图 2.5.15 所示。

② 选择菜单栏 ROI_Type→Polygon 后在 Window 中选择 Image 并点击 New Region,将鼠标移到影像视窗中相应地物上即可手工绘制 ROI 多边形。用鼠标左键确定多边形的顶点,按下鼠标右键选点结束得到封闭的多边形,同时将所选区域进行颜色填充,如图 2.5.16 所示。

图 2.5.15 ROI 工具对话框

图 2.5.16 绘制 ROI

此时，选择的 ROI 作为水体类的训练样区添加到 ROI Tool 工具框的 ROI 列表中，包括绘制 ROI 的名称、填充颜色、像素数等。继续为水体类选择其他 ROI 训练样区，如图 2.5.17 所示。

图 2.5.17　选择 ROI 训练样区

③ 当为水体类选择了 ROI 训练样区后点击 New Region 按钮，按同样的方法继续为其他地物类型选择训练样区，各个地物类型的训练样区如图 2.5.18 所示。

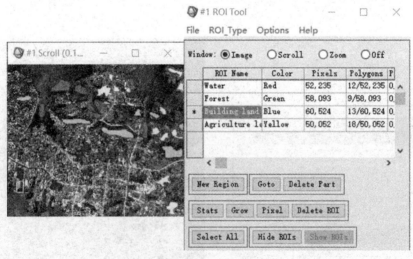

图 2.5.18　ROI 训练样区列表

（3）训练分类器

根据定义的样区对分类器的参数进行训练调整，使分类器能将样本集中的像素聚类成为相应类别。ENVI 的监督分类功能包括平行六面体分类、最小距离分类、Mahalanobis 距离分类、最大似然法分类、波谱角分类、光谱信息散度分类、二进制编码分类、神经网络分类和支持向量机分类等。最大似然分类是常用的分类器，首先假定各个类在每个波段的统计值呈现正态分布，然后计算给定像素属于指定类的概率，每个像素分配到具有最大概率的类。如果不选择概率阈值，所有像素将被分类；如果最大概率小于指定阈值，则像素不被分类。在 ENVI 经典主菜单栏 Classification 的下拉菜单中点击 Supervised 后选择 Maximum Likelihood，可实现最大似然分类。

① 点击 Classification→Supervised→Maximum Likelihood，选择输入文件为 2002 年的 Quickbird 影像并点击 OK 后打开 Maximum Likelihood Parameters 对话框，如图 2.5.19 所示。

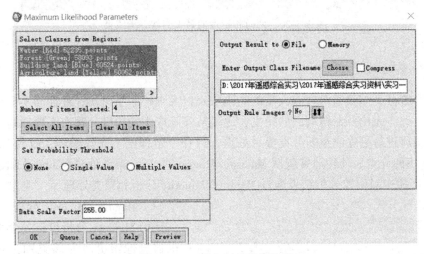

图 2.5.19　最大似然分类设置

② Select Classes from Regions 列表中列出了在 ROI Tool 对话框中可用的 ROI 区域，从中选择创建训练样区。点击 Select All Items 以选择所有区域创建训练样区。

③ 在 Set Probability Threshold 下选择以下阈值选项：选择 None 表示不用阈值；选择 Single Value 表示对所有类别输入 0 到 1 的单一概率阈值，对于概率低于阈值的像素，ENVI 不对其进行分类；选择 Multiple Values 表示对每个类输入不同的阈值。实验中选择 None，对所有像素执行分类。

④ 在 Data Scale Factor 中输入数据比例因子，比例因子是用于将整型缩放的反射或辐射数据转换成为浮点值的除系数，例如：对于放大到 0～10000 范围的反射数据 Data Scale Factor 可设置为 10000，对于未定标的整型数据 Data Scale Factor 可设置为仪器能测量的最大值 2^n-1，n 是仪器的位深。实验中影像都是 8 位数据，Data Scale Factor 可设置为 255。

⑤ 使用 Output Rule Images? 切换按钮选择是否创建规则影像以在最终类别分配前创建中间分类结果，点击 OK 后输出最大似然分类文件。

按上述同样的方法生成 2007 年 SPOT 融合影像的最大似然分类结果，Quickbird 影像、SPOT 融合影像的分类图如图 2.5.20 所示。

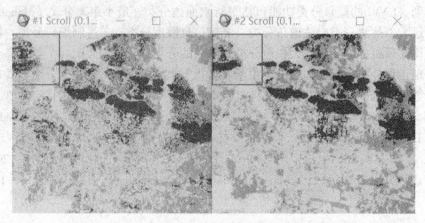

图 2.5.20 两时相影像的最大似然分类结果

2.5.5 分类后处理

影像监督分类结果通常含有大量的类别噪声以及细碎的小斑块，往往与实际地物类型分布并不一致。无论从专题制图的角度，还是从实际应用的角度，都有必要对这些类别噪声、细碎图斑进行剔除或重新分类等后处理，以在一定程度上去除噪声、改善分类结果。ENVI 中常用的分类后处理通常包括 Majority/Minority 分析、聚类处理(Clump)和过滤处理(Sieve)。实验中对影像分类结果进行 Majority/Minority 分析和聚类处理。

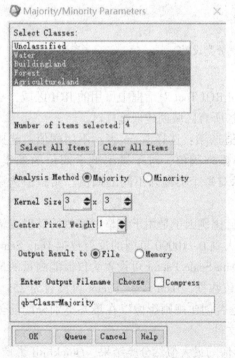

图 2.5.21 Majority/Minority 参数设置

（1）Majority/Minority 分析

使用 Majority 分析可将一个大的单类中的误分像素更改为该类别，需要输入核尺寸，核中的中心像素被替换为核中大多数像素所具有的类值。使用 Minority 分析，核中的中心像素被替换为核中少数像素所具有的类值。

① 从 ENVI 经典主菜单栏中点击 Classification → Post Classification → Majority/Minority Analysis 打开输入文件对话框，选择 Quickbird 影像的分类图像文件，点击 OK 后打开 Majority/Minority Parameters 对话框，如图 2.5.21 所示。

② 在 Select Classes 中选择应用 Majority 分析的类别，如果中心像素的类型是 Select Classes 列表中没有选择的类型，Majority 分析将不改变该中心像素，如果未选择的类型是核中的大多数类，Majority 分析将改变中心像素为未选择的

类。实验中点击 Select All Items，以选择所有类别。

③ 在 Analysis Method 中点击 Majority 的切换按钮。

④ 在 Kernel Size 中输入核尺寸，核尺寸是奇数，核尺寸越大，产生的分类影像后处理结果越平滑。如果选择了 Majority 分析，在 Center Pixel Weight 中输入中心像素的权重。中心像素的权重用以确定 Majority 分析时中心像素类型的计数次数。实验中输入权重为 1，中心像素的类型仅被计数一次。

⑤ 设置输出文件路径和名称后，点击 OK 生成对 Quickbird 分类图像的 Majority 分析结果。

按同样的方法对 SPOT 融合影像进行 Majority 分析，Quickbird 分类图像和 SPOT 分类图像的 Majority 分析结果如图 2.5.22 所示。

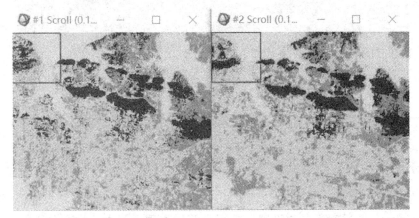

图 2.5.22　Majority 分析结果图

（2）聚类（Clump Classes）

分类结果图像通常缺乏空间一致性，虽然可用低通滤波平滑分类结果，但是分类信息可能被邻近的分类编码干扰，Clump Classes 使用形态学算子可将邻近相似的分类区域聚类到一起。首先对分类结果图像使用指定尺寸的核执行膨胀操作，然后执行腐蚀操作，可对分类图像中所选类型进行聚类。

① 从 ENVI 经典主菜单栏中点击 Classification→Post Classification→Clump Classes 打开输入文件对话框，选择 Quickbird 影像的分类图像文件点击 OK，打开 Clump Parameters 对话框，如图 2.5.23 所示。

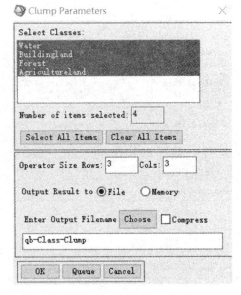

图 2.5.23　Clump 参数设置

② 在 Select Classes 中选择执行聚类处理的类型。

③ 在 Operator Size Rows、Cols 中输入形态学算子的尺寸。

④ 设置输出文件路径和名称后，点击 OK 生成对 Quickbird 分类图像的聚类处理结果。

按上述同样的方法对 SPOT 融合影像的分类图像进行聚类处理，Quickbird 分类图像和 SPOT 分类图像的聚类处理结果如图 2.5.24 所示。

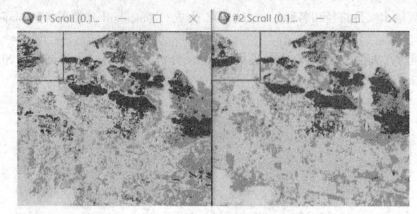

图 2.5.24　Clump 处理结果图

2.5.6　分类精度评定

分类结果评价是分类比较法变化检测的一个重要环节，通过分类结果评价可确定分类模型的有效性，并通过改变参数设置、提高训练样本质量等方法提高分类精度，从而正确、有效地获取影像分类结果。ENVI 能使用地面真实 ROI 计算混淆矩阵，混淆矩阵通过对分类结果和地面真实信息进行比较，计算出可评定分类结果精度的相关指标，如总体精度、生产者精度、用户精度、Kappa 系数等。ENVI 中对 Quickbird 分类图像使用地面真实 ROI 计算混淆矩阵的步骤如下：

① 在 ENVI 经典主菜单栏 Classification 的下拉菜单中选择 Post Classification→Confusion Matrix→Using Ground Truth ROIs 打开输入文件对话框，选择分类输入文件为 Quickbird 分类图像。

① 点击 Open→ROI File 选择地面真实 ROI 文件后打开 Match Classes Parameters 对话框，如图 2.5.25 所示。

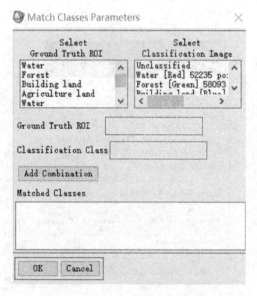

图 2.5.25　ROI 与类匹配对话框

地面真实 ROI 必须打开并关联到与分类输出影像相同尺寸的影像上，若地面真实 ROI 定义在不同尺寸的影像上，可使用 Basic Tools→Region of Interest→Reconcile ROIs 进行调整。

② 在 Match Classes Parameters 对话框中，Select Ground Truth ROI 的列表中列出了地面真实 ROI 中还未与分类结果图同类配对的 ROI，在 Select Classification Image 的列表中列出了分类结果图中还未与地面真实 ROI 同类配对的类。在 Select Ground Truth ROI 的列表中单击某个 ROI，则 ROI 名出现在 Ground Truth ROI 中，在 Select Classification Image 的列表中单击与 Ground Truth ROI 为同一类的对应类，则类名出现在 Classification Class 中。此时单击 Add Combination 表示将 Ground Truth ROI 与 Classification Class 结合配对，配为同类，此时匹配的 ROI 和类出现在 Matched Classed 列表中。如果认为在 Matched Classed 列表中的配对组合错误，可单击该组合以取消，同时相应的 ROI 和类又出现在其类列表中。Match Classes Parameters 对话框的匹配结果如图 2.5.26 所示，应注意的是，如果地面真实 ROI 中的区域名和分类影像中的类名相同，则会被自动匹配。

③ 当对地面真实 ROI 中的所有区域和分类影像中的所有类完成配对组合后，点击 OK 打开 Confusion Matrix Parameters 对话框，如图 2.5.27 所示。

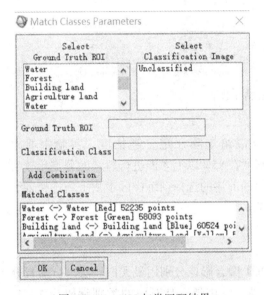

图 2.5.26　ROI 与类匹配结果

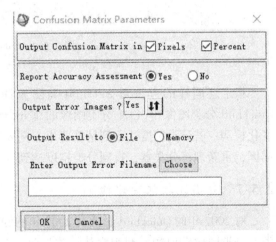

图 2.5.27　输出混淆矩阵参数设置

其中，在 Output Confusion Matrix in 中选中 Pixels 或 Percent，如果两个都选中，则像素数矩阵和像素比例矩阵都包含在同一窗口中；在 Report Accuracy Assessment 中选择 Yes 表示在精度报告中包括各种精度统计值；在 Output Error Images 中选择 Yes 表示输出误差影像，输出的误差影像是掩膜影像。在每类的误差影像上，所有正确分类的像素值都为 0，而不正确分类的像素值都为 1，最终的误差影像波段显示了所有类的不正确分类像素。点击 OK 后生成混淆矩阵，混淆矩阵列出了总精度、Kappa 系数、生产者精度、用户精度等统计数据，如图 2.5.28 所示。

Class Confusion Matrix

File

Confusion Matrix: D:\2017年遥感综合实习\2017年遥感综合实习资料\实习一变化检测\su

Overall Accuracy = (190117/220904) 86.0632%

Kappa Coefficient = 0.8140

Ground Truth (Pixels)

Class	Water	Forest	Building land	Agriculture 1	Total
Unclassified	0	0	0	0	0
Water [Red] 5	51937	134	5203	51	57325
Forest [Green	0	46941	1076	7834	55851
Building land	298	3777	51143	2071	57289
Agriculture 1	0	7241	3102	40096	50439
Total	52235	58093	60524	50052	220904

Ground Truth (Percent)

Class	Water	Forest	Building land	Agriculture 1	Total
Unclassified	0.00	0.00	0.00	0.00	0.00
Water [Red] 5	99.43	0.23	8.60	0.10	25.95
Forest [Green	0.00	80.80	1.78	15.65	25.28
Building land	0.57	6.50	84.50	4.14	25.93
Agriculture 1	0.00	12.46	5.13	80.11	22.83
Total	100.00	100.00	100.00	100.00	100.00

Class	Commission (Percent)	Omission (Percent)	Commission (Pixels)	Omission (Pixels)
Water [Red] 5	9.40	0.57	5388/57325	298/52235
Forest [Green	15.95	19.20	8910/55851	11152/58093
Building land	10.73	15.50	6146/57289	9381/60524
Agriculture 1	20.51	19.89	10343/50439	9956/50052

Class	Prod. Acc. (Percent)	User Acc. (Percent)	Prod. Acc. (Pixels)	User Acc. (Pixels)
Water [Red] 5	99.43	90.60	51937/52235	51937/57325
Forest [Green	80.80	84.05	46941/58093	46941/55851
Building land	84.50	89.27	51143/60524	51143/57289
Agriculture 1	80.11	79.49	40096/50052	40096/50439

图 2.5.28　分类精度数据

按上述同样的方法对 SPOT 分类图像计算混淆矩阵评定分类精度，实验中要求 Quickbird 分类图像和 SPOT 分类图像的总分类精度在 85%以上才能进行后续的分类比较法变化检测。若分类精度达不到精度要求，则要返回前述的选择训练样区步骤重新选择训练样区，重新训练分类器，直到分类精度达到要求。

2.5.7　分类比较法变化检测

对 2002 年的 Quickbird 影像和 2007 年的 SPOT 融合影像分别用最大似然法进行监督分类，分类图像中地物类型为水体、建城区、林地、农用地，其对应的类别编码为 1、2、3、4。首先利用 ERDAS 软件的空间建模模块，建立模型进行分类比较法变化检测。然后对变化和不变地物类型进行相应重编码，生成变化检测的结果图像。

(1) 变化检测模型

在 ERDAS 的图标模块栏中点击 Modeler→Model Maker 打开 New Model 窗口，点击工具栏中的 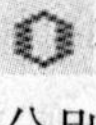 在 New Model 窗口中放置两个输入栅格对象和一个输出栅格对象，两个输入栅格对象分别表示 2002 年的 Quickbird 影像分类结果和 2007 年的 SPOT 融合影像分类结果。点击工具栏中的 在 New Model 窗口中放置模型函数，点击工具栏中的 在 New Model 窗口中设置栅格对象与模型函数之间的连接。模型函数设置为 $n1_quickbird * 10+

$n2_spot，点击图标 ⚡ 运行模型可获得变化检测结果，变化检测模型及变化检测结果图像如图2.5.29所示。

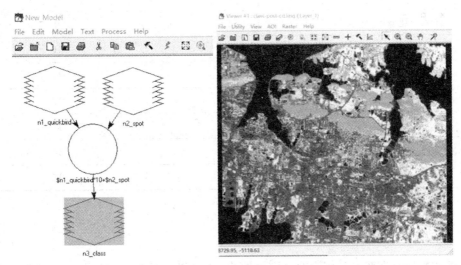

图2.5.29　分类比较法变化检测模型及变化检测结果

（2）变化检测重编码

由于2002年的Quickbird影像分类结果中类别编码为1~4，2007年的SPOT融合影像分类结果中类别编码也为1~4，经变化检测模型 $n1\_quickbird * 10 + n2\_spot$ 运算后，生成的变化检测图像中类别编码为11~44。分类比较法不仅检测到了变化的位置和数量信息，也揭示了变化的属性信息。在变化检测结果图中，专题编码的个位和十位相等表示未变化信息，专题编码的个位和十位不等表示变化信息，而且是由十位所代表类别向个位所代表类别变化。对11~44的变化类别按如下规则进行0~15的重编码，如下表所示：

变化/不变类别	$n1\_quickbird * 10 + n2\_spot$	重编码
水体→水体	11	0
水体→建城区	12	1
水体→林地	13	2
水体→农用地	14	3
建城区→水体	21	4
建城区→建城区	22	5
建城区→林地	23	6
建城区→农用地	24	7

变化/不变类别	$n1_quickbird * 10 + $n2_spot	重编码
林地→水体	31	8
林地→建城区	32	9
林地→林地	33	10
林地→农用地	34	11
林地→水体	41	12
林地→建城区	42	13
林地→林地	43	14
林地→农用地	44	15

2.5.8　变化检测精度评定

分类比较法是在对各时相影像分别分类的基础上进行变化信息提取，不仅能提供变化的位置信息，还能提供变化的类别信息。由于每个时相影像单独分类的误差会在变化检测过程中累积从而降低检测精度，因此该方法的关键是影像分类，检测效果依赖于各时相影像单个分类的精度。在利用分类比较法进行变化检测后，需要对其检测精度进行定量评价。

变化检测精度评定实际上是以标准变化图为参考，对计算机自动分类后比较获取的变化图进行定量评价的过程。变化检测精度评定分为两步进行：首先要制作用做参考的标准变化图，其次是要建立定量评价模型。

（1）制作标准变化图

作为参考的标准变化图是在对两时相地面真实数据运用变化检测模型运算的基础上获得的，实验中在没有历史产品的情况下，两时相地面真实数据近似用 ERDAS 软件结合目视判读制作的分类专题图代替。因此为获取标准变化图，需要对两时相影像分别进行目视判读并结合必要的外业调绘，按相同的分类体系和统一的分类编码绘制分类专题图。实验中利用 ERDAS 软件的 AOI 工具对 2002 年的 Quickbird 影像目视判读制作分类专题图的步骤如下：

① 在 View 视窗中按标准彩红外模式打开 2002 年的 Quickbird 影像，点击工具栏中的图标 🛈 打开 Imageinfo 对话框，如图 2.5.30 所示。

在菜单栏点击 File→Print Options 打开 Print Options 对话框，列出了可打印的信息，如统计值、投影信息、地图信息、直方图等，如图 2.5.31 所示。

选中 Map Info 表示仅打印地图坐标信息，单击 OK 后点击 File→Print to File 输入文本文件名，图像的左上角与右下角坐标、行列数、像素分辨率就显示在打开的文件信息编辑器中，如图 2.5.32 所示。

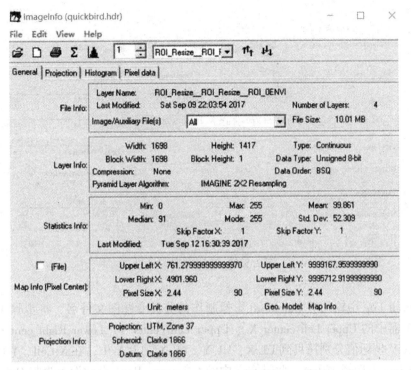

图 2.5.30　Imageinfo 对话框

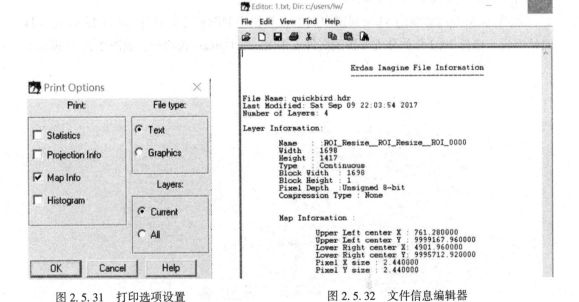

图 2.5.31　打印选项设置　　　　　图 2.5.32　文件信息编辑器

② 在 ERDAS 图标面板栏中点击 DataPrep→Create New Image 打开 Create File 对话框，如图 2.5.33 所示。

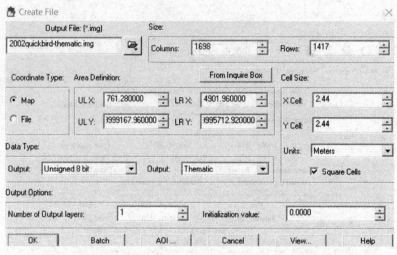

图 2.5.33　创建文件对话框

在 Output File 中输入对 Quickbird 影像制作的分类专题图文件名，将步骤①获取的文件信息编辑器中的 Upper Left center X 、Upper Left center Y、Lower Right center X、Lower Right center Y 坐标值分别拷贝到 UL X、UL Y、LR X、LR Y 中，在 X Cell、Y Cell 中输入 2.44，在 Units 中选择 Meters。此时 Size 中的 Columns、Rows 自动设置为与 Quickbird 影像相同的列数、行数，在 Data Type 的 Output 中选择 Thematic，单击 OK 后按上述设置生成 2002 年的分类专题图空白图像文件。

③ 在 Quickbird 影像的 View 视窗中点击工具栏中的图标 📂 打开 Select Layer to Add 对话框后，选择 2002 年的分类专题图文件点击 Raster Options 选项卡，如图 2.5.34 所示。

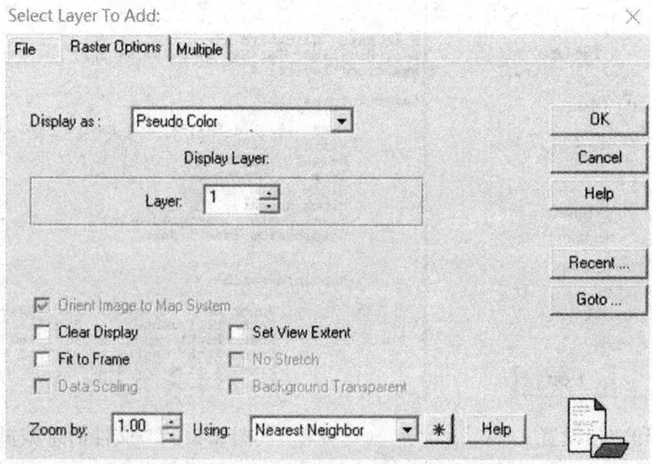

图 2.5.34　打开栅格选项设置

取消选中 Clear Display 后单击 OK 在 View 视窗中打开 2002 年的分类专题图文件，并使 2002 年的 Quickbird 影像和 2002 年的分类专题图文件叠加显示。点击 View 视窗的 Raster→Attributes 打开 Raster Attribute Editor，在 Color 中选择白色，在 Opacity 中输入 0.5，则 View 视窗中 2002 年的分类专题图文件半透明覆盖显示在 Quickbird 影像上，如图 2.5.35 所示。

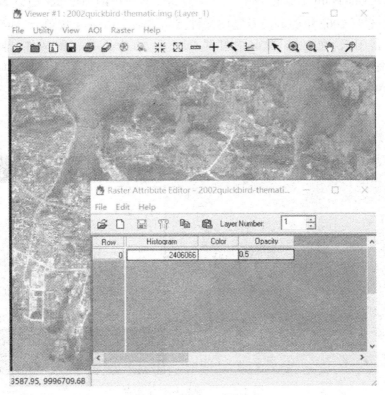

图 2.5.35　叠加半透明显示

④ 在 View 视窗中单击 Raster→Tools 打开 Raster 工具框，在 Raster 工具框中鼠标左键单击 ⬦ 后，在 View 视窗的分类专题图上定义分类体系。首先定义水体类，在 Quickbird 影像的水体区域上鼠标左键单击定义多边形顶点，鼠标左键双击封闭多边形来创建一个 AOI。选中该 AOI 后点击 Raster→Fill 打开 Area Fill 对话框，在 Fill With 中设置为 1，如图 2.5.36 所示。

然后定义建城区类，在 Quickbird

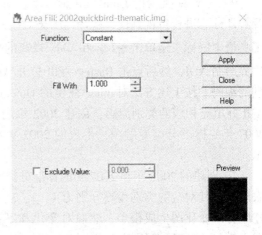

图 2.5.36　区域填充设置

影像的城市建筑用地区域上创建一个 AOI，选中该 AOI 后点击 Raster→Fill 打开 Area Fill 对话框，在 Fill With 中设置为 2。按上述类似的方法分别定义林地类、农业用地类，在 Fill With 中分别设置为 3 和 4。点击 View 视窗工具栏中的 🖫 图标保存所做修改，点击 📂 关闭分类专题图文件。

⑤ 再次在 Quickbird 影像的 View 视窗中点击工具栏中的图标 📂 打开 Select Layer to Add 对话框，选择 2002 年的分类专题图文件点击 Raster Options 选项卡，取消选中 Clear Display 后单击 OK，在 View 视窗中打开 2002 年的分类专题图文件，使 2002 年的 Quickbird 影像和 2002 年的分类专题图文件叠加显示。点击 View 视窗的 Raster→Attributes 打开 Raster Attribute Editor，可以看出已经定义了分类体系，如图 2.5.37 所示。

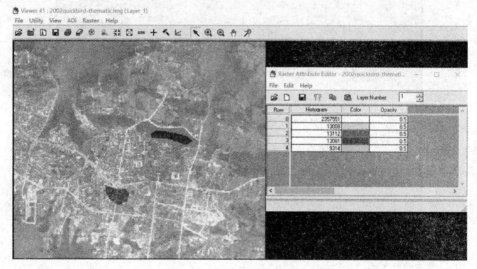

图 2.5.37　栅格属性编辑器

⑥ 在 View 视窗的 Quickbird 影像上，对各个图斑按形状、大小、色调、位置、纹理等解译标志进行目视判读，解译出图斑对应的地物真实类别。对于每一个图斑，在 Raster 工具框中鼠标左键单击 ☑，在 View 视窗的分类专题图上沿着 Quickbird 影像的图斑地物边界绘制 AOI，然后点击 Raster→Fill 打开 Area Fill 对话框，在 Fill With 中设置为相应类别的编码。按上述方法对 View 视窗的 Quickbird 影像上的所有图斑在分类专题图上绘制 AOI 并填充相应的类别编码，创建 2002 年的标准分类专题图。按上述类似的过程，创建 2007 年的标准分类专题图，生成的 2002 年和 2007 年的标准分类专题图如图 2.5.38 所示。

⑦ 创建的 2002 年和 2007 年的标准分类专题图中，地物类型为水体、建城区、林地、农用地，其对应的类别编码分别为 1、2、3、4。首先利用 ERDAS 软件的空间建模模块，建立标准变化图生成模型。然后对变化和不变地物类型进行相应重编码，创建标准变化图。模型中输入栅格对象分别为 2002 年和 2007 年的标准分类专题图，模型函数为

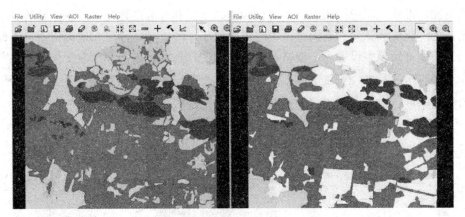

图 2.5.38　两时相标准分类专题图

$n1\_qb\_\_reference * 10+ \$n2\_spot\_merge\_reference$。点击图标 ⚡ 运行模型可获得标准变化图，标准变化图生成模型及创建的标准变化图如图 2.5.39 所示。

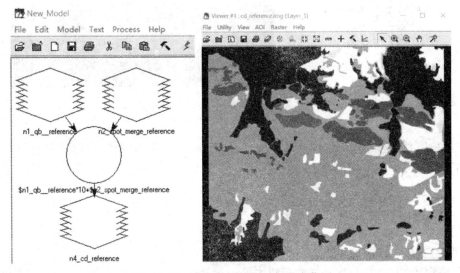

图 2.5.39　变化检测模型及标准变化图

由于 2002 年和 2007 年的标准分类专题图中类别编码为 1~4，经标准变化图生成模型 $n1\_qb\_\_reference * 10+ \$n2\_spot\_merge\_reference$ 运算后，创建的标准变化图中类别编码为 11~44。专题编码的个位和十位相等表示未变化信息，专题编码的个位和十位不等表示是由十位所代表类别向个位所代表类别变化。按前述类似规则对 11~44 的变化类别进行 0~15 的重编码。

（2）变化检测精度评定模型

在变化检测结果图和标准变化图中，变化/不变类别经同样的编码规则重编码后都为 0~15，且同一编码所对应的地物类型迁移含义是一致的。变化检测精度评定是将变化检测结果图和标准变化图进行比较，若变化检测结果图和标准变化图中同一位置的像素值一致，则认为变化检测正确，若同一位置的像素值不一致，则认为变化检测错误。因此，变化检测的精度评定模型设置为：栅格对象分别为变化检测结果图和标准变化图，模型函数为 \$n1_class $* 16+$ \$n2_cd_reference。点击图标 ⚡ 运行模型可获得变化检测精度评定图，变化检测的精度评定模型及创建的精度评定图如图 2.5.40 所示。

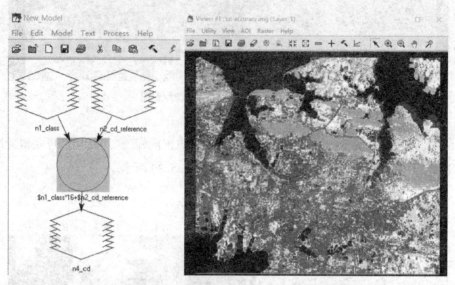

图 2.5.40 变化检测精度评定模型与精度评定图

在用精度评定模型 \$n1_class $* 16+$ \$n2_cd_reference 生成的精度评定图中，像素值取值范围在 0~255，凡像素值是 17 的整数倍的像素表示检测结果正确，凡像素值不是 17 的整数倍的像素表示检测结果错误。变化检测的精度可计算为 $A = \dfrac{n_{17}}{n}$，其中 n_{17} 表示像素值为 17 的整数倍的像素总数，n 为影像中的总像素数。

【实验考核】

① 分别用 ENVI 软件的支持向量机方法、神经网络方法、最大似然方法对不同时相的影像进行监督分类，并比较分类结果的异同实现变化检测。

② 利用 ERDAS 软件或 ENVI 软件创建分类比较法的变化检测结果图。

③ 利用 ERDAS 软件制作标准变化图。

④ 利用 ERDAS 软件的建模功能或 ENVI 软件的波谱运算工具建立变化检测的精度评定模型，并生成精度评定图，计算出变化检测的精度。

第三章　面向对象的遥感影像信息提取

由于高分辨率影像上地物细节信息丰富，"同物异谱"现象大量存在，即使是同类地物内部其光谱特征也不相同，而是存在一定程度上的差异，这增加了影像信息提取的不确定性和难度。同时，"异物同谱"现象也大量存在，不同类地物光谱特征却很可能相似。因此，以像元特征差异为主要依据的遥感影像信息提取技术无法表达同一地物内部的光谱异质，也难以区分不同地物之间的光谱同质，并不适合于高分辨率遥感影像信息提取。当影像空间分辨率比较高时，面向对象的技术被认为是更接近目视解译的方法，除利用地物的光谱信息外，还充分考虑了地物的空间信息，在高分辨率遥感影像分析中具有很大的优势。将面向对象的影像分析方法应用于专题信息提取中，更接近人类的思维方式和过程，为遥感影像信息提取提供了一种新的解决方案。

3.1　面向对象的信息提取概述

面向对象的方法以影像分割为基础，根据影像上像素特征，按一定的等价划分方法，将空间相邻、特征相近的像素聚集成数量相对较少、具有多维特征、内部较为同质的对象，后续的特征计算与信息提取都是以这些同质对象为基础开展的。面向对象信息提取过程包含两个转换。首先是像素到对象的转换，这个转换由影像分割技术实现；然后是对象到专题信息的转换，这个转换由特征分析或分类技术实现。面向对象信息提取的难点也存在于这两个不同层次之间的转换过程中。

在图像处理领域内，图像分割技术本身就是一个经典难题，且针对高分辨率遥感影像的分割尤为困难。由于高分辨率影像上地物类型复杂多样、细节信息丰富，并且各类地物因相互关联和影响产生特征干扰，导致遥感影像分割问题复杂，获得一个令人满意的分割结果常常是比较困难的。另外，尺度因子也是影响分割结果的关键因素，高分辨率遥感影像上各种尺度大小的地物并存，甚至有些尺度差异比较大，这也导致了影像分割的复杂性。影像分割的质量，是面向对象影像解译的关键，直接影响着后续信息提取的效果。

利用面向对象的方法进行专题信息提取时，不同于基于像素的信息提取方法，处理的最小单元不再是像元，而是含有更多语义信息的多个相邻像元组成的对象，克服了像素分类存在的椒盐（salt-and-pepper）问题。对于中、高分辨率影像，面向对象的解译方法可充分利用对象的光谱特征、几何特征、纹理特征以及影像对象之间的语义信息，将单个特征无法区分的信息用多维特征加以区分。以地理对象作为最小处理单元，利用对象属性特征进行信息提取，更好地体现了专题信息的区域性特点，使信息提取结果更为可靠，为影像信息提取提供了新的思路，已成为遥感领域的研究热点而受到国内外研究人员的广泛关注。

　　面向对象的信息提取包括三个过程：影像分割，特征计算，判别提取。因此，信息提取效果取决于三个因素：分割的质量、特征选择的有效性、提取算法的性能。分割尺度是面向对象的信息提取的一个关键参数，直接影响着分割质量。最佳分割尺度的选择仍缺乏坚实有力的数学理论和模型支持，在信息提取过程中一般依赖经验或多次试验结果来确定。在特征计算方面，分类所需的对象特征往往需要反复地多次实验才能确定，自动化程度不高。如何选择分类特征、如何对特征进行有效表达与融合、如何制定分类规则、如何构建合理的特征——规则库以及分类规则与地类之间如何映射和匹配等，都是面向对象的遥感信息提取的关键问题。

3.2　多尺度影像分割方法

　　影像分割是面向对象信息提取的关键环节，也是进一步影像理解和分析的基础。影像分割将影像分成数量相对较少、具有多维特征、内部同质的区域，这些同质区域可以提供利于高层处理的更多特征，如光谱、形状、纹理、语义等。在同一区域内部，一般具有连续、稳定的特征。而在不同区域之间，则存在着较大的特征差异，这种特征不连续的表现反映在视觉上即构成地物边缘。后续的变化检测就是以这些同质区域为基础开展的。遥感影像分割是遥感应用领域的研究热点，目前提出的分割方法很多，包括基于区域的影像分割方法、基于边缘的影像分割方法、基于区域和基于边缘技术相结合的影像分割方法、基于特定理论的影像分割方法等。由于遥感影像的复杂性以及影像分割技术的限制，获得一个令人满意的分割结果常常是比较困难的。

　　分形网络演化算法（FNEA）是一个典型的多尺度分割算法（Multi-solution Segmentation），是目前广泛应用的一种影像分割算法，也是目前流行的面向对象影像分析技术的基础及核心内容，是由 Baatz M. 和 Schape A. 于 2000 年首先提出的。该算法已作为核心分割算法应用到商业遥感软件 eCognition 中，取得了较好的应用效果。多尺度分割遵循异质性最小原则，从任一像元开始，采取自下而上的区域合并法生成对象，并以生成的影像对象作为最小处理单元。

　　在多尺度分割过程中，采取局部相互最适合原则进行相邻对象合并。局部相互最适合原则是指，对于当前对象 A，计算对象 A 与其多个邻接对象的合并异质性，选择合并异质性最小的对象 B，定义为对象 A 的最适合合并对象。同时计算对象 B 与其多个邻接对象的合并异质性，选择合并异质性最小的对象 C，定义为对象 B 的最适合合并对象。如果对象 C 就是对象 A，则对象 A 与对象 B 就是局部相互最适合合并对象。该方法要求合并后的对象的同质性最大化或异质性最小化，即合并代价最小。

　　对象分割合并时的区域异质性 h 由光谱异质性 h_{spectrum} 和形状异质性 h_{shape} 加权组成，可按下式计算：

$$h = w_{\text{spectrum}} h_{\text{spectrum}} + (1 - w_{\text{spectrum}}) h_{\text{shape}}$$

其中，$w_{\text{spectrum}} \in [0,1]$ 是总异质性中光谱异质性的权值，$1 - w_{\text{spectrum}}$ 是形状异质性的权值，可通过调整 w_{spectrum} 值来调整光谱信息对影像分割影响的大小。h_{spectrum} 表示对象合并时的光谱异质性，可按下式计算：

$$h_{\text{spectrum}} = \sum_{b=1}^{n} w^b (n_{\text{merge}} \sigma_{\text{merge}}^b - (n_{\text{obj1}} \sigma_{\text{obj1}}^b + n_{\text{obj2}} \sigma_{\text{obj2}}^b))$$

其中，w^b 为影像波段 b 的权值，可通过波段的权值来调整影像波段对光谱异质性的贡献；n_{merge} 为两个对象合并后的总像素个数；n_{obj1}，n_{obj2} 为参与合并的两个对象的像素数；σ_{merge}^b 为两个对象合并后在波段 b 上的光谱标准差；σ_{obj1}^b，σ_{obj2}^b 为参与合并的两个对象在波段 b 上的光谱标准差。

形状异质性 h_{shape} 是由紧致度异质性 h_{compact} 和光滑度异质性 h_{smooth} 加权组成的，对象的紧致度用对象的周长和对象面积的平方根比值来衡量，光滑度用对象的周长和对象的最小外接矩形周长比值来衡量，

$$h_{\text{shape}} = w_{\text{compact}} h_{\text{compact}} + (1 - w_{\text{compact}}) h_{\text{smooth}}$$

其中，w_{compact} 是形状异质性中紧致度异质性的权值。调整异质性权值的大小，可调整在对象合并时对光滑性或紧凑型的侧重程度。h_{compact} 表示紧致度异质性，h_{smooth} 表示光滑度异质性，可分别按下式计算：

$$h_{\text{compact}} = \frac{n_{\text{merge}} l_{\text{merge}}}{\sqrt{n_{\text{merge}}}} - \left(\frac{n_{\text{obj1}} l_{\text{obj1}}}{\sqrt{n_{\text{obj1}}}} + \frac{n_{\text{obj2}} l_{\text{obj2}}}{\sqrt{n_{\text{obj2}}}} \right)$$

$$h_{\text{smooth}} = \frac{n_{\text{merge}} l_{\text{merge}}}{b_{\text{merge}}} - \left(\frac{n_{\text{obj1}} l_{\text{obj1}}}{b_{\text{obj1}}} + \frac{n_{\text{obj2}} l_{\text{obj2}}}{b_{\text{obj2}}} \right)$$

其中，l_{merge}，l_{obj1}，l_{obj2} 分别表示合并后对象、合并前对象的周长，b_{merge}，b_{obj1}，b_{obj2} 分别表示合并后对象、合并前对象最小外接矩形的周长。

面向对象信息提取的精度取决于影像的分割效果，影像的分割效果取决于分割参数的选择。分割参数是面向对象解译的重要因素，包括分割尺度、光谱异质性权值、紧致度异质性权值和波段权重。分割尺度决定了生成的影像对象的尺寸以及信息提取的精度。eCognition 在分割尺度选择上，一般需要对影像进行多次分割尝试才能得到较为满意的尺度，而且对于影像中尺度差异较大的地物容易存在欠分割和过分割现象。光谱异质性权值、紧致度异质性权值影响着分割对象是否与实际地物相吻合。波段权重则有利于后续提取感兴趣信息，可根据感兴趣信息特征的明显程度确定。最优分割参数的选择通常依赖于影像的分辨率和待提取的目标地物，一般通过试验对比获得。在没有可计算的评价标准下，往往以人眼判读的方法判定最佳分割参数。

分割尺度和应用目的紧密相关，对于面向对象遥感影像信息提取方法中的多尺度分割来说，最优分割尺度应满足：能用一个或几个对象来表达地类；对象大小、形状应与地物目标大小、形状接近，能够表达某种地物的基本特征；对象多边形不应太破碎、边界比较分明；对象内部异质性尽量地小而不同类别对象之间的异质性尽量地大。对象内部同质性保证影像对象的纯度，而对象之间的异质性保证影像对象的可分性。有文献对面向对象方法的优点和局限性做了一些总结，认为随着分割尺度增加、分割精度减少，分割错误对分类的负面影响变大，对象分类的总效果依赖于影像分割的尺度。

在每种地物类型适合的相应尺度下进行专题信息提取分析，可以充分集中不同类型、不同尺度下反映的形态规律与特征属性的优势，其结果相较于将所有地物类型运用同一相

对最佳尺度进行提取分析来说要更为准确。根据提取的目标信息特征进行多尺度分割，能够建立对象的层次体系，为获取高精度解译结果打下基础。

3.3　多尺度影像分割实验

【实验目的和意义】
① 掌握多尺度分割方法。
② 会用 eCognition 软件实现影像的多尺度分割。
③ 了解在多尺度分割中光谱异质性权值、紧致度异质性权值对分割效果的影响。
④ 理解分割尺度的含义，会针对不同地物类型寻求最优分割尺度。
【实验软件和数据】
eCognition 8.7 试用版，武汉地区快鸟影像。

在 eCognition 的多尺度分割方法中，分割尺度、光谱异质性权值、紧致度异质性权值是影像分割质量的关键因素，特别是分割尺度影响着生成的影像对象大小和后续的分类精度。分割尺度越大，分割生成的对象层内多边形面积就越大，而对象数目就越少。影像分割要注意两个方面问题：一是在保证能准确区分不同地物目标的情况下尽可能地采用较大的分割尺度，使同一地物目标尽可能地保持完整；二是在满足必要的形状标准的条件下尽可能地增大光谱异质性的权值。因为光谱特征是影像数据中最重要的信息，形状标准的权重太高会降低分割结果的质量。在进行具体的影像分割时，最普遍的方法就是在影像中先选取一个具有代表性的小区域，使用不同的分割尺度、光谱异质性权值、紧致度异质性权值进行多次尝试分割，直到获得目视判读比较满意的分割结果，并将对应的分割参数作为合适的分割参数，用于对整幅影像进行分割。

3.3.1　影像多尺度分割

在 eCognition 主界面的菜单栏中点击 File→New Project 打开 Import Image Layer 对话框，从中选择影像文件并单击 OK 后打开 Create Project 对话框。其中，Map 下显示了影像的坐标系统、空间分辨率、影像尺寸以及左上角、右下角的地理坐标、影像的波段层等信息。点击右侧的 Insert 按钮可导入相应的影像层，点击 Remove 按钮可从所选影像中删除相应的数据层，点击 Edit 按钮可编辑相应的数据层信息。单击 OK 后在视图窗口显示出所选影像，如图 3.3.1 所示。

在菜单栏中点击 View→Image Layer Mixing 打开 Edit Image Layer Mixing 对话框，选择以 Layer 4、Layer 3、Layer 2 分别对应 R、G、B 通道后点击 OK，影像以彩红外模式显示，如图 3.3.2 所示。

在菜单栏中点击 Process→Process Tree 打开 Process Tree 窗口，在 Process Tree 窗口中点击鼠标右键后在弹出的菜单中选择 Append New，打开 Edit Process 对话框，其中Algorithm 的下拉列表中列出了面向对象分析的各种处理算法。在 Algorithm 中选择Segmentation—multiresolution segmentation，该算法可最小化给定尺度下影像对象的平均异质性，在 Image Object Domain 中选择 pixel level，在 Algorithm parameters 中设置多尺度影

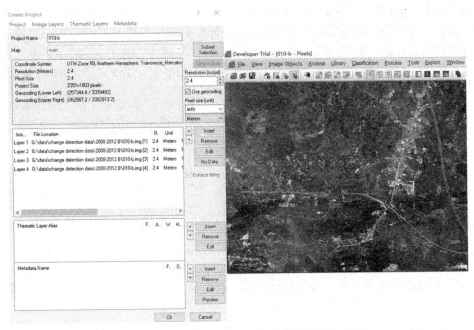

图 3.3.1 Create Project 对话框与影像真彩色显示

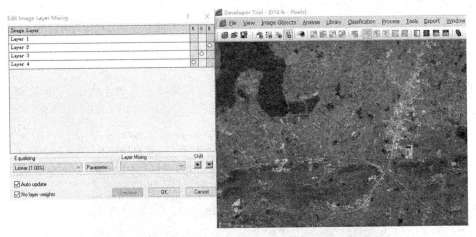

图 3.3.2 Eidt Image Layer Mixing 对话框与彩红外显示

像分割时所需的各个参数。Image Layer weights 中需设置各个波段的权重，可以根据波段对于分割的重要性和适合度来考虑。如果赋予波段较高的权重，则在分割过程中侧重参考该波段的信息。若无需突出特定的波段，一般采用默认的各波段权值为 1。Thematic Layer usage 中设置分割中所使用的专题层，专题层包含的信息是离散的，只能选择用还是不用，不能给予权重。如果一个对象层的分割中不使用专题层，则在对该对象层分类时也不能使用专题层信息。在 Scale parameter 中设置分割结果对象的最大异质性大小，改变尺度参数可以得到不同大小的影像对象。在相同的尺度参数下，分割异质数据生成的对象尺寸小于分割均质数据生成的对象尺寸。在 Shape 中设置影像分割时形状规则的权重，光谱特征同质是生成有意义对象的最重要标准，Shape 形状标准有助于避免不规则碎片的对象，适合于高纹理的数据分割。形状权重越高，颜色信息的影响越小。在 Compactness 中设置紧致度规则的权重，紧致度权重越高，影像对象越紧凑，如图 3.3.3 所示。

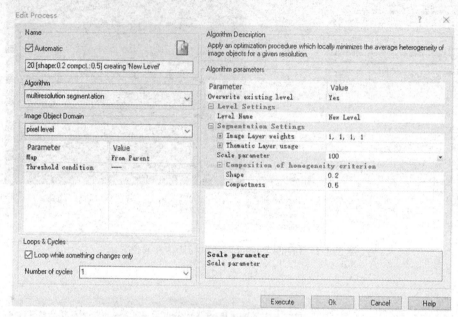

图 3.3.3　分割参数设置对话框

点击 Execute 按钮执行上述参数下的影像分割，结果如图 3.3.4 所示。

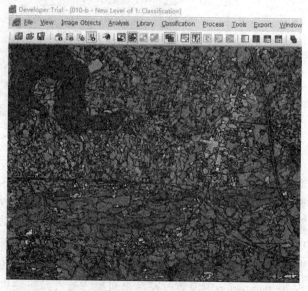

图 3.3.4　影像分割结果

3.3.2 创建影像对象层

eCognition 中可用不同的分割尺度生成代表不同空间分辨率的影像对象层，进而构建一个网络拓扑结构，网络中每一个对象层都由低层对象合并而来，同时遵循高层对象的边界限制。在网状结构中，每个对象都可以知道其上下文关系(相邻)、父对象和子对象。父对象的边界决定了子对象的边界，父对象的区域大小由子对象的总和决定。创建一个具有三层影像对象层次结构的步骤如下：

① 在 Process Tree 窗口中新增处理，其中 Algorithm 中选择 Segmentation—multiresolution segmentation，Image Object Domain 中选择 pixel level，Level Name 中输入层名 Level1，Image Layer weight 中设置各个波段权重为1，Scale parameter 中设置尺度参数为10，Shape 中权重设置为0.1，Compactness 中权重设置为0.5。点击 Execute 按钮执行影像分割，创建低层对象层 Level1。

② 在 Process Tree 窗口中新增处理，其中 Algorithm 中选择 Segmentation—multiresolution segmentation，Image Object Domain 中选择 image object level，Level 中输入层名 Level1，Level Name 中输入层名 Level2，Level Usage 中选择 Create above，Image Layer weights 中设置各个波段权重为1，Scale parameter 中设置尺度参数为50，Shape 中权重设置为0.1，Compactness 中权重设置为0.5。点击 Execute 按钮执行影像分割，创建 Level1 层上的 Level2 对象层，如图 3.3.5 所示。Level2 对象层是在对 Level1 层对象进行合并的基础上创建的，其包含的对象比 Level1 层对象大。

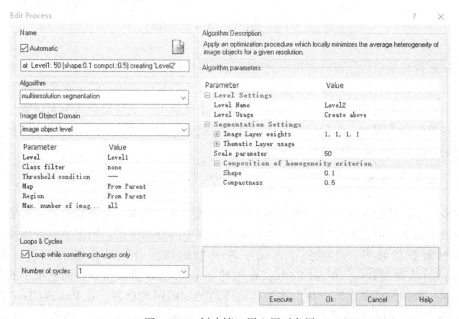

图 3.3.5　创建第一层上层对象层

③ 在 Process Tree 窗口中新增处理，其中 Algorithm 中选择 Segmentation—multiresolution segmentation，Image Object Domain 中选择 image object level，Level 中输入层

名 Level2，Level Name 中输入层名 Level3，Level Usage 中选择 Create above，Image Layer weight 中设置各个波段权重为 1，Scale parameter 中设置尺度参数为 100，Shape 中权重设置为 0.1，Compactness 中权重设置为 0.5，如图 3.3.6 所示。点击 Execute 按钮执行影像分割，创建 Level2 层上的 Level3 对象层，Level3 对象层是在对 Level2 层对象进行合并的基础上创建的，其包含的对象比 Level2 层对象大。

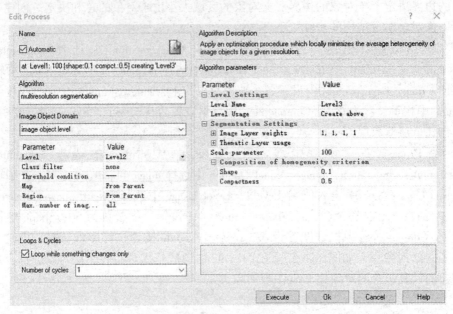

图 3.3.6 创建第二层上层对象层

创建影像对象层后，可以利用不同尺度分割影像得到感兴趣的不同对象，每个尺度对象层不可能生成比它的父对象层还要大的对象，也不可能生成比它的子对象层还要小的对象。每一层对象都由其直接子对象构成，在下一个高层上，子对象合并为大对象，合并受已有父对象的边界限制。对象层次结构可以同时展示不同尺度的影像信息，对象垂直链接后，利用尺度和高级的纹理特征也成为可能。

3.3.3 分割对象合并

在多尺度影像分割时，往往希望同一类型的地物分割成为一个完整的图斑对象或少数较大的图斑对象，以进行整体分析。如果选择了较小的分割尺度，则所生成的影像对象层中图斑对象数量较多，可能会导致同一种类型地物的分割结果较为破碎。可利用 eCognition 算法类型 Basic Object Reshaping 中的 merge region 算法将一些面积很小的图斑与邻近的同一类别的图斑进行合并，或与其他特定类别的图斑合并。在 Process Tree 窗口中新增处理，其中 Algorithm 中选择 Basic Object Reshaping-merge region，如图 3.3.7 所示。

点击 Threshold condition 后的 ·· 打开 Edit threshold condition 对话框，在 Feature 中选择 Mean Layer 4，在 Threshold settings 中选择"<="并输入 300，点击 OK 即设置了第一个阈值条件"Mean Layer 4 <= 300"，如图 3.3.8 所示。

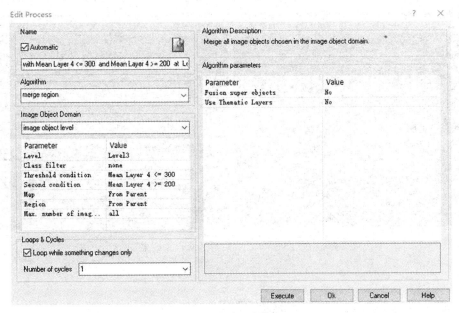

图 3.3.7　合并对象层设置

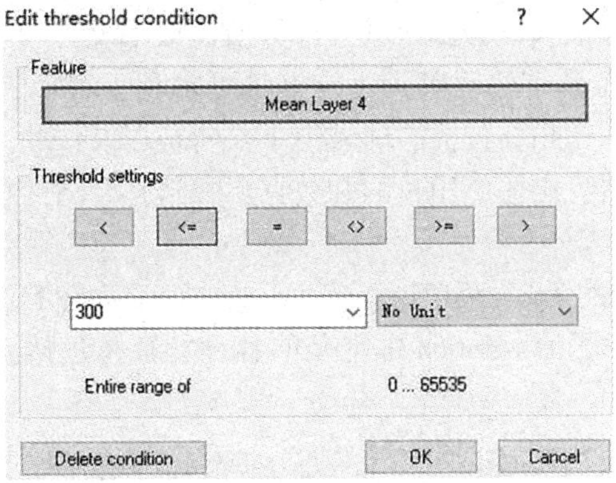

图 3.3.8　编辑阈值条件对话框

按类似的方法，在 Second condition 中设置第二个阈值条件"Mean Layer 4>=200"，单击 Execute 执行区域合并操作。如图 3.3.9 所示，右图为尺度参数 100 的分割结果，红色边框表示附近的水体图斑数量较多、形状较为破碎。左图为执行区域合并操作后的分割结果，红色边框选中的水体对象是一个整体，表示相邻的水体破碎图斑合并为一个图斑对象。

【实验考核】

① 利用 eCognition 软件实现影像多尺度分割，通过多次尝试分割找出较为合适的分割尺度、光谱异质性权值、紧致度异质性权值。

② 利用 eCognition 软件创建影像分割的多重影像对象层。

③ 利用 merge region 算法对影像分割结果中各种类型地物的破碎图斑进行区域合并，获得数量较少、形状较为完整的分割结果。

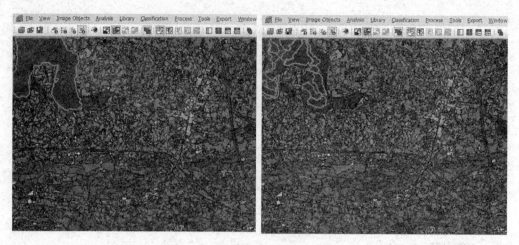

图 3.3.9　分割结果与区域合并结果

3.4　面向对象特征的信息提取方法

　　多尺度影像分割是在尺度参数控制下，将影像划分成一定数量的有意义的同质区域，使分割区域之间的异质性最大，分割区域内部异质性最小。与基于像素的方法相比，面向对象的方法以同质区域为最小处理单元，能提供更多利于解译、分析的特征，如光谱特征、形状特征、纹理特征、拓扑特征、邻域上下文特征以及尺寸大小等信息，而每一种特征又包括若干指标。根据特定的应用目的和数据源，选择合适的特征，就可以实现面向对象的信息提取。

　　在 eCognition 软件中的 Tools 菜单下点击 Feature View 命令打开 Feature View 窗口，如图 3.4.1 所示。其中列出了 eCognition 中定义的各种特征，包括 Object features 对象特征、

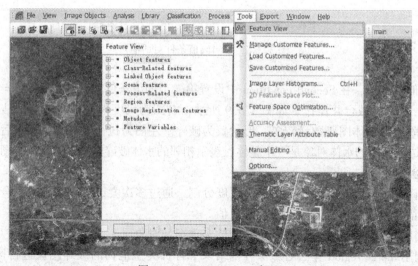

图 3.4.1　Feature View 窗口

Class-Related features 类相关特征、Linked Object features 关联对象特征、Scene features 场景特征、Process-Related features 进程相关特征、Region features 区域特征、Image Registration features 影像配准特征、Metadata 元数据、Feature Variables 特征变量等。下面介绍面向对象影像解译的常用特征。

3.4.1　面向对象影像解译的常用特征

特征是目标对象相关信息的表述，面向对象影像解译的常用特征主要有影像对象特征、类相关特征。

（1）Object features 对象特征

对象特征是对象信息的表述，以影像对象为处理单元进行计算。在 Feature View 窗口双击"Object features"，列出对象特征类所包括的特征类型，如图 3.4.2 所示。

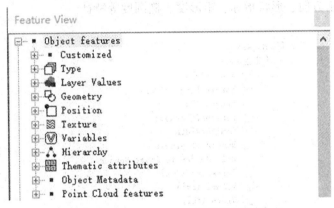

图 3.4.2　Feature View 窗口特征类型

其中：

① Customized 自定义特征，是由用户创建的特征，表示一些自定义的对象属性。点击"Customized"左边的"+"　■ Customized，如图 3.4.3 所示，Customized 自定义特征又可分为两种：算术特征和相关特征等。

图 3.4.3　自定义特征

② Layer Values 特征，是利用影像对象的光谱属性信息计算得出的。点击"Layer Values"左边的"+"　■ Layer Values，如图 3.4.4 所示，Layer Values 特征又包括 Mean、Standard deviation、Skewness、Pixel-based、To neighbors、To super-object、To Scene 和 Hue，Saturation，Intensity 等特征。

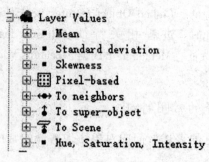

图 3.4.4　Layer Values 特征

③ Geometry 特征评价一个影像对象的形状。点击"Geometry"左边的"+"
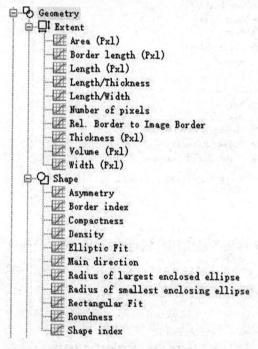 Geometry，如图 3.4.5 所示，Geometry 特征又包括面积、边界长度、长宽比、紧致度、边界指标、主方向、形状指标、矩形度、椭圆度等特征。

图 3.4.5　Geometry 特征

④ Position 特征，是指一个影像对象相对于场景的位置。点击"Position"左边的"+" Position，如图 3.4.6 所示，Position 特征又包括到场景边界的距离，最大、最小、中心坐标，以及对象是否在区域内等特征。

⑤ Texture 特征，是基于层和形状计算出的纹理值，也可以是 Haralick 灰度共生矩阵计算出的纹理特征统计值。点击"Texture"左边的"+" Texture，如图 3.4.7 所示，

80

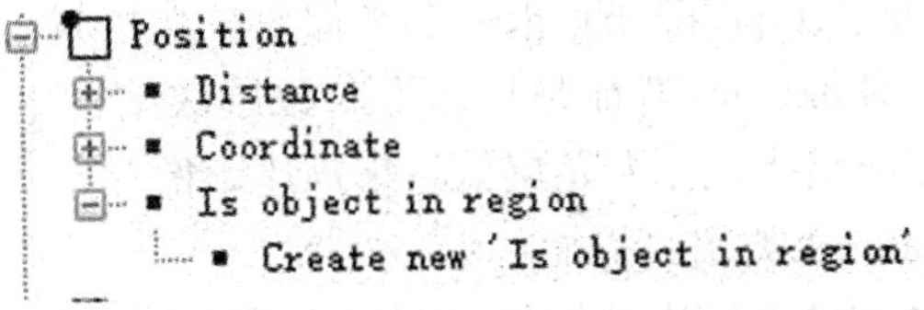

```
Position
  Distance
  Coordinate
  Is object in region
    Create new 'Is object in region'
```

图 3.4.6　Position 特征

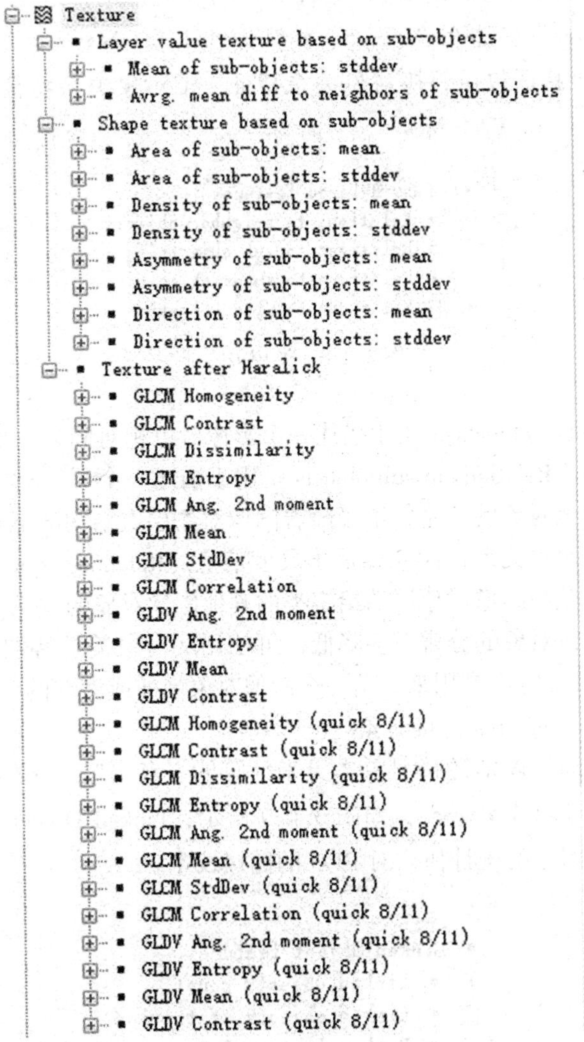

```
Texture
  Layer value texture based on sub-objects
    Mean of sub-objects: stddev
    Avrg. mean diff to neighbors of sub-objects
  Shape texture based on sub-objects
    Area of sub-objects: mean
    Area of sub-objects: stddev
    Density of sub-objects: mean
    Density of sub-objects: stddev
    Asymmetry of sub-objects: mean
    Asymmetry of sub-objects: stddev
    Direction of sub-objects: mean
    Direction of sub-objects: stddev
  Texture after Haralick
    GLCM Homogeneity
    GLCM Contrast
    GLCM Dissimilarity
    GLCM Entropy
    GLCM Ang. 2nd moment
    GLCM Mean
    GLCM StdDev
    GLCM Correlation
    GLDV Ang. 2nd moment
    GLDV Entropy
    GLDV Mean
    GLDV Contrast
    GLCM Homogeneity (quick 8/11)
    GLCM Contrast (quick 8/11)
    GLCM Dissimilarity (quick 8/11)
    GLCM Entropy (quick 8/11)
    GLCM Ang. 2nd moment (quick 8/11)
    GLCM Mean (quick 8/11)
    GLCM StdDev (quick 8/11)
    GLCM Correlation (quick 8/11)
    GLDV Ang. 2nd moment (quick 8/11)
    GLDV Entropy (quick 8/11)
    GLDV Mean (quick 8/11)
    GLDV Contrast (quick 8/11)
```

图 3.4.7　Texture 特征

Texture 特征包括：基于子对象层值纹理特征，如子对象均值标准差、相邻子对象平均差异等，基于子对象形状纹理特征，如子对象面积均值、子对象面积标准差、子对象密度均值、子对象密度标准差、子对象方向等，灰度共生矩阵计算的纹理测度，如同质度、相关、对比度、均值、熵、标准差等。

81

⑥ 其他一些对象特征：Type 特征是指一个影像对象在场景中的连接。Variables 是个别影像对象的局部变量。Hierarchy 特征是指影像对象层次结构中一个影像对象的嵌入信息。Thematic attributes 特征是指使用专题层信息来描述影像对象。

（2）Class-Related features 类相关特征

类相关特征是一个类和整个层次结构中的类相关联的表述，依赖于影像对象特征，是指涉及影像对象层次中分配到影像对象类值的特征。可用层来指定父对象和子对象的类相关特征，对于邻接对象，在类相关特征处可用空间距离指定，这些距离可以编辑。点击 "Class-Related Features" 左边的 "+" ⊞ ▪ Class-Related features ，如图 3.4.8 所示，Class-Related Features 特征包括邻接对象关系特征、子对象关系特征、父对象关系特征、类别相关特征。

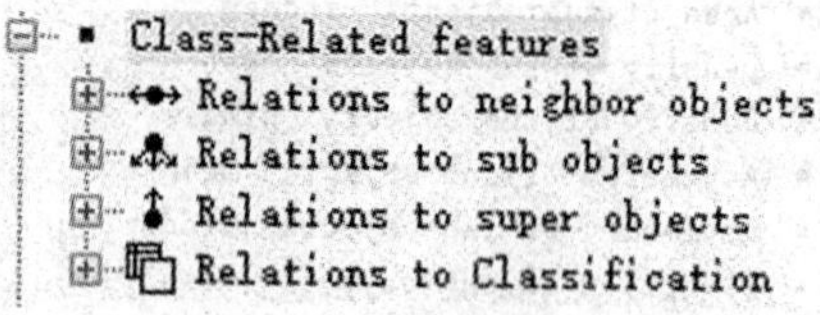

```
⊟ ▪ Class-Related features
  ⊞ ↔ Relations to neighbor objects
  ⊞ ♣ Relations to sub objects
  ⊞ ↥ Relations to super objects
  ⊞ ⬚ Relations to Classification
```

图 3.4.8　类相关特征

Relations to neighbor objects 是用于描述一个影像对象相对同一影像对象层的给定类的其他影像对象的关系。Relations to sub objects 是用于描述一个影像对象相对较低影像对象层的给定类的其他影像对象的关系。由于随着图像对象层次结构的下移，图像对象的分辨率会增加，可使用子对象关系特性来评估子尺度信息。Relations to super objects 是用于描述一个影像对象相对较高影像对象层的给定类的其他影像对象的关系。由于随着图像对象层次结构的上移，图像对象的分辨率会降低，可使用父对象关系特性来评估超尺度信息。Relations to Classification 特征是用来找出一个影像对象当前或潜在的分类。

（3）Linked Object features 链接对象特征

链接对象特征是通过评估链接对象本身来计算的。点击 "Linked Object features" 左边的 "+" ⊞ ▪ Linked Object features ，如图 3.4.9 所示，Linked Object features 特征包括链接对象的数量、链接对象的统计值、对 PPO 的链接权重。

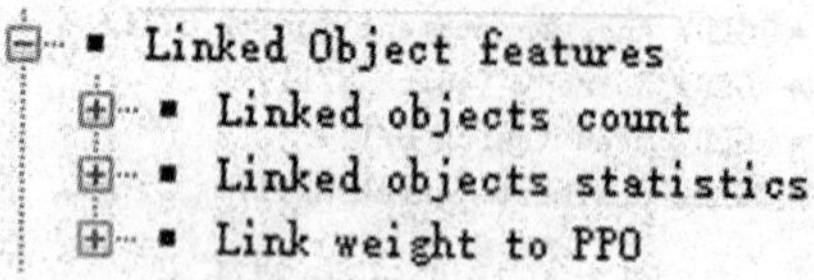

```
⊟ ▪ Linked Object features
  ⊞ ▪ Linked objects count
  ⊞ ▪ Linked objects statistics
  ⊞ ▪ Link weight to PPO
```

图 3.4.9　链接对象特征

3.4.2　对象特征显示

对输入的前后时相影像，利用 eCognition 的多尺度分割算法，在尺度参数控制下，将影像分割为一定数量的同质区域。这时，在影像对象窗口中点击 Tools→Feature View 打开特征视图窗口，显示了 eCognition 中已定义的特征类型，如光谱特征、纹理特征、几何特征等，如图 3.4.10 所示。

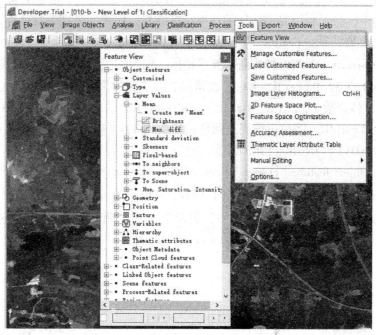

图 3.4.10　eCognition 中已定义的特征类型

对于已定义的子特征，如 Object features—Layer Values—Mean—Brightness，直接双击子特征名"Brightness"，此时视窗中显示的图像转变为以影像中所有对象的亮度值显示的图像，如图 3.4.11 所示。

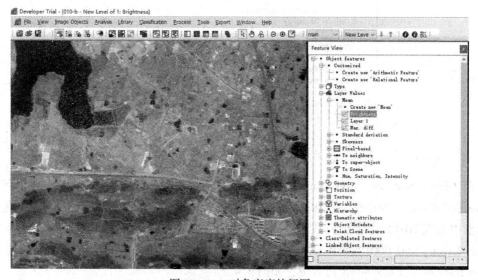

图 3.4.11　对象亮度特征图

3.4.3　自定义特征

eCognition 中不仅定义了面向对象解译的丰富特征，还提供了自定义功能。在面向对象的影像处理中，除了利用光谱特征的均值、标准差、比率、亮度等特征外，还往往会应用到一些专题指数特征。Feature View 窗口中，在 Object features 下的 Customized 中双击 Create new 'Arithmetic Feature' 可创建新的算术特征，较为常用的有专题指数特征，如归一化水体指数 NDWI=(B2-B4)/(B2+B4)、改进的归一化水体指数 MNDWI=(B2-B5)/(B2+B5)、增强型水体指数 EWI=(B2-B4-B5)/(B2+B4+B5)、差值植被指数 DVI=IR-R、比值植被指数 RVI=IR/R、调整土壤亮度的植被指数 SAVI=(IR-R)/(IR+R+L)×(L+1)、归一化植被指数 NDVI=(IR-R)/(IR+R) 等。

依次双击 Object features→Layer Values→Mean→Create new 'Mean'，打开 Create Mean 对话框。单击 Value 下方的 ▾ 在弹出的层列表中选择 Layer 3 后单击 OK，则 Layer Values 特征下的 Mean 特征列表中新增 Layer 3，表示第 3 层均值特征。按同样的方法在 Layer Values 特征下的 Mean 特征列表中新增 Layer 4 均值特征，如图 3.4.12 所示。

图 3.4.12　新增层特征

在 Object features 下的 Customized 中双击 Create new 'Arithmetic Feature' 打开 Edit Customized Features 对话框，在 Feature name 中输入自定义特征的名字，如 NDVI。在公式编辑框中输入 NDVI 的计算公式（[Mean Layer 4]-[Mean Layer 3]）/（[Mean Layer 4]+[Mean Layer 3]+0.0001），单击"确定"后就自定义了名为 NDVI 的特征，该特征出现在 Object features 下 Customized 列表中，如图 3.4.13 所示。

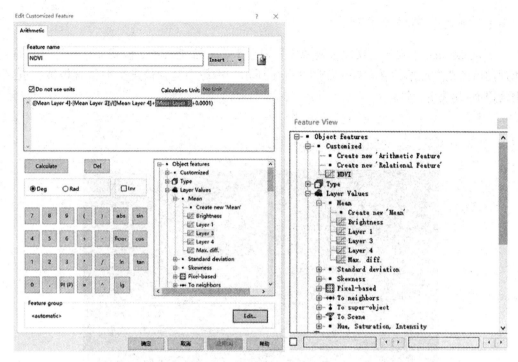

图 3.4.13　自定义 NDVI 特征

3.4.4　面向对象特征的信息提取

对影像多尺度分割后形成同质区域，找出每种地物能区别于其他地物的各种特征或自定义相关特征，并设置特征阈值，进行相应的地类信息提取。在确定阈值时，可不断更新阈值范围，寻找到欲提取地类与其他地类相区别的特征的临界值，从而确定相应的划分阈值，在找到合适阈值之后就可以进行信息提取。在 Process Tree 窗口下右键选择 Append New，Algorithm 选择 Assign class，Use class 输入所提取的信息类别，设置 Threshold condition 建立信息提取规则。很多情况下，一个信息类别的精确提取往往需要综合多个特征，设置多个阈值规则。

3.5　面向对象特征的信息提取实验

【实验目的和意义】

① 掌握面向对象特征的信息提取方法。

② 掌握面向对象解译的常用特征以及 eCognition 中自定义特征的方法。

③ 会用 eCognition 软件实现面向对象特征的信息提取。

【实验软件和数据】

eCognition 8.7 试用版，武汉地区资源 3 号卫星影像。

3.5.1　确定信息提取类型

在 eCognition 中载入武汉地区资源 3 号卫星影像，按 4、3、2 模式显示，通过目视解译判读出需要提取的信息类型，如图 3.5.1 所示，影像中地物信息类型包含植被、道路、建筑用地(房屋)、水系。

图 3.5.1　资源 3 号卫星影像

点击主菜单栏的 Classification 命令，在弹出的下拉菜单中选择 Class Hierarchy，打开 Class Hierarchy 对话框。在 Class Hierarchy 对话框中鼠标右键单击 Insert Class 打开 Class Description 对话框，输入相应的信息类名，选择相应的颜色。按上述操作依次建立 Water、Vegetation、Road、Building Land (house)的类层次，如图 3.5.2 所示。

3.5.2　确定分割尺度

按前述影像分割方法对影像进行多尺度分割尝试，反复观察比较，确定各种地物信息的合适分割尺度。另外在分割时，形状因子的选取尽可能地不要设置太大，避免影响分割的质量，其中紧致度因子也是需要进行反复调节的。

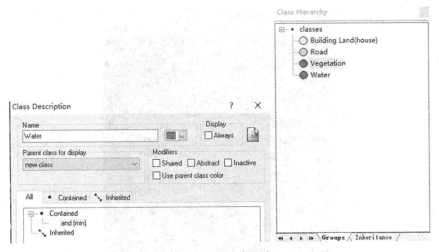

图 3.5.2　分类层次

3.5.3　选择或自定义特征

对于植被,可以自定义 NDVI 特征,作为植被信息提取的特征。对于水系,可以自定义 NDWI 特征,作为水系信息提取的特征。对于道路,可以选择长宽比几何特征作为道路信息提取的特征。而对于建筑用地(房屋)信息,可将影像中除植被、水系、道路以外的其他用地信息归为此类。在 Feature View 中双击相应的特征名,主界面将会显示特征视图,其中白色的表示特征值较大的对象,黑色的表示特征值较小的对象。如图 3.5.3~图 3.5.5 所示,分别是对象的 NDVI 特征图、NDWI 特征图、长宽比特征图。

图 3.5.3　对象的 NDVI 特征图

图 3.5.4　对象的 NDWI 特征图

图 3.5.5　对象的长宽比特征图

3.5.4　确定特征阈值

在确定阈值时，可在 Feature View 窗口下部不断更新特征显示的上界值和下界值，目视判读寻找到欲提取地类与其他地类相区别的特征的临界值，从而确定相应的划分阈值。例如，提取道路信息时，在 Feature View 中依次双击 Object features—Geometry—Extent—Length/Width，影像窗口显示的是所有分割对象的 Length/Width 值的特征图像。Length/Width 值图像是灰度图像，将鼠标放在分割后的图斑区域，可显示当前区域的特征值。在 Feature View 底部的小框上打勾并在右边的文本框中输入道路信息大致的上界值和下界值，如图 3.5.6 所示。

图 3.5.6　对象的长/宽特征值范围

当影像对象的 Length/Width 特征值小于下界值 2 时，该对象以黑色显示。当影像对象的 Length/Width 特征值大于上界值 5 时，该对象以灰色或白色显示。当影像对象的 Length/Width 特征值位于下界值和上界值之间时，根据对象特征值大小以蓝色或绿色显示。通过旁边的按钮增加或减少下界值和上界值，直到找到合适的 Length/Width 阈值来区分道路。对于水系信息和植被信息，按上述同样的方法，确定合适的 NDWI 和 NDVI 阈值。

3.5.5 阈值法信息提取

对影像中的各种地类信息，确定相应的特征阈值后就可建立相应的提取规则。点击主菜单栏的 Process 命令，在弹出的下拉菜单中选择 Process Tree，打开 Process Tree 对话框。在 Process Tree 对话框中鼠标右键单击 Append New 打开 Edit Process 对话框，在 Algorithm 下的列表框中选择 Basic Classification 类下的 assign class 算法，在 Parameter 下的 Class filter

右边的列表框中选择 unclassified，在 Threshold condition 右边选中 NDWI 特征后打开 Edit threshold condition 对话框，如图 3.5.7 所示。设置 Water 信息类的提取规则，选中 NDWI、单击>=、输入 0.3，单击 OK 后，回到 Edit Process 对话框。在 Use class 后的列表框中选择 Water，单击 Execute 后执行 Water 类信息的提取，提取结果以 Class Hierarchy 中设定的相应颜色显示，如图 3.5.8、图 3.5.9 所示。

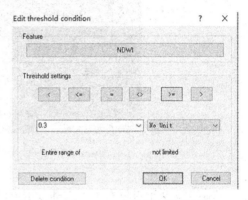

图 3.5.7 Water 信息类的提取规则

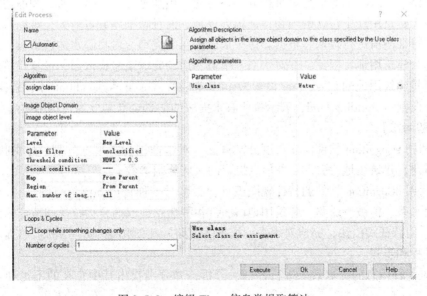

图 3.5.8 编辑 Water 信息类提取算法

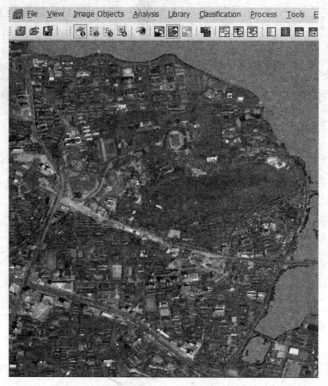

图 3.5.9 Water 信息类提取结果

从图 3.5.9 中可以看出，大部分水体已经提取出来，但是还是存在误判，与原影像图相比，误判的水体信息对象为影像左下部分高层建筑形成的暗色阴影。按上述方法分别对植被、道路、建筑用地等信息进行提取。在对建筑用地进行信息提取时，和前述方法不同的是，由于建筑用地中包含的地物特征较为复杂，而且特征差异也较大，难以找到合适的特征以及特征阈值进行提取。根据影像中提取信息的类型，可将除水体、植被、道路之外剩下的作为建筑用地。因此，在对水系、植被、道路完成信息提取后，设置建筑用地规则集时，可将建筑用地的 Class filter 设置为 unclassified，Threshold condition 不设置阈值条件，Use class 设置为 Building land，表示将所有未提取的信息全部划分为建筑用地信息。

【实验考核】

① 利用 eCognition 软件的多尺度分割算法，对影像进行多尺度分割，分别找出水系、植被、道路、建筑用地(房屋)4 种信息提取的最佳分割参数。

② 利用 eCognition 软件的特征视图工具，尝试对多种特征的阈值范围进行调整观察，分别找出水系、植被、道路、建筑用地(房屋)4 种信息提取的合适特征和特征阈值。

③ 采用特征阈值法，完成对水系、植被、道路、建筑用地(房屋)的信息提取，叙述其实现过程和步骤。

④ 对 4 种信息的提取效果进行评估、分析，并分别找出其中存在的不足和可以改进的措施。

3.6　面向对象分类的信息提取方法

高分辨率遥感影像的分析应该侧重于对影像语义的分析，对影像语义信息的理解主要是通过对影像中有意义的单元对象及它们间的相互关系表达来实现的。面向对象分类方法进行信息提取时，处理的最小单元不再是像元，而是由多个相邻像元组成的含有语义信息的对象。在分类时更多的是利用对象的几何特征、纹理特征以及影像对象之间的语义信息、拓扑关系等，将单个特征无法区分的地物用多维特征加以区分，使分类结果更为可靠。

在利用 eCognition 软件对高分辨率影像进行面向对象分类时，首先使用分形网络演化算法（FNEA）生成影像对象作为最小分类单元，然后提取对象的光谱特征、纹理特征、几何特征等，最后选择合适的分类器进行分类，可显著地提高分类精度。eCognition Developer 提供了多种分类方式，8.0 及之前的版本主要是最近邻分类和隶属度分类，8.0 之后的版本增加了支持向量机（SVM）、贝叶斯（Bayes）、CART 决策树（Decision Tree）等分类方法。

3.6.1　最近邻分类

最近邻分类器是在最小距离分类基础上发展的分类器，将训练集中的每一个样本作为判别依据，寻找距离待分类样本最近的训练样本来进行分类。最近邻分类器是典型的非参数分类方法，无需考虑各个类别样本在特征空间中的分布形式和参数，也无需对样本分布形式和参数进行估计。在面向对象的最近邻分类中，对于影像对象，在特征空间中寻找特征距离最近的样本对象，将该对象划分为距离最近的样本所属类别。类别划分通过一个隶属度函数进行，由隶属度来确定。影像对象在特征空间中与属于某类的样本对象的距离最近，则属于该类的隶属度最大。当隶属度的值小于最小隶属度时，该影像对象不被分类。

影像对象 O 与样本对象 S 的距离 d 可按下式计算：

$$d = \sqrt{\sum_i \left(\frac{f_i^S - f_i^O}{\sigma_i}\right)^2}$$

其中，f_i^O，f_i^S 分别为影像对象 O 的第 i 维特征、样本对象 S 的第 i 维特征，σ_i 是第 i 维特征值的标准差。对象的隶属度函数 M 为

$$M = e^{-kd^2}, \quad k = \ln\frac{1}{m}$$

式中，m 为最近邻分类器的函数范围，也就是设置的最小隶属度值。

eCognition 主菜单中的 Classification 子菜单提供了最近邻分类功能，如图 3.6.1 所示，包括编辑标准最近邻特征空间、特征空间优化、对类层次应用标准最近邻分类器、设置最近邻作用范围。

图 3.6.1　Classification 子菜单的最近邻分类

（1）建立特征空间

在监督分类时，特征空间定义了参与分类的特征。在基于像素分类时，特征通常直接使用波段的像素值，而在面向对象分类时，是以对象为单位计算特征。对象的特征包括：层值光谱特征，如对象所包含像素的波段均值、标准差、最大差异、亮度等，几何特征，如形状指数、边界长度、长宽比、多边形、骨架等，纹理特征，如 GLCM 测度、GLDV 测度等，以及位置等其他特征。对象特征还可以是根据特定信息类型而自定义的特征，如植被指数、水体指数、建筑指数、湿度指数等。这些特征都可以用来构建分类的特征空间，构建特征空间需要点击菜单 Classification→Nearest Neighbor→Edit Standard NN Feature Space，打开编辑标准最近邻特征空间对话框，从中选取分类特征，如图 3.6.2 所示。

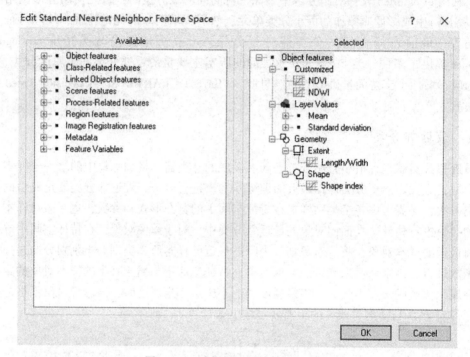

图 3.6.2　编辑标准最近邻特征空间

（2）选择训练样本

无论是对于基于像素的分类方法还是面向对象的分类方法，最近邻分类都是一种常用的监督分类方法，都需要选择训练样本。与基于像素方法不同的是，面向对象的方法以地理对象为处理单元，样本不再是单个像素，而是能代表地物特征的地理对象。经过影像多尺度分割、建立分类体系后，需对各个信息类选取相应的训练样本。eCognition 主菜单中的 Sample 子菜单提供了样本选取与设置的相关操作，包括选择样本、打开样本编辑器、查看所选样本信息、样本编辑器选项设置等功能，如图 3.6.3 所示。

在 Class Hierarchy 框中选中相应类别后，点击菜单 Classification→Samples→Select Samples，就可以在影像视图中鼠标左键双击分割对象，将该对象选中为相应的样本。

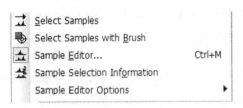

图 3.6.3　Sample 子菜单的样本选取与设置

（3）特征空间优化

面向对象的分类方法，以空间相邻、特征近似的像素聚集成的对象为单位，能提取出多于像素级所能表达的更多的特征类型，而每类特征又由多维特征分量构成。但并不是参与分类的特征越多，分类的精度就越高。一种地类信息用某一种或几种特征可能区分较好，而利用其他特征则可能很难区分。如果将这些特征都参与分类，一方面会增加计算复杂度，另一方面可能导致区分地物较好的特征所带来的高区分性，被区分地物较差的特征所干扰、混淆，降低了分类器的识别性能，导致分类精度下降。

在 eCognition 中提供了优化特征空间、选择合适的分类特征的功能。如果在分类信息提取时，缺乏分类特征选择的相关经验，难以确定应选择哪些特征才能利于较好地分类，则特征空间优化功能是非常有用的。点击菜单 Classification→Nearest Neighbor→Feature Space Optimization，打开特征空间优化对话框，如图 3.6.4 所示。

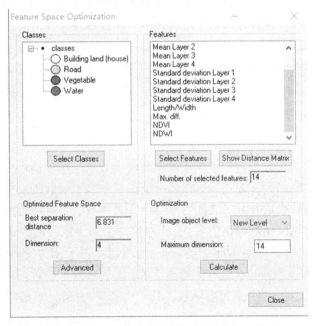

图 3.6.4　特征空间优化对话框

对特征空间中的分类特征计算选优，最后将特征优选的结果应用到分类体系中。特征空间优化是基于各个类别的样本以及初始特征集，找到类别之间区分的最大平均最小距离的特征组合，作为分类的最优特征集，可避免分类过程中盲目使用多种特征所导致的计算量大、分类精度低、分类特征冗余等问题。

(4) 最近邻分类

在执行分类之前，若 Class Hierarchy 中的所有地类信息中已包含经过特征空间优化的分类特征，在 Process Tree 里新建 Classification 算法，设置 Active classes 为需要信息提取的地类，选择使用特征空间所构建的类描述，则可执行最近邻分类。

3.6.2 隶属度分类

隶属度分类是利用隶属度函数，通过模糊逻辑，计算对象特征值对类别的隶属度值，从而确定对象所属类别。与最近邻分类法相似，面向对象的隶属度分类首先要对影像进行多分辨率分割，获得一定数量的同质对象。然后根据所提取的信息类型，选择分类特征、创建特征空间，并对特征空间进行优化。最后，选择适当的隶属度函数，计算影像对象归属到各个信息类别的隶属度值，并将对象判别为隶属度最大的信息类。

隶属度函数可以精确定义对象属于某一类的标准，一般地，隶属度函数都是基于一个特征的一维函数。如果一个信息类仅通过一个特征就能和其他信息类区分，可以很简便地使用隶属度函数分类法进行分类。但由于遥感影像上所反映的地物特征复杂，并且同物异谱、异物同谱现象广泛存在，仅用一个特征就能准确区分复杂的地物类型几乎是不可能的，必须结合其他特征综合判断。因此，在信息类别提取时，可以将多种特征组合起来，通过一个特征选择一个隶属度函数、建立一条隶属度分类规则，多个特征选择多个隶属度函数、组合 and/or/not 等操作建立语义层次结构，综合各种特征对影像进行分类。

(1) 隶属度函数

设论域 X 是 n 维向量 $\boldsymbol{x}_i=(x_{i1}, x_{i2}, \cdots, x_{in})$ 的集合，论域 $X=\{\boldsymbol{x}_i\}$ 上有一模糊集合表达的定性概念 $\tilde{A}$，若论域 X 上存在函数 $\mu_{\tilde{A}}(\boldsymbol{x})$，能反映任一元素 $\boldsymbol{x}$ 对于 $\tilde{A}$ 的隶属程度，则 $\mu_{\tilde{A}}(\boldsymbol{x})$ 称为**隶属度函数**。$\mu_{\tilde{A}}(\boldsymbol{x})$ 隶属度的取值范围为 $[0, 1]$，隶属度值越大表明 $\boldsymbol{x}$ 隶属于 $\tilde{A}$ 的程度越高，隶属度值越小表明 $\boldsymbol{x}$ 隶属于 $\tilde{A}$ 的程度越低。

模糊数学分类方法在分类过程中使用的隶属度函数，是一种输入变量为特征值，输出值在 0 和 1 之间的模糊函数，表达具有该特征值的对象属于函数所表达类别的程度。隶属度函数将类型特征值转换成 0 和 1 之间的模糊值，表明对一个特定类的隶属度。当对象完全不属于该类时，隶属度函数输出值为 0；当对象完全属于该类时，隶属度函数输出值为 1。如图 3.6.5 所示，在 Membership Function 对话框中，可选择所列隶属度函数并设置相关参数。在 Membership Function 对话框顶部，显示了所选择的特征，在 Initialize 区域包含了 eCognition 中预定义的 12 个隶属度函数。其中，表示大于函数，表示小于函数，表示布尔大于函数，表示布尔小于函数，表示线性大于函数，表示线性小于函数，表示线性范围函数，表示线性范围取反函数，表示单值函数，表示近似高斯函数，表示大致范围函数，表示全范围函数。这些预定义的函数形式也可以进行编辑，在函数的曲线上鼠标左键拖动点位可以编辑曲线。曲线

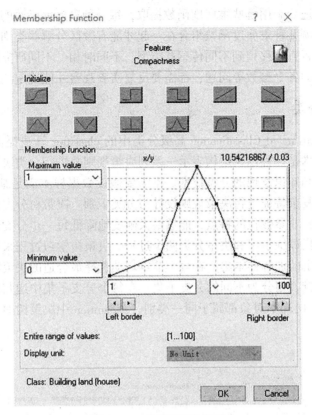

图 3.6.5　隶属度函数设置

左边的 Maximum value 和 Minimum value 设置了隶属度函数的上、下界限。曲线下边的左边界值和右边界值设置了特征值的上、下界限。如图 3.6.5 所示，特征值位于 1 和 100 之间，低于 1 的特征值对应类别的隶属度为 0，高于 100 的特征值对应类别的隶属度为 1，其他特征值的隶属度会遵循两边界之间的函数斜率定义来获得。

（2）隶属度函数分类

在 Class Hierarchy 窗口建立信息提取的分类体系之后，就可以用隶属度函数建立模糊规则来提取各个信息类。对于欲提取的信息类，需修改其类描述，确定合适的区分特征以及特征阈值，然后选择合适的隶属度函数，根据特征阈值设置隶属度函数的参数，可执行隶属度函数分类。在实际分类中，可通过 Classification→Advanced Settings→Edit Minimum Membership Value，设置最小隶属度值，即定义对象必须达到的属于目标类别的隶属度值。当对象特征值的隶属度高于最小隶属度值才将其划分为相应类别，如果对象的隶属度值小于设置的最小隶属度值，则该影像对象不能划分类别。

如果每一种地类都能够找到它与其他类别之间区分的关键特征，就容易构建单一规则进行提取。如果需提取的信息类通过一个特征无法准确区分，可选择多个特征、确定多个隶属度函数、建立多个模糊规则，然后组合 and/or/not 等操作建立语义层次结构，进行多隶属度函数分类。

对于每种地类适合于用哪些隶属度函数提取，每一种隶属度函数的左右边界特征值如何设置才更合理，哪几种隶属度函数组合在一起才能有效区分哪些类别，构建的单一或者组合的模糊规则能否直接移植到不同传感器类型、不同时相、不同研究区的影像，是否需要调整隶属度函数的各个参数等问题，都需要反复实验观察才能确定。

3.6.3　决策树分类

eCognition 的 Advanced Classification 高级分类中的 classifier 算法提供了决策树分类功能。**决策树分类技术**是一种用树结构表示一系列决策规则并进行分类决策的方法，是一种基于空间数据挖掘和知识发现的分类技术。不需要假设数据样本满足某种概率分布规律，可有效地联合多种复杂特征进行决策规则设计与分类识别。决策树分类模型具有结构简单直观、运算效率高、非参数化的特点，能够最大限度地降低每一步分类的混淆程度。

决策树分类包括训练学习和决策分类两个过程。决策树学习过程采用自上向下的递归方式实现，对于给定的训练样本集，在每个节点自动选择最合适的决策特征和决策判断条件进行特征值的比较，划分为不同的分支子集。在每个分支子集中递归重复上述过程，直至某一节点中 100% 的样本对象都属于同一类别。eCognition 中决策树的训练学习设置，如图 3.6.6 所示。

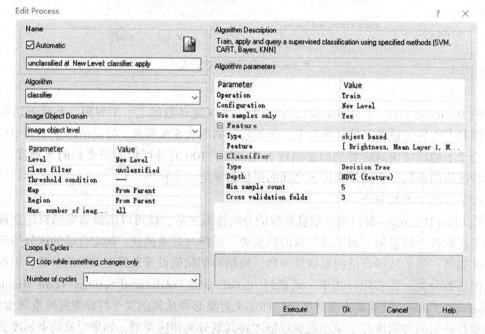

图 3.6.6　决策树的训练学习设置

决策分类是利用生成的决策树模型对分割对象进行属性判断，从根节点依次将分割对象的特征值与相应的判断条件做比较，直到到达某个叶节点，从而找到对象所属类别。eCognition 中决策树的分类设置，如图 3.6.7 所示。

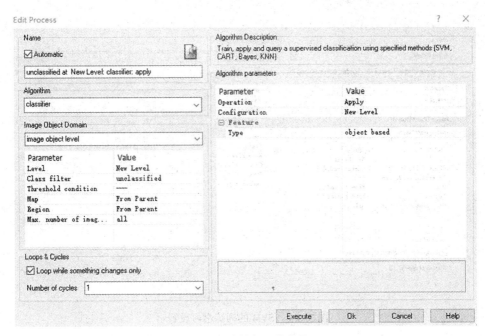

图 3.6.7　决策树的分类设置

决策树分类的优点体现在：① 结构清晰，易于理解，实现简单，准确性高；② 对输入的样本数据没有任何统计分布的要求；③ 能够自动选择特征，自动确定阈值；④ 适用于类别数目较多的情况。

3.6.4　SVM 分类

SVM 分类法是基于 VC 维理论和结构风险最小原理提出的一种新机器学习方法，根据有限样本信息在模型复杂性和学习能力间寻求最佳折中，以期获得最好的推广能力，是小样本情况下的机器学习算法。SVM 所要解决的主要问题是根据有限样本来确定最优分类超平面，使之在预测样本时分类间隔最大，而所得期望风险最小。SVM 在小样本、非线性情况下，具有较好的泛化性能，尤其适用于训练样本数量较少、特征维数较多的情况。由于影像多尺度分割后获得的影像对象，在数量上远小于像素数量，在特征维数上远多于单个像素所能表达的特征维数，因而 SVM 分类算法适合于面向对象的分类。

面向对象的 SVM 分类方法，根据已知训练样本对象类别及其特征属性，求得训练样本对象与样本类别或属性间关系，并将训练样本对象按照类别或属性分开，最后预测未知样本对象的类别、属性以及分布。面向对象 SVM 分类也包括训练学习和分类应用两个过程。训练学习过程通过构建特征空间、采集各类样本对象，用于建立 SVM 分类模型，并训练模型使之对样本对象区分性能最好，其设置如图 3.6.8 所示。

分类应用是指用训练好的 SVM 分类模型对全部影像对象进行分类，获得分类结果，其设置如图 3.6.9 所示。

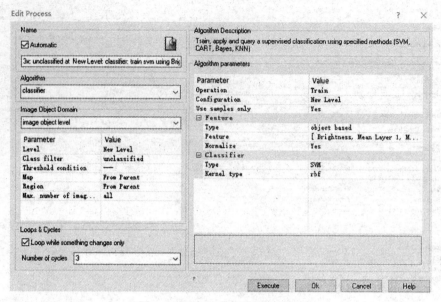

图 3.6.8　SVM 的训练学习设置

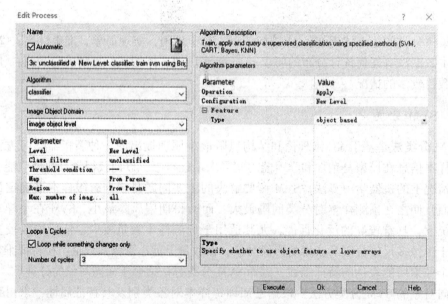

图 3.6.9　SVM 的分类设置

3.7　面向对象分类的信息提取实验

【实验目的和意义】

① 掌握 eCognition 的最近邻分类方法、隶属度分类方法、决策树分类方法、SVM 分类方法。

② 掌握面向对象分类中多特征的应用。

③ 会用 eCognition 软件实现面向对象分类的信息提取。

【实验软件和数据】

eCognition 8.7 试用版，武汉地区资源 3 号卫星影像。

3.7.1 最近邻法分类实验

按前述方法选择合适的分割尺度以及光谱特征权值、形状特征权值对影像进行分割，获得一定数量的同质区域。以这些同质区域为处理单元，最近邻分类方法的步骤如下：

（1）构建分类体系

点击 eCognition 主菜单栏中的 Classification 菜单，选择 Class Hierarchy 打开 Class Hierarchy 窗口。在 Class Hierarchy 窗口中点击鼠标右键，在弹出的上下文菜单中选择 Insert Class 打开 Class Description 对话框，在其中输入 Class Name 并选择类颜色。依次输入各个类，建立信息提取的分类体系如图 3.7.1 所示。

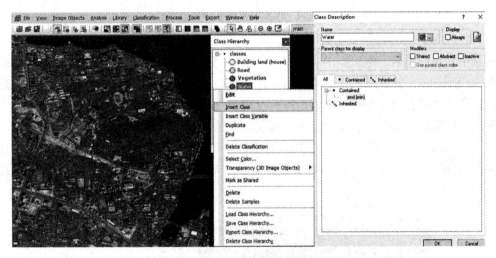

图 3.7.1 影像与分类层次

（2）建立特征空间

点击 eCognition 主菜单栏中的 Classification 菜单，选择 Nearest Neighbor→Edit Standard NN Feature Space，打开 Edit Standard Nearest Neighbor Feature Space 对话框，如图 3.7.2 所示。在左边 Available 下的列表框中列出了面向对象分类可用的特征，在其中选择对象分类可用的特征名，然后双击鼠标左键，该特征就出现在右边 Selected 下的列表框中，表示选中该特征拟参与面向对象的分类。在 Selected 下的列表框中双击所选特征，则删除特征空间中该特征。依次选择所需要的特征，如自定义的 NDVI 植被指数、NDWI 水体指数、Mean 均值、Standard deviation 标准差、Length/Width 长宽比、Shape index 形状指数。

（3）选择训练样本

分别为 Class Hierarchy 中的各个信息类选择训练样本，应先在 Class Hierarchy 中鼠标

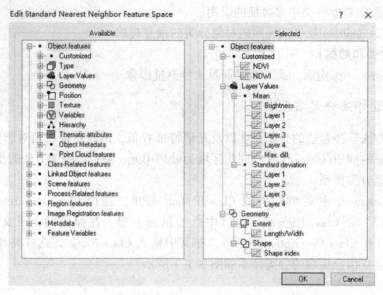

图 3.7.2　编辑标准最近邻特征空间

单击选中相应的类名，然后点击 eCognition 主菜单栏中的 Classification 菜单，选择 Samples →Select Samples，就可以为选中的类添加训练样本。在影像视图窗口中，目视判读所选类的特征典型区域，鼠标左键单击后所选的分割对象以红色轮廓显示。若确定所选对象为该类样本，则鼠标左键双击，所选样本对象就以类颜色显示，如图 3.7.3 所示。

点击 eCognition 主菜单栏中的 Classification 菜单，选择 Samples→Sample Editor 打开 Sample Editor 窗口，在 Active class 下的列表框中选中当前类名，在 Compare class 中选择

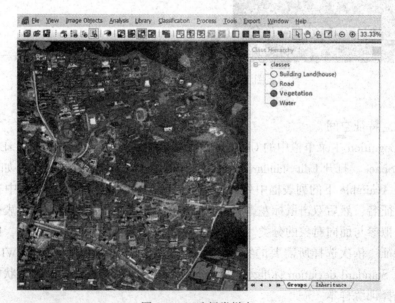

图 3.7.3　选择类样本

none，则当前类所选训练样本对象的特征值和分布就显示在窗口中，如图3.7.4所示。在窗口左侧的特征直方图中，黑色线条表示 Active class 类的已选样本对象的特征。若需要为 Active class 类新增样本，可在影像视图窗口左键单击欲选对象，则该对象的特征以红色指针出现在 Sample Editor 窗口左侧的特征直方图中。当双击鼠标左键接受该对象为样本时，其特征值以黑色线条显示在直方图中。

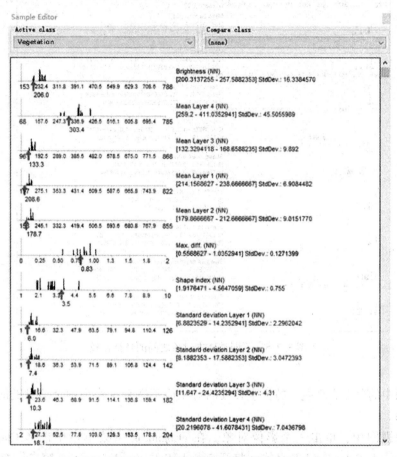

图 3.7.4　训练样本的特征值分布

利用 Sample Editor 窗口，可根据所选样本对象的特征在直方图中的分布，检查样本对象的选择是否合理。同一地物信息类，其样本特征虽然有差异，但相对来说分布应集中，可将其中特征差异较大的对象删除不作为样本，样本对象的删除通过在样本对象上双击鼠标左键完成。另外，Sample Editor 窗口还提供了不同类所选的样本对象之间的特征比较功能，在 Active class 下的列表框中选中当前类名，如 Vegetation 在 Compare class 中选择需要对比的类名，如 Water，如图3.7.5所示，在窗口左侧以黑色线条表示 Active class 类的各个样本对象在特征直方图中的分布，以蓝色线条表示 Compare class 类的各个样本对象在特征直方图中的分布。而在窗口右侧，分别列出了 Active class 类和 Compare class 类的样本对象的特征数值范围。如果 Active class 类的样本对象与 Compare class 类的样本对象在

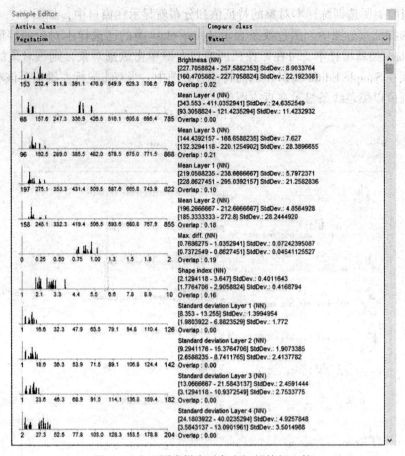

图 3.7.5　不同类样本对象之间的特征比较

特征直方图中的分布有重叠，特征重叠处的对象应不适合于作为两个信息类的训练样本，可予以删除。

在影像视图中，单击一个影像对象，在 eCognition 主菜单栏中选择 Classification→Samples→Sample Selection Information 打开 Sample Selection Information 窗口，如图 3.7.6 所示。其中显示了该对象对各个类的隶属度、最小样本距离。平均样本距离。如所选对象对 Vegetation 类的隶属度是 0.911 为最大，对 Vegetation 类各样本的最小距离为 0.810、平均距离为 3.760，显然所选对象可作为 Vegetation 类的样本对象。

Class	Membership	Minimum Dist.	Mean Dist.	Critical Samples	Number of Samples
Building Land(house)	0.008	41.589	54.931		8
Vegetation	0.911	0.810	3.760	5	10
Road	0.013	37.466	78.908	0	12
Water	0.004	47.234	51.003	0	6

图 3.7.6　样本选择信息窗口

（4）特征空间优化

点击菜单 Classification→Nearest Neighbor→Feature Space Optimization，打开特征空间优化对话框，点击 Calculate，就能得到特征空间优化的结果，如图 3.7.7 所示。

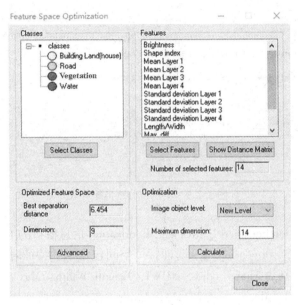

图 3.7.7　特征空间优化结果

其中，Classes 下的列表框中列出了参与特征优化的各个信息类，Features 下的列表框中列出了需要优化的各个所选特征，Maximum dimension 输入需保留的最大特征维数，这里和初始所选特征维数一致，为 14。在 Optimized Feature Space 下的 Best separation distance 中显示了最佳分离距离，为 6.454，Dimension 中显示了最优特征维数为 9。点击 Advanced 打开 Feature Space Optimization - Advanced Information 信息窗口，在窗口下部显示了特征空间维数与最小类间分离距离的散点图，如图 3.7.8 所示。

从图 3.7.8 中可以看出，当特征空间维数为 9 时，最小类间分离距离由最大值 6.454 开始下降。点击 Show

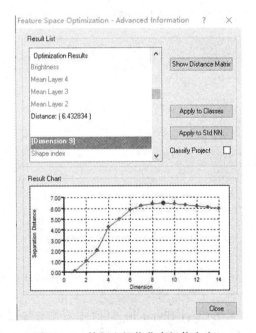

图 3.7.8　特征空间优化高级信息窗口

Distance Matrix 打开 Class Separation Distance Matrix 表，显示在最优特征空间维数为 9 时，

各个信息类之间的分离距离值，对角线元素为0表示同类之间的距离，非对角线元素表示不同类之间的类间分离距离，如图3.7.9所示。

Class Separation Distance Matrix

Class/Class	Water	Vegetation	Road	Building Land(house)
Dimension: 9				
Water	0.000000	8.009125	13.902619	6.453996
Vegetation	8.009125	0.000000	12.968941	7.923304
Road	13.902619	12.968941	0.000000	8.042765
Building Land(house)	6.453996	7.923304	8.042765	0.000000

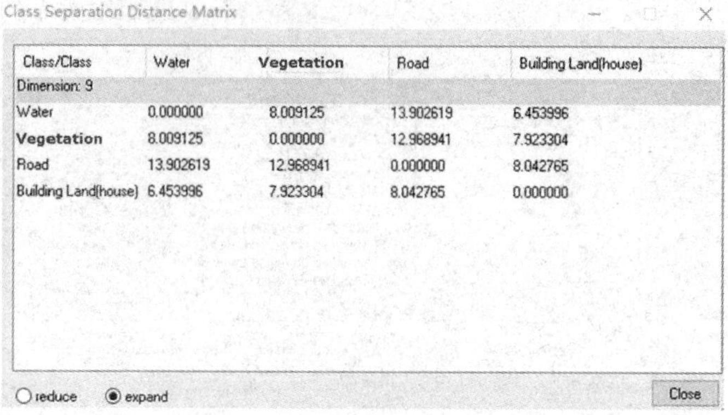

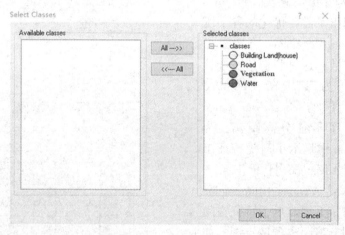

图3.7.9 类别可分距离矩阵表

在 Feature Space Optimization - Advanced Information 信息窗口的 Result List 中显示了最优特征空间的构成，当 Dimension 为9时即特征空间包含9种特征时，是分类的最优特征空间。这9种特征分别为 Shape index，NDWI，Length/Width，Max diff，Brightness，Mean Layer 4，Mean Layer 3，Mean Layer 2，Mean Layer。选择分类所应用的特征、建立特征空间并对特征空间优化后，需要将优化的特征空间应用到所有信息类别中。在 Feature Space Optimization - Advanced Information 信息窗口中点击 Apply to Classes 按钮，在 Select Classes 窗口中选中所有类别即可，如图3.7.10所示。

图3.7.10 Select Classes 窗口

在 Class Hierarchy 窗口中双击任一类名，打开该类的 Class Description 窗口，如图3.7.11所示。在 Contained—and (min)—nearest neighbor 下列出了最近邻分类所用的特征空间，是特征优化后的9维空间。若在某一类的类描述中，改变标准最近邻特征空间，则其他类别最近邻分类的特征空间也随之改变。

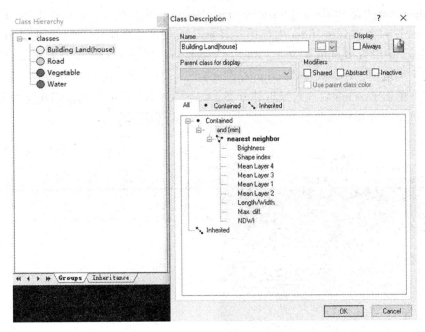

图 3.7.11　Class Description 窗口

（5）最近邻分类

点击 eCognition 主菜单栏中的 Process→Process Tree 打开 Process Tree 窗口，在其中单击鼠标右键后打开上下文菜单，从中选择 Append New 命令新增一个处理算法打开 Edit Process 对话框，如图 3.7.12 所示。

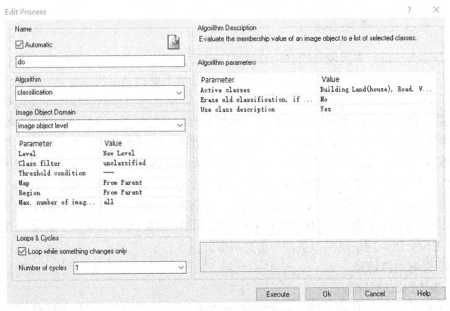

图 3.7.12　分类算法窗口

105

在 Algorithm 中选择 Basic Classification—classification，在 Image Object Domain 中选择 image object level，在 Class filter 中选择 unclassified 表示对所有未分类的影像对象分类，在 Active classes 中设置 Building Land、Road、Vegetation、Water 表示将所有未分类的影像对象分成这 4 类地物，Use class description 设置为 Yes 表示使用类描述里设置的最近邻分类特征空间。单击 Execute 后执行最近邻分类，如图 3.7.13 所示。当鼠标在对象上移动时，显示了该对象所分类别以及对该类别的隶属类、是否为样本。

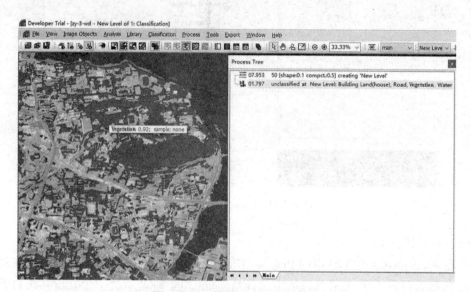

图 3.7.13　执行最近邻分类结果

3.7.2　隶属度函数法分类实验

按前述方法进行多尺度分割并构建分类体系后，可进行隶属度分类。分类前一般需要对各个信息类进行分类规则的类描述，而隶属度分类需要用隶属度函数设置分类规则进行类描述。在 eCognition 中隶属度函数都是基于一维特征设计的，一个特征需要选择一个隶属度函数，设计一个分类规则。如果分类体系中的地类仅需要一个或较少的关键特征就能区分，则运用隶属度函数法构建单一规则或较少规则就能进行地类信息提取。如果分类体系的地类信息较为复杂，仅通过一个或较少特征无法准确区分，往往需要选择较多的特征才能划分，因而也需要确定较多的隶属度函数、建立多个模糊规则，组合 and/or/not 等操作进行多隶属度函数分类，从而提高了分类的复杂性。一般地，隶属度函数分类往往适于较少特征情况下的分类。下面以武汉地区快鸟影像中提取水体、植被、道路、建筑用地（房屋）为例介绍运用隶属度方法进行信息提取。

（1）提取水体信息

① 水体提取的特征

在主菜单栏点击 Tools→Feature View 打开 Feature View 窗口，根据水体信息在影像上表现出来的特性：如在可见光和近红外波段 DN 值都比较小、NDWI 水体指数值比较大，结合目视判读观察特征图像在不同上下界范围内的划分情况，确定哪些特征利于区分水体。对于 Object features—Customized 中的 NDWI 水体指数，在 Feature View 窗口双击 NDWI 后，影像视图中显示的就是对象的 NDWI 特征值图。将 Feature View 窗口底部的复选框勾选上，鼠标右键单击 NDWI 在弹出的菜单中选择 Update Range，则在底部的两个文本框中显示了 NDWI 特征值的上下界范围。调整上下界范围，则不同的 NDWI 值以不同颜色显示，找到适合划分水体的 NDWI 的阈值，如图 3.7.14 所示。

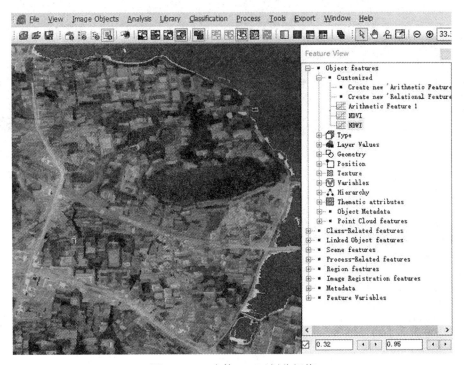

图 3.7.14　水体 NDWI 划分阈值

② 水体提取的规则

选择类别提取所要使用的特征后，还需以隶属度函数的形式来建立规则，隶属度函数使用模糊逻辑将特征值与隶属度值的关系定义为一个类。在 Class Hierarchy 窗口中双击 Water 类打开 Class Description 窗口，在 Contained 下双击 and（min），打开 Insert Expression 窗口，在其中选择 Object features—Customized—NDWI，点击 Insert 后打开 Membership Function 窗口。在 Membership Function 窗口的 Initialize 中选择第一个函数图标表示选中 Larger than 大于函数，在 Maximum value 中输入 1，在 Minimum value 中输入 0.6，在 Left border 中输入 0.32，在 Right border 中输入 0.96，如图 3.7.15 所示。

③ 水体提取

点击 eCognition 主菜单栏中的 Process→Process Tree，打开 Process Tree 窗口，在其中单击鼠标右键后打开上下文菜单，从中选择 Append New 命令新增一个处理算法打开 Edit Process 对话框，如图 3.7.16 所示。

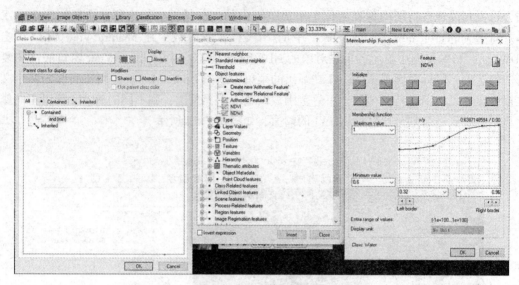

图 3.7.15　水体提取规则

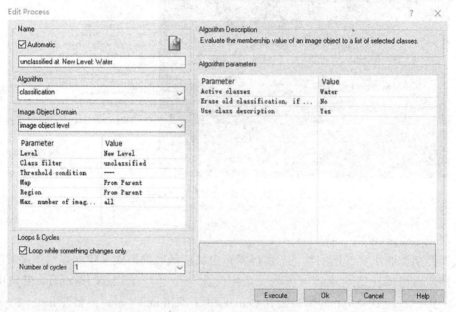

图 3.7.16　水体分类算法

　　在 Algorithm 中选择 Basic Classification—classification，在 Image Object Domain 中选择 image object level，在 Class filter 中选择 unclassified 表示对所有未分类的影像对象分类，在 Active classes 中设置 Water 表示在所有未分类的影像对象中提取水体信息，Use class description 设置为 Yes 表示使用类描述里设置的隶属度规则。单击 Execute 后执行隶属度分类，如图 3.7.17 所示。当鼠标在对象上移动时，显示该对象所分类别以及对该类别的隶属度。

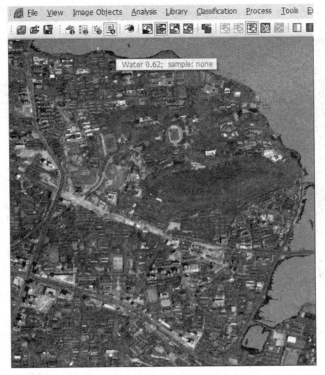

图 3.7.17　水体提取结果

（2）提取植被信息

① 植被提取的特征

在主菜单栏点击 Tools→Feature View 打开 Feature View 窗口，根据植被信息在影像上表现出来的特性：如在可见光波段其反射率都较低而在近红外波段均值较高，NDVI 植被指数值比较大，结合目视判读观察特征图像在不同上下界范围内的划分情况，确定哪些特征利于区分植被。对于 Object features—Customized 中的 NDVI 植被指数，在 Feature View 窗口双击 NDVI 后，影像视图中显示的就是对象的 NDVI 特征值图。按前述类似的方法找到适合划分植被的 NDVI 阈值，如图 3.7.18 所示。

② 植被提取的规则

在 Class Hierarchy 窗口中双击 Vegetation 类打开 Class Description 窗口，在 Contained 下双击 and（min）打开 Insert Expression 窗口，在其中选择 Object features—Customized—NDVI，点击 Insert 后打开 Membership Function 窗口。在 Membership Function 窗口的 Initialize 中选择第一个函数图标表示选中 Larger than 大于函数，在 Maximum value 中输入 1，在 Minimum value 中输入 0.6，在 Left border 中输入 0.18，在 Right border 中输入 0.70，如图 3.7.19 所示。

③ 植被提取

点击 eCognition 主菜单栏中的 Process→Process Tree 打开 Process Tree 窗口，在其中单击鼠标右键后打开上下文菜单，从中选择 Append New 命令新增一个处理算法打开 Edit

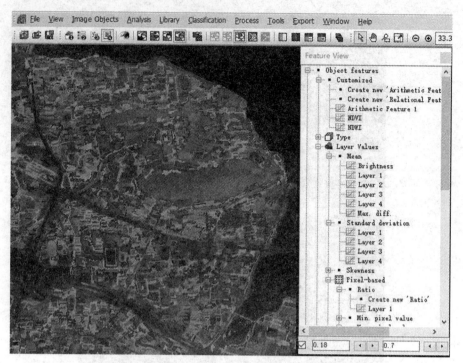

图 3.7.18　植被 NDVI 划分阈值

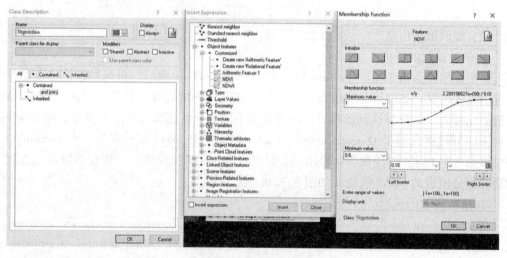

图 3.7.19　植被提取规则

Process 对话框，如图 3.7.20 所示。

在 Algorithm 中选择 Basic Classification—classification，在 Image Object Domain 中选择 image object level，在 Class filter 中选择 unclassified 表示对所有未分类的影像对象分类，在 Active classes 中设置 Vegetation 表示在所有未分类的影像对象中提取植被信息，Use class description 设置为 Yes 表示使用类描述里设置的隶属度规则。单击 Execute 后执行隶属度

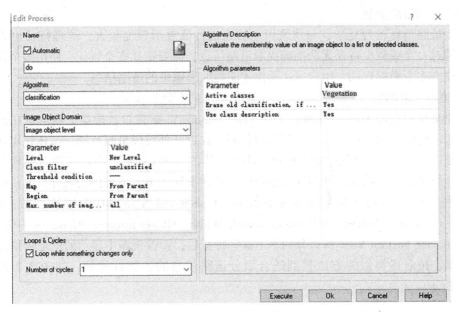

图 3.7.20 植被分类算法

分类，如图 3.7.21 所示。当鼠标在对象上移动时，显示了该对象所分植被类以及对植被类的隶属度。

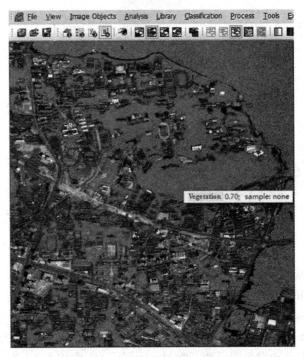

图 3.7.21 植被提取结果

（3）提取道路信息

由于道路信息较为复杂，与建筑用地的光谱特征混淆程度较大，纹理特征也难以区分，仅通过一个或较少特征无法准确提取道路信息，需要选择多个特征，使用多个隶属度函数，建立多个模糊规则，组合 and 操作才能提取影像中的道路信息。

① 道路提取的特征

在主菜单栏点击 Tools→Feature View 打开 Feature View 窗口，根据道路信息在影像上表现出来的特性：如在可见光波段都呈灰色调、在近红外波段呈暗色调，与建筑用地等差异不是很明显，其 NDVI 植被指数值比较小和水体的 NDVI 接近，道路分割对象具有一定的面积、长宽比等，结合目视判读观察特征图像在不同上下界范围内的划分情况，确定哪些特征利于区分道路。对于 Object features—Customized 中的 NDVI 植被指数、Object features—Geometry—Extent 中的 Area 和 Length/Width、Object features—Geometry—Shape 中的 Density，在 Feature View 窗口分别双击这些特征后，影像视图中显示的就是对象的相应特征值图。按前述类似的方法找到适合划分道路信息的各特征阈值，如图 3.7.22~图 3.7.24 所示。

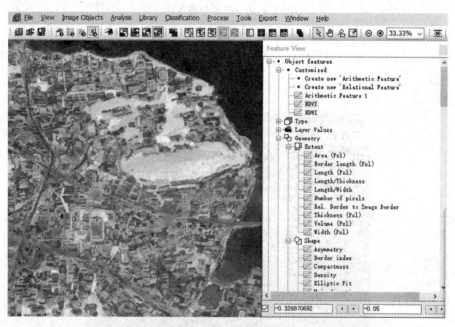

图 3.7.22　NDVI 特征图

② 道路提取的规则

在 Class Hierarchy 窗口中双击 Road 类打开 Class Description 窗口，在 Contained 下双击 and（min），打开 Insert Expression 窗口，在其中选择 Object features—Customized—NDVI，点击 Insert 后打开 Membership Function 窗口。在 Membership Function 窗口的 Initialize 中选择第二个函数图标表示选中小于函数，在 Maximum value 中输入 1，在 Minimum value 中输入 0，在 Left border 中输入-0.05，在 Right border 中输入 0，如图 3.7.25 所示。

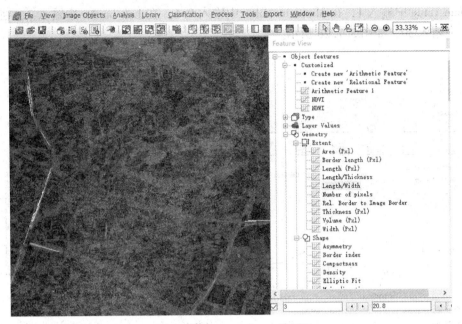

图 3.7.23 Length/Width 特征图

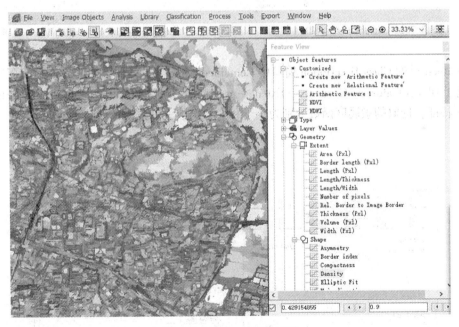

图 3.7.24 Density 特征图

按上述过程，在 Class Hierarchy 窗口中双击 Road 类打开 Class Description 窗口，在 Contained 下双击 and（min）打开 Insert Expression 窗口，在其中选择 Object features— Geometry—Extent—Length/Width，点击 Insert 后打开 Membership Function 窗口。在 Membership Function 窗口的 Initialize 中选择第一个函数图标表示选中大于函数，在

113

Maximum value 中输入 1，在 Minimum value 中输入 0.6，在 Left border 中输入 3，在 Right border 中输入 30，如图 3.7.26 所示。

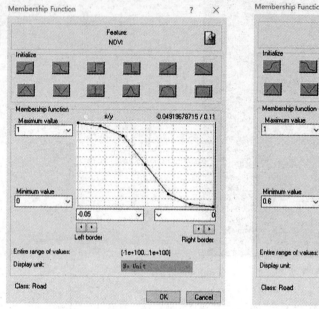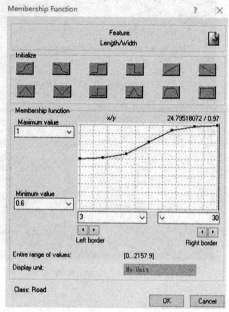

图 3.7.25　道路提取的 NDVI 规则　　　　图 3.7.26　道路提取的 Length/Width 规则

在 Road 类的 Class Description 窗口中 Contained—and（min）下添加的另外两条规则，分别是基于 Object features—Geometry—Extent—Area 特征和 Object features—Geometry—Shape—Density 特征，选取的隶属度函数分别为小于和大于函数，参数设置如图 3.7.27 所示。

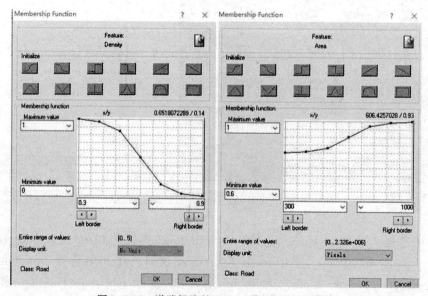

图 3.7.27　道路提取的 Density 规则、Area 规则

　　道路类的类描述就由所选的 4 种特征、4 个隶属度函数设计的 4 个规则组成，如图 3.7.28 所示。在 Class Description 对话框中，4 个规则之间的关系是 and（min），即 4 个规则同时执行，判定的结果取交集。可用右键修改 Operators 逻辑算子或者设置每条规则的权重等。

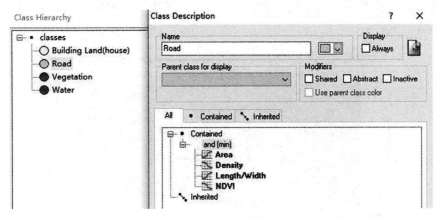

图 3.7.28　道路类描述

③ 道路提取

　　点击 eCognition 主菜单栏中的 Process→Process Tree，打开 Process Tree 窗口，在其中单击鼠标右键后打开上下文菜单，从中选择 Append New 命令新增一个处理算法打开 Edit Process 对话框，如图 3.7.29 所示。

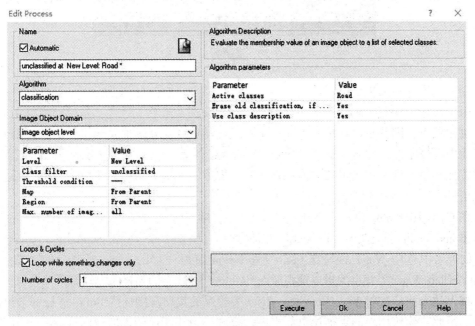

图 3.7.29　道路类分类算法

在 Algorithm 中选择 Basic Classification—classification，在 Image Object Domain 中选择 image object level，在 Class filter 中选择 unclassified 表示对所有未分类的影像对象分类，在 Active classes 中设置 Road 表示在所有未分类的影像对象中提取道路信息，Use class description 设置为 Yes 表示使用类描述里设置的隶属度规则。单击 Execute 后执行隶属度分类，如图 3.7.30 所示。当鼠标在对象上移动时，显示了该对象所分道路类以及对道路类的隶属度。

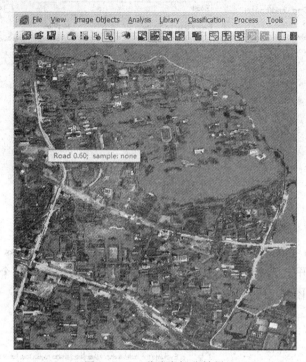

图 3.7.30　道路类提取结果

（4）提取建筑用地信息

由于影像中建筑用地在光谱、纹理、几何等特征上缺乏一致性，不同的建筑用地特征差异也比较大，因此难以找出一个或几个关键性特征能明显提取建筑用地信息。由于需要在影像中提取水体、植被、道路、建筑用地（房屋）4 类信息，而前 3 类地物信息已经分别通过特征和隶属度函数设置的模糊规则完成了提取，因而影像中剩余的信息都可归为建筑用地信息。

在 Class Hierarchy 窗口中双击 Building Land 打开 Class Description 窗口，在 Contained 下双击 and（min）打开 Insert Expression 窗口，在其中鼠标左键双击 Similarity to classes，在显示的类名中选中 Water 后勾选 Insert Expression 窗口底部的 Invert expression，然后单击 Insert 按钮将 Water 类相反的提取规则插入 Building Land 类的类描述中，如图 3.7.31 所示。

按上述方法依次将 Vegetation 类、Road 类相反的提取规则插入 Building Land 类的类描述中。至此，建筑用地的类描述由与水体、植被、道路相反的提取规则构成，表示将影像中不是水体、植被、道路的信息都作为建筑用地，如图 3.7.32 所示。

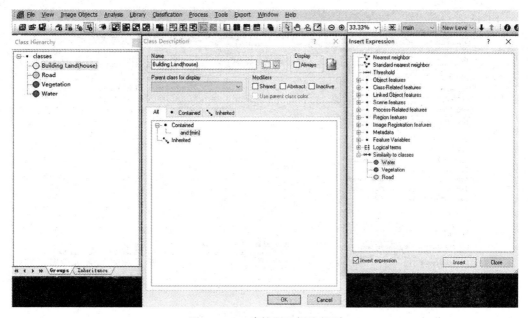

图 3.7.31　建筑用地提取规则

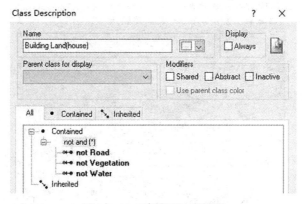

图 3.7.32　建筑用地类描述

点击 eCognition 主菜单栏中的 Process→Process Tree 打开 Process Tree 窗口，在其中单击鼠标右键后打开上下文菜单，从中选择 Append New 命令新增一个处理算法打开 Edit Process 对话框，如图 3.7.33 所示。

在 Algorithm 中选择 Basic Classification—classification，在 Image Object Domain 中选择 image object level，在 Class filter 中选择 unclassified 表示对所有未分类的影像对象分类，在 Active classes 中设置 Building Land 表示在所有未分类的影像对象中提取建筑用地信息，Use class description 设置为 Yes 表示使用类描述里设置的分类规则。单击 Execute 后执行隶属度分类，如图 3.7.34 所示。当鼠标在对象上移动时，显示了该对象所分建筑用地类以及对建筑用地类的隶属度。

117

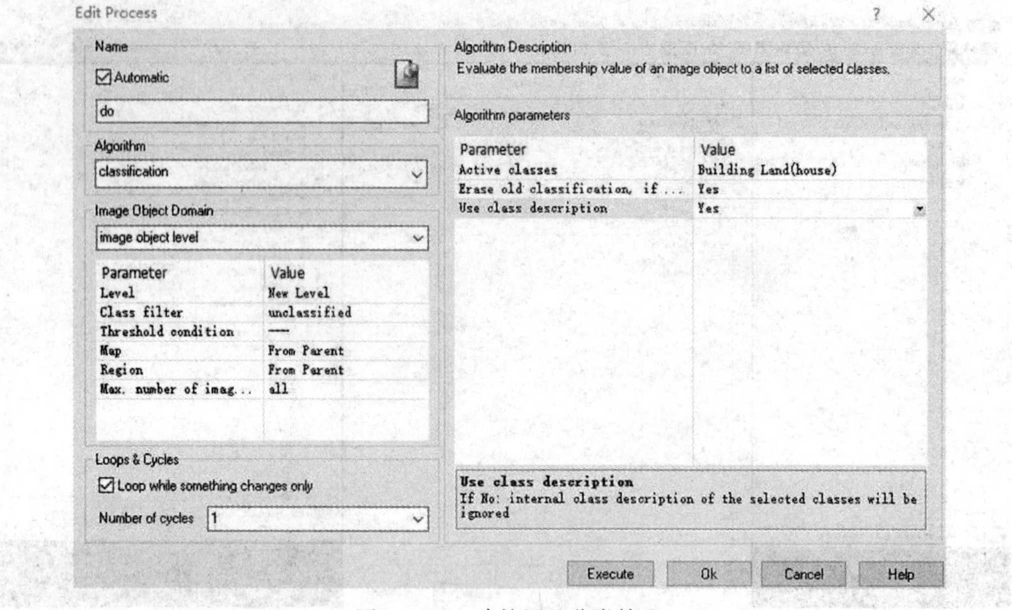

图 3.7.33 建筑用地分类算法

图 3.7.34 建筑用地提取结果

3.7.3 决策树分类实验

决策树分类是一种监督分类方法，需要为每个地类信息选取一定数量的训练样本。由于遥感影像上地物特征分布比较复杂，即使是同类地物，在影像上不同位置其特征也具有差异性。因此在选取样本时，所有样本应均匀分布于整个影像范围，使其能够全面描述地类信息的特征。按前述方法建立地物信息的分类体系、建立特征空间、选择训练样本后，可用 Advanced Classification 下的 Classifier 算法进行决策树分类。决策树分类不需要使用类描述，但包括两个过程，即训练和应用。

点击 eCognition 主菜单栏中的 Process→Process Tree 打开 Process Tree 窗口，在其中单击鼠标右键后打开上下文菜单，从中选择 Append New 命令新增一个处理算法打开 Edit Process 对话框。在 Algorithm 中选择 Advanced Classification—classifier，在 Image Object Domain 中选择 image object level，在 Class filter 中选择 unclassified 表示对所有未分类的影像对象分类，在 Operation 中选择 Train 表示训练分类器，在 Configuration 中输入存储配置的变量 New Level，在 Use samples only 中选择 Yes，在 Feature 下的 Type 中选择 object based。点击 Feature 后的 ⋯ 打开 Select Multiple Features 对话框，在其中选择 Object features—Customized—NDVI 特征和 NDWI 特征、Object features—Layer Values—Mean 特征和 Standard deviation 特征、Object features—Geometry—Extent—Area 特征和 Length/Width 特征以及 Object features—Geometry—Shape—Density 特征和 Shape index 特征，如图 3.7.35 所示。

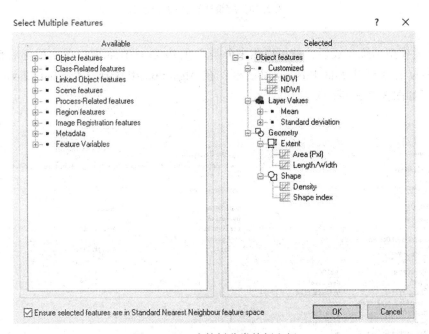

图 3.7.35　决策树分类特征空间

在 Classifier 下的 Type 中选择 Decision Tree 表示使用决策树模型进行训练。Depth 表示决策树最大深度，在其下输入 5，表示决策树最多 5 层。Min sample count 表示决策树中每个节点最小样本数，在其下输入 5，表示一个节点最少要有 5 个样本。Cross validation folds 表示样本交叉验证的数量，在其下输入 3。决策树的训练模型参数的设置如图 3.7.36 所示，点击 Execute 进行决策树的训练。

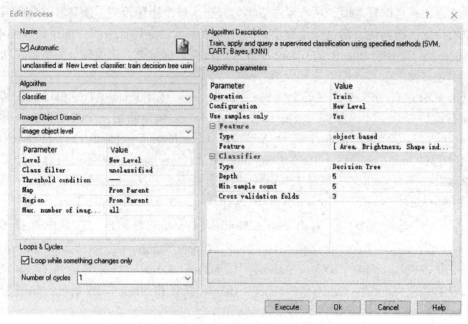

图 3.7.36 决策树算法训练设置

决策树模型训练完成后，就可以用来分类。在 Process Tree 窗口单击鼠标右键后选择 Append New 命令打开 Edit Process 对话框，在 Algorithm 中选择 Advanced Classification— classifier，如图 3.7.37 所示。

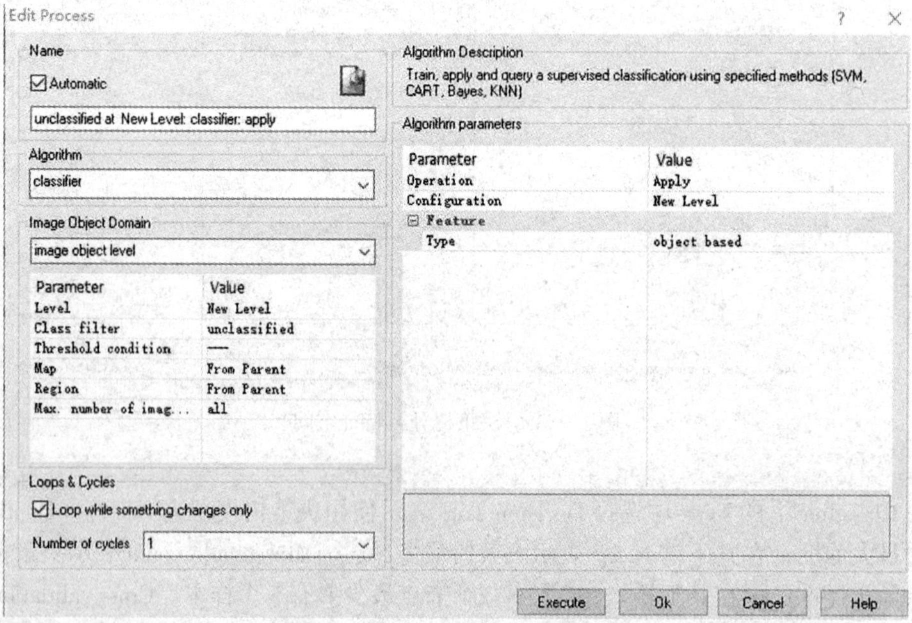

图 3.7.37 决策树算法分类设置

在 Operation 中选择 Apply 表示应用训练好的分类器对影像进行分类，在 Configuration 中选择存储训练分类模型配置的变量 New Level，在 Feature 下的 Type 中选择 object based 表示使用面向对象的决策树分类。点击 Execute 按钮后执行决策树分类，如图 3.7.38 所示。当鼠标在对象上移动时，显示了该对象所分地物类别以及对该类别的隶属度、是否为训练样本。

图 3.7.38　决策树分类结果图

【实验考核】

① 利用最近邻分类法对影像进行信息提取，提取出水系、植被、道路、建筑用地(房屋)4 种信息，叙述其实现过程和步骤。

② 利用隶属度函数法对影像进行信息提取，提取出水系、植被、道路、建筑用地(房屋)4 种信息，叙述其实现过程和步骤。

③ 利用决策树模型对影像进行信息提取，提取出水系、植被、道路、建筑用地(房屋)4 种信息，叙述其实现过程和步骤。

④ 利用支持向量机法对影像进行信息提取，提取出水系、植被、道路、建筑用地(房屋)4 种信息，叙述其实现过程和步骤。

⑤ 对 4 种方法的信息提取效果进行评估、分析，并分别找出其中存在的不足和可以改进的措施。

3.8　面向对象的变化信息提取方法

　　传统的变化信息提取方法大多以像元为基本处理单元，难以考虑到影像上地物信息的空间关联性以及几何特征、语义信息等，使得变化信息提取结果完全依赖于光谱特征及其差异。受遥感影像上广泛存在的"同物异谱"、"异物同谱"现象的干扰，依赖于像元光谱特征的变化信息提取方法精度较低、可靠性较差，尤其当影像空间分辨率较高、影像空间特征较为丰富而光谱特征相对偏低时，这种干扰现象可能更为严重，对基于像素的变化信息提取影响则更为突出。大量研究证明，当基于像素的变化信息提取应用于高分辨率遥感影像时，将像元作为变化信息提取单元，将会忽略掉很多地物的空间上下文信息。

　　面向对象的变化信息提取方法以影像中空间相邻、特征近似的像素聚集形成的同质对象为处理单元，根据对象表现出来的光谱、形状、纹理、上下文等特征进行变化信息提取。由于不仅利用了光谱特征，也利用了空间特征，在变化信息提取过程中降低了"同物异谱"、"异物同谱"现象的干扰，因而具有较高的检测精度和稳健性，代表了变化信息提取的主要方向。目前，面向对象的影像分析在变化信息提取中得到了广泛应用。面向对象的变化信息提取方法，在实际应用中大致可分为两类：一类是基于特征差异的方法，另一类是基于分类比较的方法。

3.8.1　面向对象的特征差异法变化信息提取

　　面向对象的特征差异法以不同时相影像分割后形成的同质对象为特征提取单元和特征比较单元，将同一位置相应对象的光谱特征、纹理特征、几何特征等进行运算、变换和比较，再采用阈值分割方法确定变化信息发生的位置。面向对象的特征差异法，和基于像素的特征差异法一样，需要对不同时相的影像进行严格的几何配准和辐射配准，而且同样受变化阈值的影响较大。阈值的确定是其应用的难点，通常很难找到一个适合于整个影像范围的全局阈值。

　　面向对象的特征差异法，与基于像素的特征差异法不同的是，在变化信息提取前，需要对不同时相的影像进行统一的影像分割，形成空间位置完全一致的分割对象，才能进行后续的特征比较。为对不同时相的影像进行统一的影像分割，一般可将不同时相的影像进行组合，对组合影像进行多尺度分割，然后将分割结果分别与不同时相的影像进行套合，从而获取空间位置完全一致的分割对象。

　　eCognition 中定义了面向对象解译的丰富特征，常用的如光谱特征类的均值、标准差、亮度等，几何特征的面积、长宽比、紧致度、形状指标、矩形度、椭圆度，纹理特征类的GLCM、GLDV 等，还提供了自定义特征的功能。为获取各个对象的差异特征，可在eCognition 主菜单栏中点击 Tools→Feature View 打开 Feature View 对话框，在 Object features—Customized 中双击"Create new 'Arithmetic Feature'"定义特征差异，如图 3.8.1 所示。

　　确定特征差异变化阈值时，可在 Feature View 中选中差异特征并双击，从而在影像窗口显示的是所有分割对象的特征差异值。在 Feature View 窗口下部不断更新差异值显示的

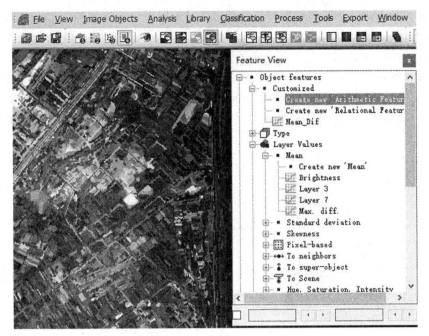

图 3.8.1　定义差异特征与特征差异图

上界值和下界值，目视判读寻找到欲提取的变化信息与不变信息特征的临界值，从而确定相应的特征阈值。

对影像中的对象确定了特征差异阈值后，可选择隶属度函数建立相应的变化信息提取规则，利用 assign class 算法执行变化信息的提取。

3.8.2　面向对象的分类比较法变化信息提取

面向对象的分类比较法以不同时相影像分割后形成的同质对象为分类及分类后比较的单元，首先对研究区域不同时相的影像进行统一的影像分割，形成空间位置完全一致的分割对象。然后在不同时相的影像上以同质对象为单元分别进行面向对象的分类；最后将同一空间位置的对象分类结果进行相应比较，获得变化的对象信息。

面向对象分类比较法变化信息提取的优点是，具有面向对象分析方法的优点，以对象为信息处理基元，降低了影像上同物异谱、异物同谱现象的干扰；同时还具有分类比较法的优点，降低了不同时相影像因成像条件不同而导致的对变化信息提取的干扰，还能提供变化的定量和定性信息，可确定变化的空间范围、由何种类型向何种类型变化以及变化的数量。面向对象分类比较法的缺点是，变化信息提取的精度取决于影像分割的质量，依赖于影像分割的尺度，分割错误对变化信息提取的负面影响较大；对影像对象需要两次分类，变化信息提取的精度也高度相关于影像对象分类的精度，单次分类的错误会导致累积，从而可能会夸大变化的程度。

在 eCognition 中，应用面向对象分类比较法进行变化信息提取，首先需要将不同时相的影像组合到一起同时进行多尺度影像分割，获取空间位置完全一致的分割对象。运用

copy image object level 算法将影像分割后获得的对象层进行数据拷贝，形成不同距离的两个对象层。在 Feature View 中分别计算分割对象在不同时相影像上已定义或自定义的特征。然后，运用 assign 算法或隶属度函数分类法，在两个对象层上分别进行分类。或者选择样本后运用 Basic Classification 的 classification 算法或 Advanced Classification 的 classifier 算法，在两个对象层上分别进行监督分类。最后，在 Class Hierarchy 中定义需提取的信息变化类型，利用类相关特征中的继承关系，如图 3.8.2 所示，并设置变化信息的提取规则进行变化信息的提取。

　　提取地类的变化信息后，还可以结合场景特征，如图 3.8.3 所示，设置规则计算并输出变化信息的统计数量。

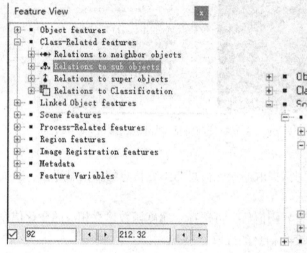 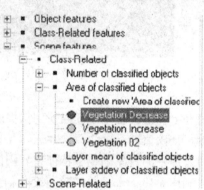

图 3.8.2　类相关特征　　　　　　　　　图 3.8.3　变化信息的数量

3.9　面向对象的变化信息提取实验

【实验目的和意义】
① 掌握利用 eCognition 软件实现基于对象特征差异的变化信息提取方法。
② 会用基于对象特征差异法，实现对水体、植被、道路、建筑用地的变化信息提取。
③ 掌握利用 eCognition 软件实现基于对象分类比较的变化信息提取方法。
④ 会用基于对象分类比较法，实现对水体、植被、道路、建筑用地的变化信息提取。
【实验软件和数据】
eCognition 8.7 试用版，武汉地区 2002 年和 2005 年的 QuickBird 影像。

3.9.1　面向对象特征差异的变化信息提取实验

（1）统一的影像分割
首先对多时相影像进行几何配准和辐射配准，尽可能减少因几何变形、成像条件差异对变化信息提取带来的不利影响。然后对不同时相的影像进行统一的影像分割。在 eCognition 的主菜单中点击 File→New Project 打开 Create Project 对话框，点击 Insert 按钮分别插入两时相遥感影像，如图 3.9.1 所示。

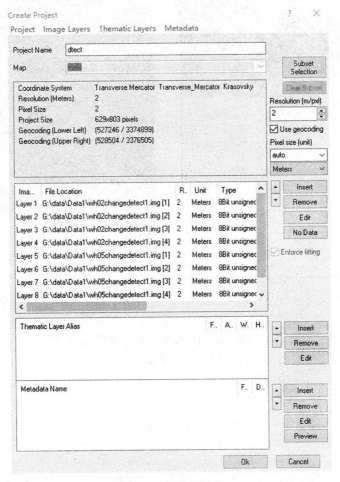

图 3.9.1　新建项目窗口

单击 OK 后两时相影像就显示在影像视图窗口，点击工具栏的 🔳 打开 Edit Image Layer Mixing 对话框，将组合影像设置为 8、7、2 的显示模式，如图 3.9.2 所示。

点击主菜单栏的 Process→Process Tree 命令在 Process Tree 窗口新增一个处理，选择多分辨率分割算法 Segmentation—multiresolution segmentation，经多次尝试目视判读，选择 Scale Parameter 为 30、Shape 权重为 0.1、Compact 权重为 0.5 进行分割获取同质对象，如图 3.9.3 所示。

（2）定义差异特征

特征差异法变化检测，将前后时相的遥感影像进行多尺度分割后，要结合所提取的变化信息类型，对获得的分割对象计算所需的特征，如光谱特征、纹理特征、几何特征等。

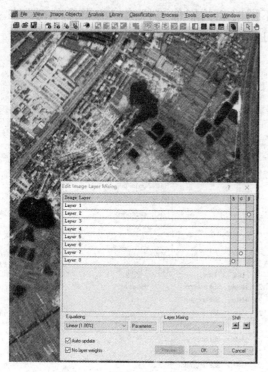

图 3.9.2 影像层组合与显示　　　　　图 3.9.3 影像分割结果

为了提取植被的变化信息，首先需选择利于植被信息提取的特征，这里选择 NDVI 植被指数来提取植被信息。在 eCognition 主菜单栏中点击 Tools→Feature View 打开 Feature View 对话框，在 Object features—Customized 中双击"Create new 'Arithmetic Feature'"定义两个时相的植被指数。定义 2002 年的植被指数 NDVI02 时，使用 2002 年的近红外波段和红波段，即 Mean Layer 4 和 Mean Layer 3，如图 3.9.4 所示。

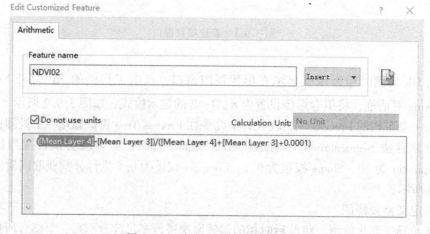

图 3.9.4 定义 2002 年的植被指数

126

　　定义 2005 年的植被指数 NDVI05 时，使用 2005 年的近红外波段和红波段，即 Mean Layer 8 和 Mean Layer 7，如图 3.9.5 所示。

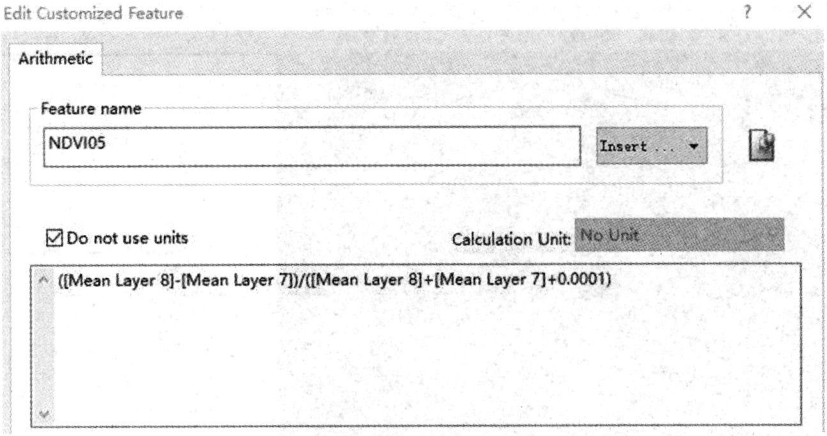

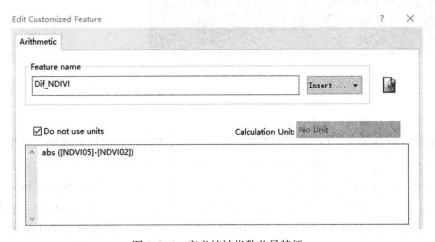

图 3.9.5　定义 2005 年的植被指数

　　为提取植被信息，在 Customized 中定义了两个时相的植被指数 NDVI02 和 NDVI05。为提取植被的变化信息，还需在 Customized 中定义植被指数的差异 Dif_NDIVI，如图 3.9.6 所示。Dif_NDIVI 定义为 2002 年的植被指数 NDVI02 与 2005 年植被指数 NDVI05 的差异绝对值。

图 3.9.6　定义植被指数差异特征

（3）选取阈值

　　在 Feature View 中双击 Dif_NDIVI，主界面将会显示两时相的植被指数差异图，根据植被指数差异分布图，设置一定的差异检测阈值，来提取植被的变化信息。在确定阈值时，按前述方法，在 Feature View 窗口下部不断更新特征显示的上界值和下界值，目视判读寻找到欲提取的变化信息与不变信息相区别的 NDVI 差异临界值，从而确定相应的划分阈值，如图 3.9.7 所示。

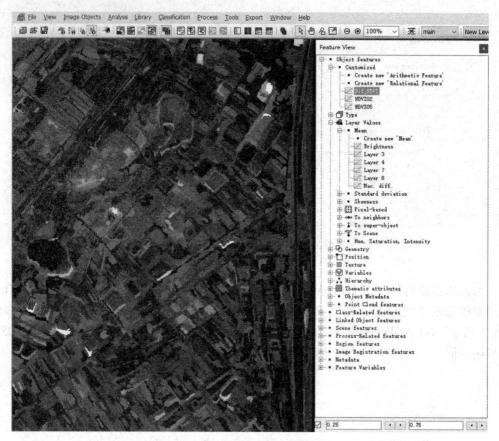

图 3.9.7　Feature View 窗口 NDVI 差异划分阈值

（4）变化信息提取

对植被指数差异图，确定相应的变化阈值后就可建立相应的提取规则。点击主菜单栏的 Process→Process Tree，打开 Process Tree 窗口。在 Process Tree 窗口中鼠标右键单击 Append New 打开 Edit Process 对话框，在 Algorithm 的列表框中选择 Basic Classification 类下的 assign class 算法，在 Parameter 下的 Class filter 中选择 unclassified，在 Threshold condition 中选中 Dif_NDVI 特征后打开 Edit threshold condition 对话框，设置植被变化信息的提取规则。在其中选中 Dif_NDVI，单击"＞＝"按钮，输入阈值，单击 OK 后回到 Edit Process 对话框，在 Use class 中选择 Change_Vegetation，如图 3.9.8 所示。

单击 Execute 后执行植被变化信息的提取，提取结果以 Class Hierarchy 中设定的相应颜色显示，如图 3.9.9 所示。

上述方法设置了确定性规则提取变化信息，也可以运用隶属度函数法，设置模糊规则进行植被变化信息的提取。而且也只提取了两时相影像的植被变化信息，没有区分是植被

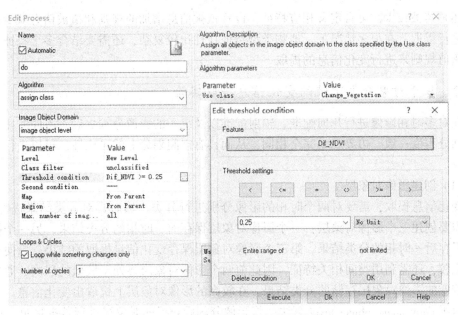

图 3.9.8　植被变化信息的提取规则

图 3.9.9　植被变化信息的提取结果

增加还是植被减少。可自定义相应特征，设置植被信息增加的规则和植被信息减少的规则分别进行提取。在很多情况下，地物类型特征往往比较复杂，还需要结合多个特征、设置多个阈值规则来进行变化信息的提取。

3.9.2　基于对象分类比较的变化信息提取实验

在对多时相影像进行几何配准、辐射配准以及统一的影像分割之后，不同时相的影像对象划分程度一致、边界总是完全相同，从而具有空间划分上的可比性，可以进行分类后的比较。

（1）创建影像对象层

变化信息提取，需要对两个时相的影像分别进行分类，然后再对分类结果进行比较。因此需要创建三个影像对象层：一个影像对象层保存前一时相的分类结果，另一个影像对象层保存后一时相的分类结果，第三个影像对象层保存变化信息提取的结果。为便于进行分类比较，还需利用类间相关特征，因此前两个影像对象层要处于较低的层次。通过比较两个较低的影像对象层存储的分类结果，在较高的影像对象层上提取出变化信息。

运用 copy image object level 算法，将影像分割后获得的对象层进行数据拷贝，形成不同距离的两个对象层。点击主菜单栏的 Process→Process Tree 打开 Process Tree 窗口。在 Process Tree 窗口中鼠标右键单击 Append New 打开 Edit Process 对话框，在 Algorithm 的列表框中选择 copy image object level，在 Image Object Domain 中选择 image object level，在 Level 中输入影像分割后形成的对象层 New Level，在 Level Name 中输入 Level02，在 Copy Level 中选择 below，如图 3.9.10 所示。

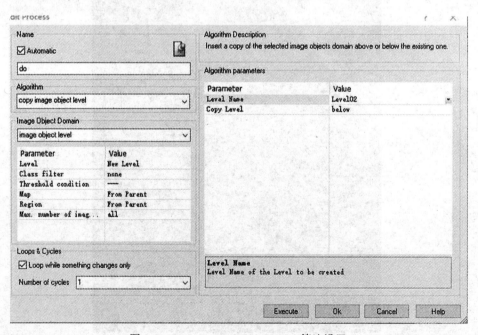

图 3.9.10　copy image object level 算法设置

点击 OK 后建立 New Level 对象层之下的 Level02 对象层。按上述方法再建立一个影像对象层，在 copy image object level 算法的 Level 中输入 Level02，Level Name 命名为 Level05，Copy Level 中仍选择 below，如图 3.9.11 所示。

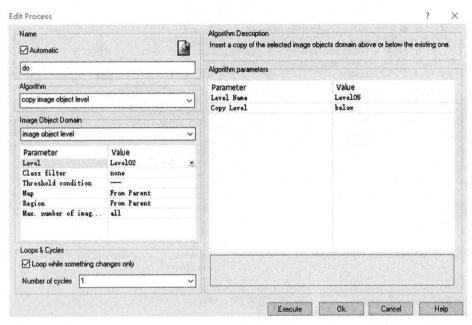

图 3.9.11　下层对象层拷贝

（2）建立分类体系

在提取变化信息之前，要分别对两个数据层上不同时相的影像对象进行分类，因此需要建立分类体系，定义两个数据层上的地物信息类型。在 Class Hierarchy 窗口分别插入如下类型：02Building Land、02Road、02Vegetation、02Water 表示 2002 年的地物信息类型，

05Building Land、05Road、05Vegetation、05Water 表示 2005 年的地物信息类型，如图 3.9.12 所示。

（3）定义特征空间

建立分类体系以后，还需要对类别定义特征空间。可提取对象的光谱特征中的各层均值、方差，对象几何特征中的面积、长度、长宽比、密度、形状指数以及自定义的水体指数、植被指数一共 15 维特征定义特征空间。这里对象光谱特征需计算 2 个时相 8 层影像的均值、方差，还需分别定义 2002 年、2005 年的水体指数和植被指数，提取的特征如图 3.9.13 所示。

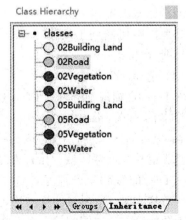

图 3.9.12　Class Hierarchy 窗口类型定义

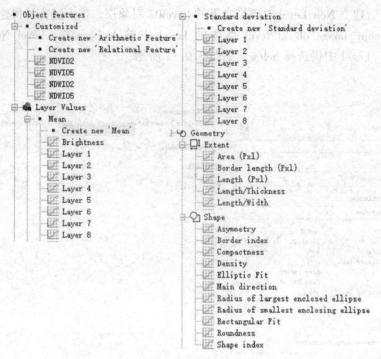

图 3.9.13 定义特征空间

由于在 Level02 数据层上对 2002 年的影像对象分类，需要建立 2002 年的特征空间。在工具栏上按 main ▼ Level02 ▼ 所示方式将数据层切换到 Level02，点击主菜单栏的 Classification→Nearest Neighbor→Edit Standard NN Feature Space，打开 Edit Standard Nearest Neighbor Feature Space 对话框，分别选取 Available 中的 Object features—Customized—NDVI02、NDWI02，Layer Values—Mean—Layer 1、Layer 2、Layer 3、Layer 4，Layer Values—Standard deviation—Layer 1、Layer 2、Layer 3、Layer 4，Geometry—Extent—Area、Length、Length/Width，Geometry—Shape—Compactness、Shape index 定义 2002 年类别的特征空间，如图 3.9.14 所示。

将数据层切换到 Level05，按上述同样的方法定义 2005 年类别的特征空间，如图 3.9.15 所示。

（4）选择训练样本

在 Level02 窗口下分别为 Class Hierarchy 中 2002 年的各个地物信息类选择训练样本，选择样本前先在 Class Hierarchy 中选中类名，然后在主菜单栏中选择 Classification→Samples→Select Samples，就可以为选中的类添加训练样本。在影像视图窗口中，目视判读所选类的特征典型区域，鼠标左键双击选中为样本对象并以类颜色显示。按同样的方法，在 Level05 窗口下分别为 Class Hierarchy 中 2005 年的各个地物信息类选择训练样本。选择训练样本时，应尽量使样本均匀分布在整个图像范围内，可利用 Sample Editor 窗口提供的对象特征在直方图中的分布功能和不同类所选样本对象之间的比较功能，检查样本对象的选择是否合理。

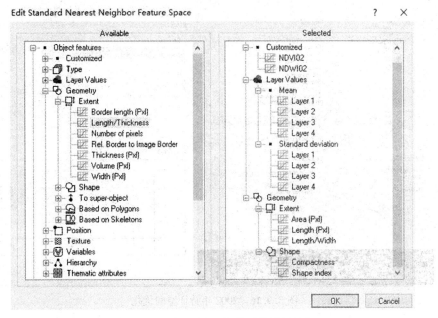

图 3.9.14 定义 2002 年类别的特征空间

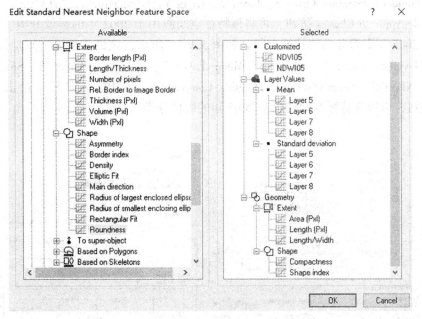

图 3.9.15 定义 2005 年类别的特征空间

（5）优化特征空间

在 Level02 窗口下，点击菜单 Classification → Nearest Neighbor → Feature Space Optimization 打开特征空间优化对话框，为 2002 年各类别优化特征空间，点击 Calculate 就能得到 2002 年特征空间优化的结果，如图 3.9.16 所示。

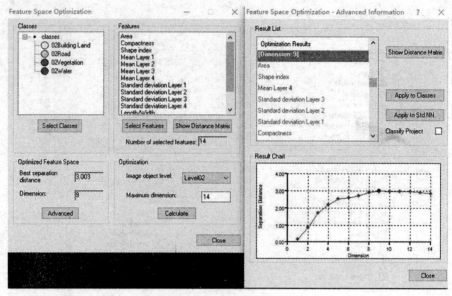

图 3.9.16　2002 年特征空间优化

从图 3.9.16 中可以看出，最优特征空间是包含 Area，Shape index，Mean Layer 4、Layer 3，Standard deviation Layer 3、Layer 2、Layer 1，Compactness，NDWI02 特征的 9 维空间。点击 Apply to Classes 按钮，可将该特征空间应用于 2002 年的影像分类。按同样的方法优化 2005 年影像分类的特征空间，如图 3.9.17 所示，该最优特征空间是包含 Area，Standard deviation Layer 7、Layer 6，Mean Layer 7、Layer 8、Layer 5，Shape index，NDWI05，NDVI05，Length/Width，Length，Compactness 的 12 维空间。点击 Apply to Classes 按钮，可将该特征空间应用于 2005 年的影像分类。

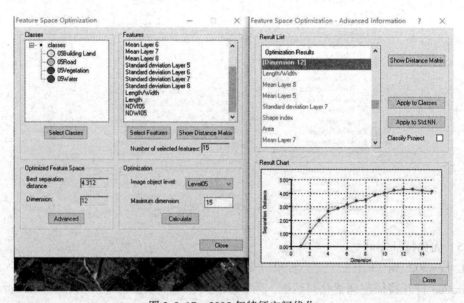

图 3.9.17　2005 年特征空间优化

（6）最近邻分类

在 Process Tree 窗口中新增一个处理算法打开 Edit Process 对话框，在 Algorithm 中选择 Basic Classification—classification，Image Object Domain 中选择 image object level，在 Level 中选择 Level02，在 Class filter 中选择 unclassified 表示对所有未分类的影像对象分类，在 Active classes 中设置 02Building Land、02Road、02Vegetation、02Water 表示将所有未分类的影像对象分成这 4 类地物，Use class description 设置为 Yes 表示使用类描述里设置的最近邻分类特征空间，单击 Execute 后对 2002 年影像执行最近邻分类，如图 3.9.18 所示。

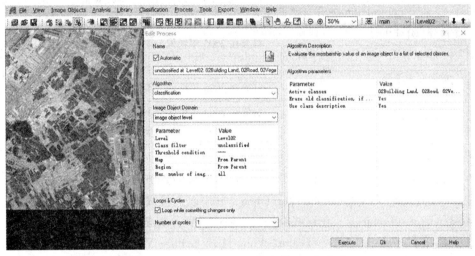

图 3.9.18　对 2002 年影像执行最近邻分类

按上述同样的方法，对 Level05 层的影像对象新增分类算法，设置最近邻分类参数，对 2005 年影像执行最近邻分类，如图 3.9.19 所示。

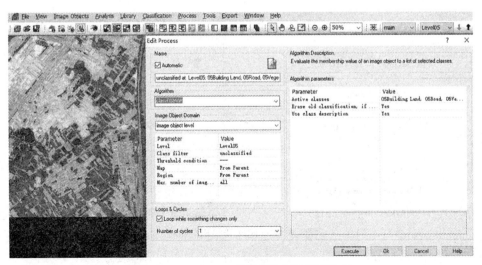

图 3.9.19　对 2005 年影像执行最近邻分类

（7）变化信息提取

对两时相的影像分类结果进行逻辑运算，就可以通过比较得出各种地物类别的变化信息。下面以植被信息为例来展示植被变化信息提取的过程。从 2002 年影像到 2005 年影像分类情况分析，设计植被变化信息提取的规则如下：

变化类型	变化规则
植被变为水体	对象在 2002 年影像分类结果为 Vegetation 对象在 2005 年影像分类结果为 Water
植被变为建筑用地	对象在 2002 年影像分类结果为 Vegetation 对象在 2005 年影像分类结果为 Building Land
植被变为道路	对象在 2002 年影像分类结果为 Vegetation 对象在 2005 年影像分类结果为 Road
植被未变化	对象在 2002 年影像分类结果为 Vegetation 对象在 2005 年影像分类结果为 Vegetation

在 Class Hierarchy 窗口分别插入如下类型：02Vegetation05Water、02Vegetation05Building、02Vegetation05Road、02Vegetation05Vegetation，利用以上植被变化信息提取规则和类相关特征 existence of sub objects，在这些类的类描述中设置分类条件。

在主菜单栏中点击 Tools→Feature View 打开 Feature View 窗口，依次双击 Class—Related features—Relations to sub objects—Existence of—Create new 'Existence of'，打开 Edit Existence of 对话框，在 Class 中选择 02Vegetation，Distance 值设置为 1，点击 OK 完成该特征的设置。按上述方法完成 05Water、05Building Land、05Road、05Vegetation 的子对象特征设置，不同的是 Distance 值设置为 2，如图 3.9.20 所示。

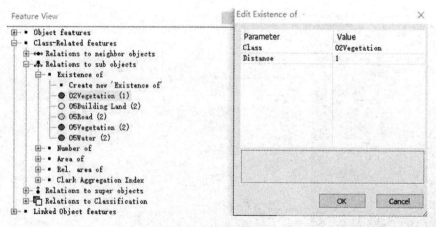

图 3.9.20　定义类间相关特征

在 Class Hierarchy 窗口中分别为植被变化的各类别添加类描述。如为 02Vegetation

05Building 类添加类描述时，在 Class Hierarchy 窗口中双击类名后打开 Class Description 对话框，双击 and（min）打开 Insert Expression 对话框，设置特征 Existence of sub objects 02Vegetation（1）值为1，设置特征 Existence of sub objects 05Building Land（2）值为1，如图 3.9.21 所示。

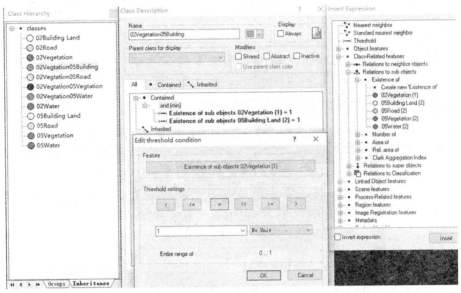

图 3.9.21　设置植被建筑用地变化类的特征值

按同样的方法为 02Vegetation05Water 类、02Vegetation05Road 类、02Vegetation 05Vegetation 类添加类描述，如图 3.9.22 所示。

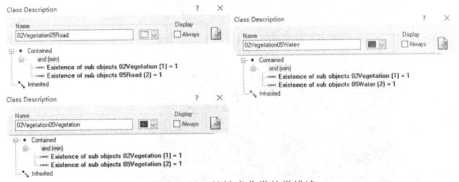

图 3.9.22　植被变化类的类描述

在 Process Tree 窗口中新增一个处理算法打开 Edit Process 对话框，按如图 3.9.23 所示设置。在 Algorithm 中选择 Basic Classification—classification，在 Image Object Domain 中选择 image object level，在 Level 中选择 New Level，在 Class filter 中选择 unclassified 表示对所有未分类的影像对象分类，在 Active classes 中设置 02Vegetation05Water、02Vegetation05Building、02Vegetation05Road、02Vegetation05Vegetation 表示将所有未分类

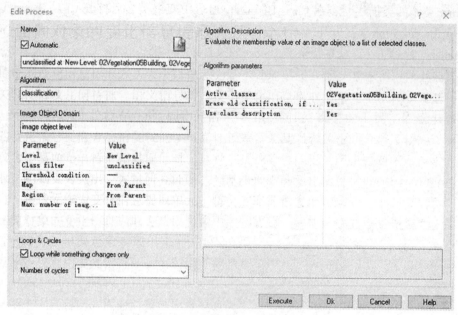

图 3.9.23　植被变化类的分类法设置

的影像对象中符合类描述规则的分成植被变化信息类型，Use class description 设置为 Yes 表示使用类描述里设置的变化信息提取规则，单击 Execute 后获得植被变化信息提取结果，如图 3.9.24 所示。

图 3.9.24　植被变化信息提取结果

【实验考核】

① 利用 eCognition 软件实现基于对象特征差异法的水体、植被、道路、建筑用地的变化信息提取，叙述其实现过程和步骤。

② 利用 eCognition 软件实现基于对象分类比较法的水体、植被、道路、建筑用地的变化信息提取，叙述其实现过程和步骤。

③ 对上述方法的变化信息提取效果进行评估、分析，并分别找出其中存在的不足和可以改进的措施。

第四章 多光谱遥感影像叶绿素浓度反演

富营养化和有毒藻类的暴发是很多湖泊面临的问题。叶绿素浓度是一种重要的水质参数，直接反映了浮游植物数量和初级生产力的分布，是水体富营养化重要的表征参数。叶绿素浓度的常规测定包括人工采样结合实验室检测、自动站点监测等。一般需要先采集水样，在实验室对水样进行一系列处理、分析测定，获得水样的叶绿素浓度。人工采样的方法速度慢、费用高，监测点位的数量往往会影响整体水域富营养化监测结果的精度，难以实现大范围水域的同步采样测量，在获取指标的空间连续分布方面存在不足。而遥感技术具有快速连续、可视化程度高、大范围覆盖等特点，在反映叶绿素浓度变化的连续性、空间性和规律性方面具有明显优势。遥感技术适合监测水质指标的时空分布及其变化，是对业务方法的有效补充。

4.1 遥感影像叶绿素浓度反演概述

4.1.1 叶绿素的光谱特性

叶绿素存在于所有的藻类中，水体中叶绿素浓度常常用于估算水体中浮游植物的生物量，也是反映水体营养化程度的一个极重要参数。传统的水质监测精度较准确，但只能在有限的监测点上进行，测定结果只具有局部代表意义，不能全面反映检测指标的总体时空变化，也不能进行实时监测。通过遥感影像监测水体的叶绿素浓度以及分布情况，能够很直观地反映出水体的水质状况与富营养化情况。

纯净水体在可见光波段的反射率曲线是接近线形的，当光谱波长由可见光波段向红外波段逐渐增大时，水体反射率呈现逐渐减小的态势，直线化特征明显。自然水体中由于存在污染、悬浮物质，如藻类等，其吸收和反射作用使水体的光谱反射特性呈现变化。藻类对水体光谱反射特性的影响和改变，与水体中藻类的含量紧密相关。

叶绿素是光学活性物质，藻类在不同波长处的光谱反射率与色素的光学活性、细胞的形态与组成等参数有关。对特定的藻类，光谱反射率是色素吸收与细胞表面散射相互作用的结果。因为藻类中都含有叶绿素，所以反射率波谱曲线的大致形态基本相似，而不同藻类因细胞形状、叶绿素含量的不同，其反射率峰的具体位置和数值会有变化。

研究表明：叶绿素在蓝波段的 440 nm 附近和红波段的 678 nm 附近都有显著的吸收性能，而在近红外某些波段叶绿素有明显的反射性能，表现出一定的特征光谱。

4.1.2 叶绿素浓度反演建模的理论基础

水域内叶绿素的含量高低会导致水体反射光谱特征发生明显的变化，是水体叶绿素浓度遥感监测与反演建模的理论基础。由于水体的透光性和水面的反射性，遥感传感器接收到的水体遥感光谱信号包含了来自大气、水面、水体以及水底各个不同层次的信息，包括水体中叶绿素、悬浮泥沙、污染物等信号。由于水体中藻类的存在，其光谱反射率也会发生明显变化。当水体中藻类密度较高时，叶绿素含量随之较高，水体光谱反射曲线在蓝、红两个波段附近会出现谷值。同时水体在 700 nm 附近有明显的峰值，当水体中藻类密度较高时，其在近红外波段反射率明显上升。叶绿素在 685 nm 附近有明显的荧光峰，富含叶绿素的水体光谱反射曲线最显著的特征是在 685~715 nm 波段处出现反射峰值，且叶绿素浓度越高，反射峰值越大。反射峰的存在与否通常被认为是判定水体是否含有藻类叶绿素的依据，藻类水体在 700 nm 附近反射峰的位置和数值是叶绿素浓度的指示，也是叶绿素浓度与光谱反射率的关系模型建立的基础。有研究认为：水体在 700 nm 附近波长的反射峰位置随叶绿素 a 浓度的增大向长波方向移动，并根据反射峰位置和叶绿素浓度的变化建立了如下关系式：

$$\lambda_{max} = 683.51 + (0.268 \pm 0.0075)C$$

其中，λ_{max} 是 700 nm 附近最大峰值反射率的波长，C 是叶绿素 a 的浓度。叶绿素 a 含量不同，反射峰值也不同，叶绿素 a 浓度越高，反射峰值越大。有研究认为：700 nm 附近反射峰的位置不受地表辐照度、光谱测量角度等变化的影响，受悬浮物质及黄色物质的影响也很小，有利于提高叶绿素遥感反演的精度，但反射峰位置随叶绿素浓度变化缓慢，遥感器必须有很高的光谱分辨率才能测定反射峰位置的移动。

虽然遥感技术在内陆水质叶绿素浓度反演中得到了广泛应用，但由于水体本身的光谱特性复杂，且辐射信息受大气散射影响严重，致使反演精度还有待提高。反演算法多以经验和半经验方法为主，多集中于可见光和近红外波段范围，且具有季节性和地方性的特点。MODIS 遥感影像数据具有 250~1000 m 的空间分辨率，时间分辨率很高，一天可两次成像。同时辐射分辨率也较高，拥有覆盖可见光到近红外、热红外的 36 个光谱通道，以及免费的数据获取途径，使其非常适合于监测 Ⅱ 类水体，成为内陆水体叶绿素浓度反演的常用数据。

4.2 水域叶绿素浓度反演方法

遥感影像叶绿素浓度反演，是指利用遥感传感器记录的辐射值或光谱反射率估测叶绿素浓度。叶绿素浓度反演的常用遥感影像数据有美国 Landsat 卫星的 MSS 和 TM 数据、TERRA/AQUA 卫星的 MODIS 数据、法国 SPOT 卫星的 HRV 数据、印度的 IRS-IC 卫星数据和气象卫星 NOAA 的 AVHRR 数据、中国环境卫星数据以及高光谱遥感数据等。

4.2.1 叶绿素浓度反演方法分类

反演方法一般分为经验方法、半经验方法和分析方法。

（1）经验方法

经验方法是基于若干波段反射率与叶绿素浓度回归分析的算法，主要是以叶绿素浓度和遥感参数之间的统计关系为基础来实现对水体叶绿素浓度的遥感反演，是一种较为广泛的叶绿素浓度反演方法。通过设置一系列采样点，从遥感影像上获得像元反射率，结合地面监测点的采样数据，通过采样点的遥感数据与地面实测的叶绿素浓度的对应关系进行回归分析，建立由遥感数据到叶绿素浓度的反演模型，通过回归模型反演出叶绿素浓度及其空间分布。如利用 TM 数据进行富营养化湖泊水质监测，可使用线性回归模型、非线性回归模型、神经网络模型或多元回归模型对叶绿素浓度进行反演；利用 MODIS 近红外波段 2 与可见光波段 4 的比值反演叶绿素浓度的分布情况；利用 MODIS 波段 4、8、9、10、12、13、14 等进行波段比值运算，选出最优波段组合模型反演叶绿素浓度。有研究认为 TM3 和 TM4 两个波段的乘积是反演沿岸海水表层叶绿素浓度的最佳波段组合。有些学者提出利用近红外与红光波段的反射率比值可精确估测叶绿素浓度，得出的模型有简单的线性模型也有指数形式。应用经验方法反演叶绿素浓度时，反演模型一般比较简单，运用最广泛的是波段比值模型。由于叶绿素浓度与遥感数据之间的事实相关性不能保证，致使该方法结果缺乏物理依据，而且反演效果比较依赖实际的采样数据，具有较强的区域性。

（2）半经验方法

半经验方法是将已知的叶绿素光谱特征与经验方法的统计模型相结合，在遥感影像中选择最佳的波段或波段组合作为相关变量估算叶绿素浓度的方法。该方法将遥感数据、采样数据与统计模型三者相结合，具有一定的物理意义，较为常用，如三波段模型、四波段模型以及 APPLE 模型等。有研究应用 MODIS 数据，以 675 nm 波段的浮游植物吸收系数和 400 nm 波段的黄色物质吸收系数为变量，建立了叶绿素 a 浓度的半经验模型。半经验方法能够最大限度地提取光谱中的叶绿素信息，消除悬浮物、黄色物质、后向散射以及纯水对于叶绿素反射波谱的影响，与实际样本的叶绿素浓度有较好的相关性。经验模型法与半经验模型法都需要依赖基础的野外水样叶绿素浓度数据来反演并构建模型，模型的物理性欠佳。对叶绿素 a 浓度的遥感反演的精度主要受 3 种因素影响，分别为采样数据的代表性、遥感数据的大气校正和模型的统计误差。

（3）分析方法

分析方法是以辐射传输模型为基础，根据水体组分、固有光学量、表观光学量之间的关系，利用遥感反射率计算水中实际吸收系数与后向散射系数的比值，与水中各组分的特征吸收系数、后向散射系数相联系，通过代数方程直接求解叶绿素浓度。如有研究应用 TM 图像，根据辐射传输模型对叶绿素 a 浓度变化进行了反演。这类方法较多用于多波段反演，适用性强，但分析模型需要大量水体各种组分的固有光学特性数据，具体实施较为困难，建立算法的难度比较大，理论基础尚不成熟。

4.2.2　常用的叶绿素浓度反演方法

由于用于反演叶绿素浓度的遥感影像分辨率普遍较低、波段设置远宽于叶绿素的诊断性光谱宽度，加上大气影响、水质参数估测影响，导致发展理论方法困难，目前仍以经验和半经验方法为主。对于二类水体叶绿素浓度反演，由于水体光学特性相对复杂、不同区域存在一定差异，即使是经验和半经验方法，也因为使用的遥感数据和建模方法各不相同，使得叶绿素 a 浓度的遥感反演模型在适用性上具有一定的局限性。

(1) 单波段法

单波段方法一般选择叶绿素 a 反射特征光谱的反射峰或吸收谷的波段。如在利用 MODIS 光谱波段数据遥感定量反演湖泊叶绿素 a 浓度时，最优波段可选择波长 726.5～734.4 nm 的波段范围。**单波段法**的线性回归模型可以表示如下：

$$C = aR + b$$

式中，C 为水域叶绿素 a 的浓度值，a，b 为回归模型的相关系数，R 为所选择的波段的水体反射率。

(2) 波段比值法

依据叶绿素 a 的反射光谱特征选取两个或者更多的波段进行比值分析，能够有效地减少大气和镜面反射的影响以及消除水表面光滑度和微波变化的干扰，并且能在一定程度上减少类似黄色物质等污染物的影响，从而扩大叶绿素 a 的吸收谷与反射峰的差异，有效地反演与提取叶绿素 a 浓度信息。如利用 MODIS 遥感影像中近红外波段与可见光绿光波段进行比值，或对光谱反射率值进行对数转换建立回归方程，有助于对叶绿素 a 含量进行定量遥感反演。**波段比值法**的回归模型可以表示如下：

$$C = a \frac{R_1}{R_2} + b$$

式中，C 为水域叶绿素 a 的浓度值，a，b 为回归模型的相关系数，R_1，R_2 为所选择的波段的水体反射率。

(3) 波段差值法

波段差值法主要是根据叶绿素 a 在可见光波段与红外波段的光谱特性差异建立模型，将两波段的差值作为相关变量反演水域叶绿素 a 的浓度。如基于 MODIS 的红光波段 1 与近红外波段 2 的差异反演水体叶绿素浓度，也可以将 MODIS 影像所有波段进行全部可能的组合，选取相关系数大的波段，如蓝光波段和红外波段，建立叶绿素 a 浓度反演模型。**波段差值法**的回归模型可以表示如下：

$$C = a(R_1 - R_2) + b$$

式中，C 为水域叶绿素 a 的浓度值，a，b 为回归模型的相关系数，R_1，R_2 为所选择波段的水体反射率。

(4) 光谱微分法

光谱微分法常使用一阶微分模型，选取叶绿素 a 浓度与波段光谱反射率之间相关性最为显著的波段，根据所选波段以及所选波段相邻波段的反射率计算出该光谱波段的微分值，利用所选波段的反射率微分值与叶绿素 a 浓度建立回归模型，进行叶绿素浓度反演。光谱微分法能够有效地减弱线性背景、噪声光谱对目标光谱的影响。**光谱微分法**的回归模型可以表示如下：

$$C = aR(B_s)^{(n)} + b$$

$$R(B_s)^{(n)} = \frac{R(B_{s+1})^{(n-1)} - R(B_{s-1})^{(n-1)}}{B_{s+1} - B_{s-1}}$$

式中，B_s 表示与叶绿素 a 浓度相关性最为显著的波段，$R(B_s)$ 为波段 B_s 的反射率，B_{s+1}，B_{s-1} 分别是波段 B_s 的两个相邻波段，$R(B_{s+1})$，$R(B_{s-1})$ 分别为相邻波段 B_{s+1}，B_{s-1} 的反射率，$R(\cdot)^{(n)}$ 表示反射率的 n 阶微分，C 为水域叶绿素 a 的浓度值，a,b 为回归模型的相关系数。

（5）三波段法

三波段法采用 3 个特征波段，并结合数学推导与统计理论，把叶绿素的光谱信息从无机悬浮物、黄色物质以及纯水的光谱信息中分离出来，具有明确的物理意义。**三波段法**的回归模型可以表示如下：

$$C = a(R^{-1}(\lambda_1) - R^{-1}(\lambda_2)) \cdot R(\lambda_3) + b$$

式中，λ_1，λ_2，λ_3 表示采用的 3 个特征波段，可分别选择 660～690 nm、710～730 nm 和 730 nm 以后的波段。如果采用 MODIS 影像数据，则 λ_1 可以是 MODIS 波段 1，λ_2 可以是 MODIS 波段 1、3、4 的组合，λ_3 可以是 MODIS 波段 2。$R^{-1}(\lambda_1)$，$R^{-1}(\lambda_2)$ 分别是所选波段 λ_1，λ_2 反射率的倒数，$R(\lambda_3)$ 是波段 λ_3 的反射率。C 为水域叶绿素 a 的浓度值，a,b 为回归模型的相关系数。

（6）四波段法

四波段法是在三波段法的基础上引入第四个波段，以进一步考虑叶绿素荧光效应与悬浮泥沙的影响，最大限度地提取光谱中的叶绿素信息。**四波段法**的回归模型可以表示如下：

$$C = a \cdot \frac{R^{-1}(\lambda_1) - R^{-1}(\lambda_2)}{R^{-1}(\lambda_4) - R^{-1}(\lambda_3)} + b$$

式中，$R^{-1}(\lambda_1)$，$R^{-1}(\lambda_2)$，$R^{-1}(\lambda_3)$，$R^{-1}(\lambda_4)$ 分别是所选波段 λ_1，λ_2，λ_3，λ_4 反射率的倒数，C 为水域叶绿素 a 的浓度值，a,b 为回归模型的相关系数。

（7）APPLE 模型法

APPLE 模型法是针对 MODIS 遥感影像提出的一种半经验模型。由于叶绿素 a 在近红外波段的反射率较高，而水体在近红外波段的反射率很低，可充分利用叶绿素 a 和水体在近红外波段相反的光谱反射特征最大限度地获取叶绿素信息量。在富含叶绿素的水体中，水体实际反射率受到悬浮物、有色溶解有机物以及后向散射的影响。针对这三个因素的不利影响，可引入红光波段以降低悬浮物的影响，可加入蓝光波段以去除有色溶解有机物的影响，可利用近红外波段与蓝光波段、红光波段的相辅作用以减弱后向散射的影响。**APPLE 模型法**的回归方程可以表示如下：

$$C = a \cdot R + b$$

$$R = R(B_{\mathrm{NIR}}) - [(R(B_{\mathrm{BLUE}}) - R(B_{\mathrm{NIR}})) \cdot R(B_{\mathrm{NIR}}) + (R(B_{\mathrm{RED}}) - R(B_{\mathrm{NIR}}))]$$

式中，R 为 APPLE 模型的光谱指数，$R(B_{\mathrm{BLUE}})$，$R(B_{\mathrm{RED}})$，$R(B_{\mathrm{NIR}})$ 分别是 MODIS 遥感影像的蓝光波段 3、红光波段 1、近红外波段 2 的反射率，C 为水域叶绿素 a 的浓度值，a,b 为回归模型的相关系数。

目前，在反演内陆水体的叶绿素浓度方面，虽然提出了大量的模型，也能够达到一定的精度，但是其构建的具体模型一般仅仅适用于特定的区域。由于内陆水体内部光学性质的不稳定以及多种水色因子成分的复杂性，叶绿素浓度反演的经验法模型都存在一定局限性，如对于单波段法、波段比值法以及波段差值法而言，叶绿素 a 浓度反演精度对实测数据以及水体区域环境状况的依赖性很大。半经验模型法在采样点数值的基础上，采用了一定的水质物理参数，使得模型在精度与适用性方面都较优于经验模型法。一种在实际中比较常用的方法是，对于研究区域的叶绿素浓度反演，在综合使用多种模型的基础上进行分析比较，选取效果比较好的模型进行反演。如利用 MODIS 影像反演叶绿素浓度时，对于含藻类水体，在 550~580 nm 波段处，由于叶绿素是弱吸收因而水体具有一定的反射率，对应 MODIS 4、12 波段。在 685~695 nm 波段处，由于叶绿素荧光表现出反射峰值这一显著光谱特征因而水体具有较高的反射率，对应 MODIS 14 波段，影像反射率呈现高值。在 425~450 nm 波段处以及 650~670 nm 波段处，由于叶绿素吸收因而水体具有低反射率，对应 MODIS 9 波段、1 波段，影像反射率呈现低值。选择对叶绿素 a 浓度敏感的 MODIS 1、4、9、12、14 波段，分别采用单波段法、比值法、差值法和组合法建立差值模型、比值模型、对数模型等，进行相关分析与算法对比。选择相关性较高的波段作为反演最佳波段，通过回归分析，构建基于 MODIS 的叶绿素 a 浓度遥感监测模型。

4.3 TM 影像叶绿素 a 浓度经验法反演实验

【实验目的和意义】

① 掌握 TM 影像叶绿素浓度反演方法。

② 会建立 TM 影像叶绿素浓度反演的经验模型。

③ 会用 ENVI、ERDAS 软件实现 TM 影像叶绿素浓度反演。

【实验软件和数据】

ERDAS9.2，ENVI5.3，2010 年 8 月 17 日 Landsat-5 获取的 TM 影像。

4.3.1 TM 影像几何纠正

虽然影像中的几何变形已经过系统纠正，但由于需要获取影像上像元反射率与地面采样点监测数据的精确对应关系，对几何精度要求较高，还需要利用地形图或已经校正的遥感影像，选择同名地面控制点进行几何精纠正。利用 ERDAS 软件对 TM 遥感影像进行几何精纠正，选择多项式模型，总误差控制在 0.5 个像素之内，几何纠正方法如前所述。图像重采样采用最近邻点法，以避免光谱信息的丢失。投影选择 UTM 投影，椭球体选择 WGS84，这样可以使采样点定位坐标和遥感影像投影坐标精确匹配。

4.3.2 几何纠正影像辐射定标

利用海洋水色卫星数据测定叶绿素浓度已发展了较多反演模型算法，Landsat 陆地卫星获取的 TM 影像虽然没有海洋水色卫星影像在研究大范围海洋叶绿素浓度方面的优势，但其分辨率相对较高，在小范围监测中仍可有效地用于叶绿素浓度反演。卫星影像数据为 2010 年 8 月 17 日 Landsat-5/TM 获取的遥感影像，经度范围为 116.3943690 ~ 119.22947850，纬度范围为 37.9075398 ~ 39.8627548，包含蓝光、绿光、红光、红外等 7

个波段。

　　利用 ENVI 软件对影像进行辐射定标，将影像 DN 值转化为具有实际物理意义的大气顶层辐射亮度。点击 ENVI Classic 5.3 主菜单栏 File→Open External File→Landsat→GeoTIFF With MetaData 选择元数据信息头文件 MTL. txt 后打开 Available Band List 窗口，按 R、G、B 通道对应 4、3、2 波段的彩红外方式打开影像，如图 4.3.1 所示。

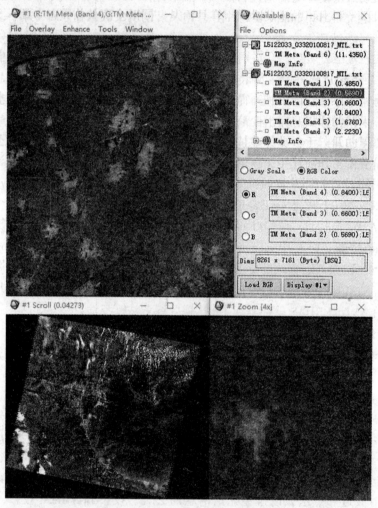

图 4.3.1　TM 影像彩红外显示

　　在主菜单栏点击 Basic Tools→Preprocessing→Calibration Utilities→Landsat Calibration 后打开 Landsat Calibration Input File 对话框，从中选择 MTL. txt 文件后打开 ENVI Landsat Calibration 对话框，如图 4.3.2 所示。

　　在 Landsat Satellite Sensor 中选择 Landsat 5 TM，在 Data Acquisition Month、Data Acquisition Day、Data Acquisition Year 中设置影像获取日期，在 Sun Elevation 中设置太阳高度角，这些参数都由 ENVI 软件从 MTL. txt 文件中直接获取。在 Calibration Type 中选择

Radiance，在 Enter Output Filename 中输入定标文件名。定标所需的 Gain/Bias 或 Lmin/Lmax 值自动地从关联的元数据文件中计算获得，定标后计算的辐射亮度的单位是（W/（m^2·sr·μm））。定标后的文件以 BSQ 顺序存储，还需转换成 BIP 方式存储。BIL、BIP 和 BSQ 本身并不是影像格式，是用来将影像的实际像素值存储在文件中的方案，也是三种用来为多波段影像组织数据的常见方法。BIL（band interleaved by line format）是指波段按行交叉顺序存储，数据按行保存，首先保存第一个波段的第一行数据，然后保存第二个波段的第一行数据，依次类推直到影像的总行数。BIL 顺序提供了空间和波谱处理之间一种折中方式。BIP

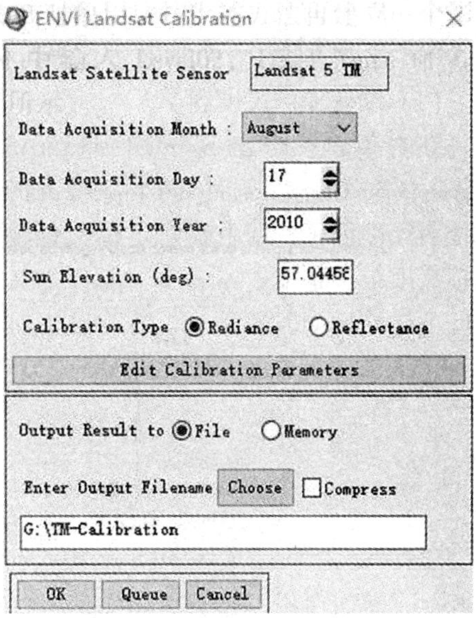

图 4.3.2　Landsat 辐射定标参数设置

（band interleaved by pixel format）是指波段按像元交叉顺序存储，数据按像元保存，每个像元的数据是按波段写入，即先保存第一个波段的第一个像元，之后保存第二波段的第一个

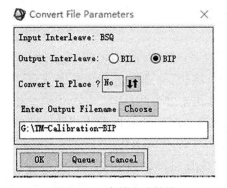

图 4.3.3　存储方式转换

像元，依此类推。BIP 顺序为图像数据波谱的存取提供了最佳性能。BSQ（band sequential format）是指按波段顺序存储，首先存储波段 1 中所有像素的数据，然后是波段 2 中所有像素的数据，依次类推。BSQ 顺序在图像显示上速度更快。在主菜单栏点击 Basic Tools→Convert Data（BSQ，BIL，BIP）选择定标输出文件后打开 Convert File Parameters 对话框，从中设置按 BIP 方式存储，输出 BIP 方式存储的定标文件，如图 4.3.3 所示。

4.3.3　定标影像 FLAASH 大气校正

　　大气辐射校正主要是对大气散射引起的辐射误差的校正，减弱和消除在辐射传输路径中由于大气散射而导致的附加在地物辐射能量中的误差部分。大气校正是定量反演叶绿素 a 浓度的基础，为获得遥感影像上各个像元的反射率，利用 ENVI 软件提供的 FLAASH 模块对定标 TM 影像进行大气校正。FLAASH 大气校正工具采用辐射传输模型中的 MODTRAN 模型，设置大气模型和气溶胶类型等参数，可纠正可见光、近红外、短波红外等 3 μm 波宽范围的波谱影像，FLAASH 对大多数高光谱和多光谱传感器有效。FLAASH 的输入影像必须是辐射定标后以 μW/（cm^2·nm·sr）为单位的辐亮度影像，影像也必须是

BIL 或 BIP 格式。使用 ENVI 的辐射定标工具的输出文件作为 FLAASH 的输入文件，FLAASH 读取关联的元数据对影像进行校正。

（1）设置辐射尺度因子

在主菜单栏点击 Spectral→FLAASH 打开 Radiance Scale Factors 对话框和 FLAASH Atmospheric Correction Model Input Parameters 对话框。在 Radiance Scale Factors 对话框中设置辐射尺度因子，即由辐射定标文件输入到 FLAASH 中的纠正尺度因子。辐亮度文件中的辐亮度单位是 $W/(m^2 \cdot sr \cdot \mu m)$，FLAASH 默认辐亮度单位 $\mu W/(cm^2 \cdot sr \cdot nm)$，二者之间的转换比例因子是 10。在 Radiance Scale Factors 对话框中，选中 Use single scale factor for all bands，在 Single scale factor 中设置为 10，如图 4.3.4 所示。

图 4.3.4　设置辐射尺度因子

点击 OK 后，在 FLAASH Atmospheric Correction Model Input Parameters 对话框中设置输入输出文件、传感器参数、大气参数，如图 4.3.5 所示。

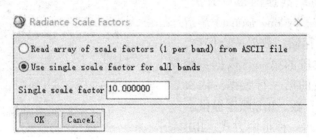

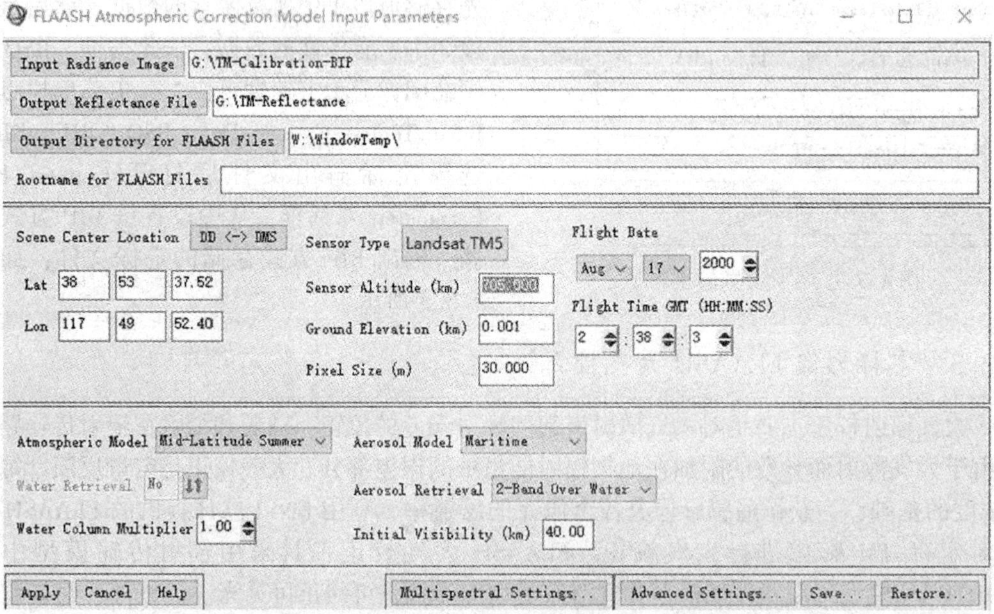

图 4.3.5　FLAASH 大气校正模型输入参数

（2）输入输出文件设置

在 Input Radiance Image 中选择经过辐射定标的辐亮度影像文件，而且应是经过存储方式转换的以 BIL 或 BIP 方式存储的辐亮度影像文件。在 Output Reflectance File 中输入辐射校正后的反射率文件。

（3）传感器参数设置

传感器参数包括遥感影像中心的坐标以及 Flight Date、Flight Time GMT。Lat 和 Lon 中输入场景中心经纬度，Sensor Type 中选择提供输入辐亮度影像的多光谱传感器名称，用于自动分配正确的波段光谱响应函数，这里选择 Landsat TM5。在 Sensor Altitude（km）中输入影像采集时传感器在海平面上的公里高度，当选择 Landsat TM5 时自动设置传感器高度为 705 km。在 Ground Elevation（km）中输入平均场景在海平面之上的公里高程。在 Pixel Size（m）中输入影像像素以米为单位的分辨率，对于 TM 影像分辨率是 30 m。点击 Flight Date 下拉列表选择数据采集时的月和日期并输入年度，在 Flight Time GMT（HH：MM：SS）中输入格林威治平均时间，这些都可以在 MTL.txt 头文件中查询到。

（4）大气参数设置

在 Atmospheric Model 中选择一个标准大气模式，如 Sub-Arctic Winter（SAW）、Mid-Latitude Winter（MLW）、U.S. Standard（US）、Sub-Arctic Summer（SAS）、Mid-Latitude Summer（MLS）和 Tropical（T）。对于影像区域可根据影像经纬度和时间来选定研究区的大气模式，实验中选择 Mid-Latitude Summer（MLS）模式。在 Aerosol Model 中选择气溶胶类型，如 Rural、Urban、Maritime、Tropospheric。如果能见度较高，如大于 40 km，气溶胶模式的选择不是关键。对于实验影像区域选择 Maritime，表示临近海洋型气溶胶，由两个部分组成：一部分来自海洋，另一部分来自农村大陆气溶胶。在 Aerosol Retrieval 中选择气溶胶反演的算法，对沿海场景可以选择使用 2-Band Over Water。在 Initial Visibility 中输入能见度，可根据天气状况给出近似能见度，一般在无雾霭时或少雾霭时，能见度在 40~100 km，这里输入 40。点击 OK 进行辐射校正，校正后的 TM 影像如图 4.3.6 所示。

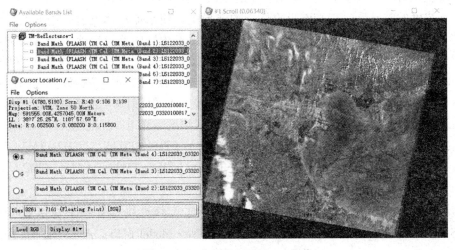

图 4.3.6 大气校正后的 TM 影像

经过大气校正的遥感影像，消除了大气中水汽、臭氧、甲烷等气体吸收及大气气溶胶散射对成像过程中地物反射率的影响，以获得更准确的地表地物的反射率，有利于提高对水体中叶绿素 a 浓度的反演精度。

4.3.4　地面实测数据异常检测

地面实测数据为在 2010 年 8 月 20 日前后 5 天对 36 个站点采集的水样经实验室分析测量得到的叶绿素质量浓度数据。这 5 天中天气情况及海面情况比较稳定，没有出现异常，因此可以用这 5 天的叶绿素浓度实测数据与 Landsat 5/TM 卫星遥感数据进行回归分析研究二者之间的相关性。

用格拉布斯法对地面实测数据的异常值进行检测去除。对于 36 个站点的叶绿素浓度实测数据，采用格拉布斯检验方法进行异常值的检验。设 n 个测试数据为 $x_1, x_2, \cdots, x_n$ 检验步骤如下：

首先计算平均值 $\bar{x}$ 和标准差 s，然后将 n 个数据按从小到大的顺序排列成 $x(1) \leqslant x(2) \leqslant \cdots \leqslant x(n)$，计算统计量 G_n，

$$G_n = \max\left\{ \frac{x(n) - \bar{x}}{s}, \ \frac{\bar{x} - x(1)}{s} \right\}$$

最后，查显著性水平 $\alpha = 0.05$ 和 $\alpha = 0.01$ 时与 n 对应的格拉布斯检验法临界值 $G(0.05)$ 和 $G(0.01)$ 并进行判断。按照格拉布斯检验方法的检验步骤进行，与 GB4883–1985《数据的统计处理和解释-正态样本异常值的判断和处理》中格拉布斯检验法临界值表作比较，最后得出其中 30 个数据可使用。

4.3.5　建立叶绿素浓度反演模型

根据叶绿素光谱反射特性，在蓝波段附近和红波段附近都有显著的吸收性能，而在近红外波段有明显的反射性能，结合 TM 影像各波段的特点可知，TM1、TM2、TM3、TM4 这 4 个波段是对叶绿素浓度差异敏感较高的波段。在 TM1、TM3 波段水体的反射率偏低，而叶绿素浓度的差异反映在光谱吸收性能的差异上，使水体总体反射率仍偏低但程度不同。在 TM4、TM2 波段水体的反射率较低，而叶绿素浓度的差异反映在光谱反射性能的差异上，使水体的总体反射率有不同程度的增加。因此，选择对叶绿素敏感的 TM1、TM2、TM3、TM4 波段参与构建反演模型。相比于单波段、波段差值，波段之间通过差异比值运算能更好地突出光谱特征的变化，还可以减少海洋反射率二向反射问题。用波段差异比值运算建立的反演模型能更灵敏地描述叶绿素浓度与光谱特征的相关性。因此，在实验中选择了如下 6 种差异比值运算：（TM4−TM3）/（TM4+TM3），（TM2−TM3）/（TM2+TM3），（TM1−TM3）/（TM1+TM3），（TM4−TM2）/（TM4+TM2），（TM1−TM2）/（TM1+TM2），（TM4−TM1）/（TM4+TM1）。

利用 ERDAS 的 Modeler 模块中的 Model Maker 工具可建立各种差异比值运算，在 ERDAS 图标栏中点击 Modeler→Model Maker 打开 New Model 窗口，点击 　 打开模型工具栏。在模型工具栏中点击 　 ，在模型中放置两个栅格对象，分别作为输入的 TM 影像

和输出的差异比值运算影像。点击 ○ 在模型中放置一个函数，点击 ↘ 在模型中分别放置输入影像与函数运算之间、函数运算与输出影像之间的连接，如图 4.3.7 所示。

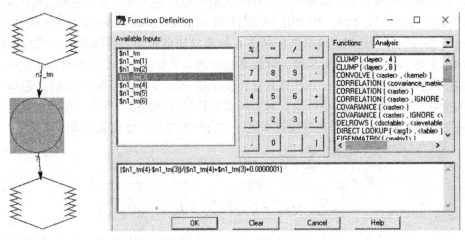

图 4.3.7　利用 ERDAS 建立差异比值运算模型

双击函数图标打开 Function Definition 对话框，在其中输入建立的 6 种差异比值运算，如（$n1\_tm(4)-$n1_tm(3)）/（$n1\_tm(4)+$n1_tm(3)+0.0000001）。

利用 ENVI 的波段运算工具 Band Math 也可建立各种差异比值运算，在 ENVI Classic 5.3 主菜单栏点击 Basic Tools→Band Math 打开 Band Maths 对话框，在其中输入表达式（float(b4)−float(b3)）/（float(b4)+float(b3)+0.0000001）。点击 OK 后打开 Variables to Bands Pairings 对话框，为运算表达式中的变量 b4、b3 分别指定对应波段，如图 4.3.8 所示，b4 对应 TM-Reflectance 的波段 4，b3 对应 TM-Reflectance 的波段 3。

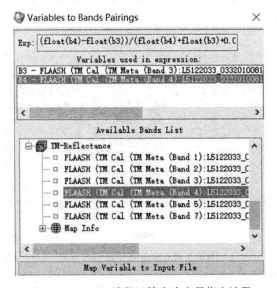

图 4.3.8　ENVI 波段运算中为变量指定波段

将 30 个站点实测的叶绿素浓度数据分为两组，其中 24 个数据作为拟合数据用于回归分析、相关性拟合，建立回归方程，另外 6 个数据作为检验数据用于验证反演模型的精度，比较反演的叶绿素浓度值和实测的叶绿素浓度数据的差异。首先根据 24 个站点的叶绿素浓度数据的位置坐标，用 ERDAS 软件的 Inquire Cursor 功能或 ENVI 软件的 Pixel Locator 功能找到监测点相应地图坐标处在 6 种差异比值影像上的像素值。然后在以拟合数据的像素值为自变量，以其实测的叶绿素浓度的自然对数为因变量的坐标系统中，采用二次多项式模型建立散点图，并计算其复相关系数 R^2。复相关系数 R^2 是描述趋势线拟合程度的指标，反映趋势线的估计值与对应的实际数据之间的拟合程度，拟合程度越高，趋势线的可靠性就越高。当 R^2 值越接近 1 时，拟合程度越好，复相关系数计算如下：

$$R^2 = \frac{\sum_{i=1}^{n}(Q_{\text{obs}i} - \overline{Q_{\text{obs}}})(Q_{\text{invers}i} - \overline{Q_{\text{invers}}})}{\sqrt{\sum_{i=1}^{n}(Q_{\text{obs}i} - \overline{Q_{\text{obs}}})^2 \sum_{i=1}^{n}(Q_{\text{invers}i} - \overline{Q_{\text{invers}}})^2}}$$

式中，$Q_{\text{obs}i}$ 是实测数据，$Q_{\text{invers}i}$ 是反演值，$\overline{Q_{\text{obs}}}$ 是实测数据的平均值，$\overline{Q_{\text{invers}}}$ 是反演数据的平均值。

6 种差异比值影像的像素值和叶绿素浓度数据之间共获得 6 个二次多项式拟合散点图，对应 6 个一元二次回归方程。对于 6 个回归方程，其复相关系数大小表明了叶绿素浓度值随光谱组合值按拟合关系变化的相关程度。复相关系数越大，则说明拟合关系越好，按回归方程计算的叶绿素浓度越正确。因此，选取其中复相关系数 R^2 最大的回归方程作为叶绿素浓度反演的模型。通过比较对应于 6 种差异比值影像的 6 个方程的复相关系数，可以得出在所有波段差异比值组合中，(TM4−TM3)/(TM4+TM3) 与地面实测叶绿素 a 浓度的对数值相关性最高达到了 0.616，叶绿素 a 含量与 NDVI 指数的自然对数呈显著的二次相关关系。(TM4−TM3)/(TM4+TM3) 与地面实测叶绿素 a 浓度对数值的拟合曲线的回归方程如图 4.3.9 所示。

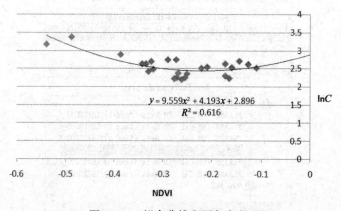

图 4.3.9 拟合曲线和回归方程

将 6 个测试数据代入该二次回归方程，比较反演得到的叶绿素浓度与实测叶绿素浓度之间的差异，该差异用均方根误差计算。均方根误差是估计值和观测值偏差的平方与观测次数 n 比值的平方根，能很好地反映出反演的准确程度，按下式计算：

$$RMSE = \sqrt{\frac{\sum_{i=1}^{n}(Q_{obsi} - Q_{inversi})^2}{n}}$$

若差异值较小满足要求，则表明该二次回归方程可以作为实验区域叶绿素浓度反演的模型。若该差异值很大不满足要求，则表明叶绿素浓度随光谱组合值的变化不适合于用二次回归方程来拟合描述。可以选择其他函数关系生成散点图，再进行判断。

4.3.6 水域叶绿素浓度反演

在 6 种波段差异比值模型和叶绿素浓度数据之间的 6 个一元二次回归方程中，(TM4−TM3)/(TM4+TM3)模型对应的回归方程复相关系数最大，能最好地拟合叶绿素浓度数据。因此，以(TM4−TM3)/(TM4+TM3)作为自变量，以叶绿素 a 浓度的自然对数值作为因变量的二次回归方程作为反演模型，用于水域叶绿素浓度的反演。在反演之前，需要提取影像中的水域。在实验中利用了水体在近红外波段上反射率较低、易与其他地物区分的特点，通过反复试验设置合适的阈值来区分影像中的水体。实验中水域提取选取 TM4 波段反射率小于 0.07 为水体，利用计算机快速提取水体边界。

（1）水体提取

① 在 ENVI 软件主菜单栏中点击 Basic Tools→Masking→Build Mask 打开 Build Mask Input File 对话框，从中选择掩膜输入文件后点击 OK 打开 Mask Definition 对话框，选择 Options→Import Data Range 定义输入数据范围来自于大气校正文件 TM-Reflectance 的第 4 波段，在 Data Min Value 中输入水体最小反射率 0，Data Max Value 中输入水体最大反射率 0.07，如图 4.3.10 所示。

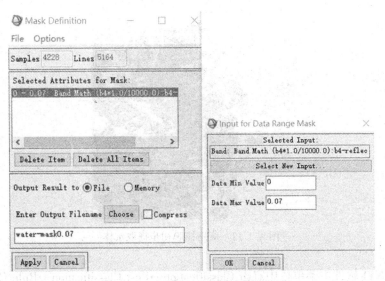

图 4.3.10　掩膜定义与掩膜数据范围

② 在 ENVI 软件主菜单栏中点击 Basic Tools→Masking→Apply Mask 打开 Apply Mask Input File 对话框，从中选择应用掩膜的输入文件为大气校正影像 TM-Reflectance 的第 4 波段，选择掩膜波段 Water-mask0.07 后打开 Apply Mask Parameters 对话框，设置掩膜值为 255，点击 OK 后初步提取出水域，如图 4.3.11、图 4.3.12 所示。

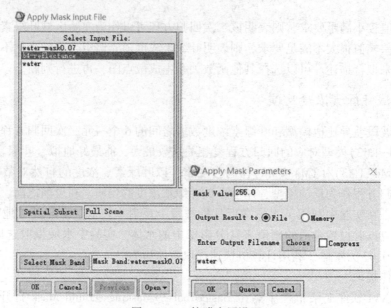

图 4.3.11 掩膜应用设置

图 4.3.12 应用掩膜初步提取水体

③ 在 ENVI 软件主菜单栏中点击 Classification→Post Classification→Rule Classifier 打开 Rule Image Classifier 选择初步提取水体后的图像，点击 OK 打开 Rule Image Classifier Tool

对话框，如图 4.3.13 所示。

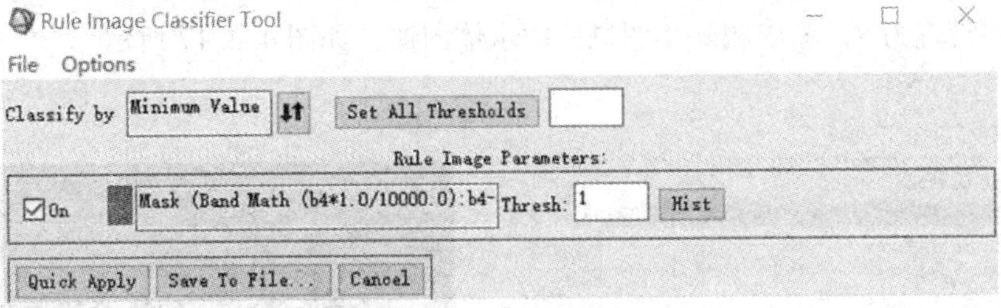

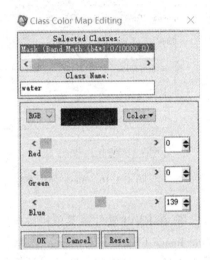

图 4.3.13 规则影像分类工具

在 Classify by 下点击 ⇅ 选择 Minimum Value，在 Thresh 中设置为 1，点击对话框菜单栏 Options→Edit class colors/names 打开 Class Color Map Editing 对话框。在 Class Name 中输入 water，在 Color 中选择 water 类的显示颜色，如图 4.3.14 所示。

点击 OK 后在 Rule Image Classifier Tool 对话框中点击 Quick Apply，则生成的影像显示在视窗中，点击 Save to File 后存储为 water 类的规则分类影像，如图 4.3.15 所示。

④ 在 ENVI 软件主菜单栏中点击 Classification→Post Classification→Sieve Classes 打开 Classification Input File 对话框，选择 water

图 4.3.14 水体类名、颜色编辑

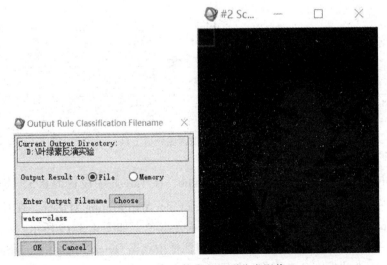

图 4.3.15 水体类的规则分类影像

类的规则分类影像，点击 OK 打开 Sieve Parameters 对话框，如图 4.3.16 所示。

在 Select Classes 中选择 water，在 Group Min Threshold 中设置为 20000，在 Number of Neighbors 中设置为 8，输出删除小图斑后的水体图像，如图 4.3.17 所示。

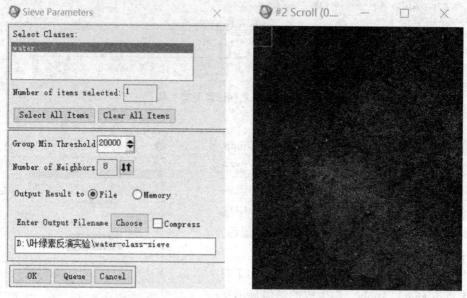

图 4.3.16　Sieve 分析参数设置　　　　图 4.3.17　删除小图斑后的水体图像

⑤ 在 ENVI 软件主菜单栏中点击 Classification→Post Classification→Rule Classifier 打开 Rule Image Classifier 对话框，选择步骤④中生成的删除小图斑后的水体图像，点击 OK 打开 Rule Image Classifier Tool 对话框，如图 4.3.18 所示。

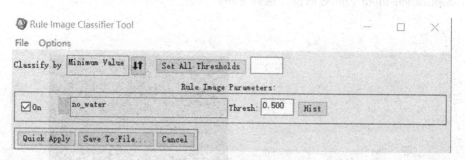

图 4.3.18　规则影像分类工具

在 Classify by 下点击 ↕ 选择 Minimum Value，在 Thresh 中设置为 0.5，点击对话框菜单栏 Options→Edit class colors/names 打开 Class Color Map Editing 对话框。在 Class Name 中输入 no_water，在 Color 中选择 no_water 类的显示颜色，如图 4.3.19 所示。

点击 OK 后在 Rule Image Classifier Tool 对话框中点击 Quick Apply，点击 Save to File 后存储为 no_water 类的规则分类影像，如图 4.3.20 所示。

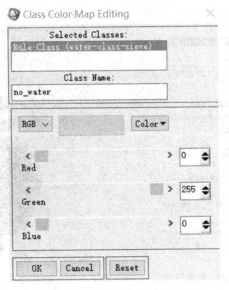

图 4.3.19　非水体类名、颜色编辑

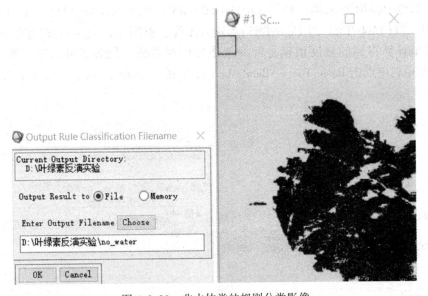

图 4.3.20　非水体类的规则分类影像

⑥ 在 ENVI 软件主菜单栏中点击 Classification→Post Classification→Sieve Classes 打开 Classification Input File 对话框，选择 no_water 类的规则分类影像，点击 OK 打开 Sieve Parameters 对话框，如图 4.3.21 所示。

在 Select Classes 中选择 Sieve（water-class），在 Group Min Threshold 中设置为 40000，在 Number of Neighbors 中设置为 8，点击 OK 后输出删除小图斑后的最终水体图像 no_water-sieve，如图 4.3.22 所示。

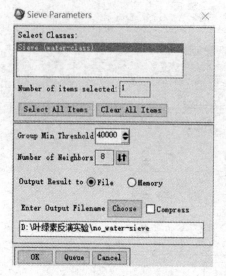

<table>
<tr><td>图 4.3.21　Sieve 分析参数设置</td><td>图 4.3.22　删除非水体小图斑后的水体图像</td></tr>
</table>

（2）叶绿素浓度反演

对于影像中提取的水体，利用 ERDAS IMAGINE 中的 Modeler 模块或 ENVI 的 Band Math 工具，以(TM4−TM3)/(TM4+TM3)为输入图像，根据建立的回归方程作为叶绿素浓度反演模型计算得到的灰度值就是叶绿素浓度的对数值，代表了叶绿素浓度变化。在 ENVI 主菜单栏中点击 Basic Tools→Band Math 打开 Band Math 对话框，如图 4.3.23 所示，

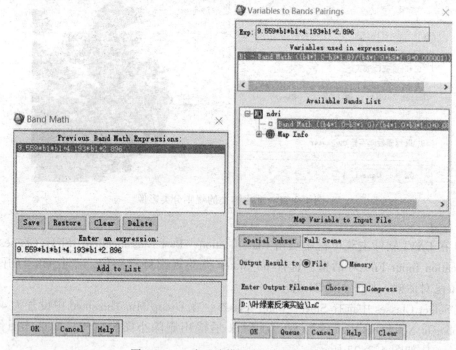

图 4.3.23　为反演模型中变量指定波段

在 Enter an expression 中输入 9. 559 * b1 * b1+4. 193 * b1+2. 896。点击 OK 后打开 Variables to Bands Pairings 对话框，将变量 b1 与波段 ndvi 进行配对。

点击 OK 后生成叶绿素浓度分布图像 lnC，打开 Band Math 对话框，在 Enter an expression 中输入(b1 EQ 0) * b2。点击 OK 后打开 Variables to Bands Pairings 对话框，将变量 b1 与图像 no_water-sieve2 进行配对，将变量 b2 与图像 lnC 进行配对，如图 4. 3. 24 所示。

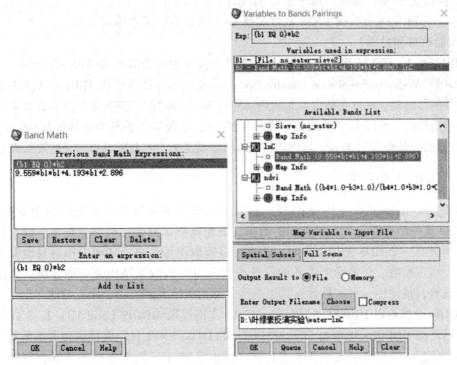

图 4. 3. 24　为提取水体叶绿素浓度指定波段

点击 OK 后生成水体的叶绿素浓度分布图像 water-lnC，如图 4. 3. 25 所示。

【实验考核】

① TM 影像的辐射定标、FLAASH 大气校正和几何纠正。

② 对地面实测数据的异常检测。

③ 6 种差异比值模型与叶绿素浓度数据之间的拟合关系分析以及叶绿素浓度的反演模型。

④ 水体的提取结果及水体叶绿素浓度的反演结果。

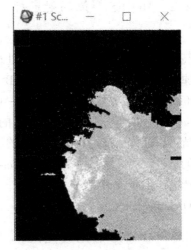

图 4. 3. 25　水体叶绿素浓度反演结果

4.4　MODIS 影像叶绿素 a 浓度半经验法反演实验

【实验目的和意义】

① 掌握 MODIS 影像叶绿素浓度反演的半经验方法。

② 会建立 MODIS 影像叶绿素浓度反演的半经验模型。

③ 会用 ERDAS 软件或 ENVI 软件实现 MODIS 影像叶绿素浓度反演。

【实验软件和数据】

ERDAS9.2，ENVI5.3，2009 年 10 月 3 日 AQUA 卫星获取的 MODIS 1B 影像。

MODIS(Moderate Resolution Imaging Spectroradiometer)是搭载在 TERRA/AQUA 卫星上的最重要的传感器，它具有从可见光到热红外的 36 个波段的扫描成像，分布在 0.4~14 μm 电磁波谱范围内。波段 1~2 的地面分辨率为 250 m，波段 3~7 的地面分辨率为 500 m，波段 8~36 的地面分辨率为 1000 m，是内陆较大水域水质遥感监测最有潜力的遥感数据源之一。

4.4.1　HDF 格式介绍

HDF(Hierarchical Data Format)是一种能高效存储和分发科学数据的新型数据格式。一个 HDF 文件中可以包含多种类型的数据，如栅格图像数据、科学数据集、信息说明数据等。当打开一个 HDF 图像文件时，不仅可以读取图像信息，还可以很容易地查取其地理定位、轨道参数、图像噪声等各种信息参数。HDF 的数据结构是一种分层式数据管理结构，具有自描述性、可扩展性、自组织性，可用于绝大多数科学研究的储存形式。

MODIS 数据是以 HDF 格式保存的，ENVI 支持读取 MODIS Level 1B、2、3 或者 4 数据，包括产品 MOD02~MOD44 以及 MYD02~MYD44。ENVI 自动地提取相关数据集，包括地理参考信息、数据质量波段信息等，并自动地将 MODIS 数据定标为三部分数据：大气表观反射率(Reflectance)、发射率(Emissive)和辐射率(Radiance)。

4.4.2　MODIS 影像辐射定标

辐射定标是大气校正的基础，是将传感器记录的原始测量 DN 值转换成传感器的入瞳辐亮度或大气外层表面反射率的处理过程。反射波段科学数据集存放的是探测器观测得到的原始数字信号，利用 MODIS 1B 数据中记录的反射率缩放比(Scale)、反射率偏移量(Offset)按公式 $R = Scale \cdot (DN - Offset)$ 计算得到反射率值。其中，Scale 是缩放系数、Offset 是偏移，不同影像不同波段的辐射定标参数 Scale 和 Offset 是不同的，缩放系数和偏移值可以在相应波段科学数据集的属性域中读取。MODIS 1B 数据是 MODIS 系列数据产品中的一种，产品编号为 MOD02(Terra-MODIS)/MYD02(Aqua-MODIS)是经过仪器标定的数据产品，但是没有经过大气校正。ENVI 打开的标准 1B 数据，直接显示为表观反射率(TOA reflectance)。

4.4.3　MODIS 影像大气校正

对辐射定标后的反射率数据进行大气校正以减弱或消除大气散射对真实地物信号的影

响。精确的大气校正是遥感影像定量研究工作的基础，FLAASH 大气校正模型是高光谱影像反射率反演常用的大气校正模型，能够精确补偿大气影响，还原地物的真实反射率。其适用的波长范围包括可见光、近红外及短波红外，最大波长范围为 3 μm。FLAASH 模型直接结合了 MODTRAN4 中的辐射传输计算方法，可以直接选取代表研究区的大气模型和气溶胶类型。实验中可利用 ENVI 软件的 FLAASH 模块对 MODIS 辐射定标后的影像进行精确的大气校正。FLAASH 大气校正模块中需要输入的参数包括：影像获取时间、传感器类型、传感器的高度、太阳高度角、太阳方位角、研究区的平均海拔、大气模式、气溶胶类型、中心经纬度、区域平均大气能见度等。其中，选择传感器类型后就确定了波段响应函数和影像的空间分辨率；太阳高度角和太阳方位角可通过 MOD03 数据获取；大气模式和气溶胶类型可根据数据获取时间选择 FLAASH 模块提供的相应标准模式。

对于近海岸水域叶绿素浓度定量反演，由于水体相对于陆地反射率很低，传感器上的入瞳辐射能量含有大量来自于大气的干扰信息。对于 MODIS 1B 数据，也可采用基于直方图的暗像元法进行粗略的大气校正。该方法认为大气程辐射所引起的反射率增值在一个波段的有限面积内近似为一个常数，可用波段反射率最小值代替，将每个波段中每个像元的反射率值都减去该波段反射率的最小值，可粗略地减弱大气程辐射的影响。由于实验中仅用到 MODIS 的 1、2、3、4 波段，因此利用 ENVI 的 Band Math 工具对上述波段进行直方图暗像元法的粗略大气校正，过程如下：

① 在 Available Bands List 中选择波段 1，单击 Load Band 按钮，在 Scroll 窗口中单击鼠标右键选择 Quick Stats 打开 Statistics Results 窗口，显示了波段 1 数据的最小值、最大值、均值、直方图等统计数据，记下其中的最小值，如图 4.4.1 所示。

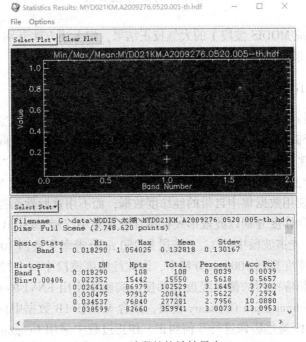

图 4.4.1 波段的统计结果窗口

②在 ENVI 主菜单栏点击 Basic Tools→Band Math 打开 Band Math 对话框，输入 b1-0.018290，点击 OK 后打开 Variables to Bands Pairings 对话框，如图 4.4.2 所示。

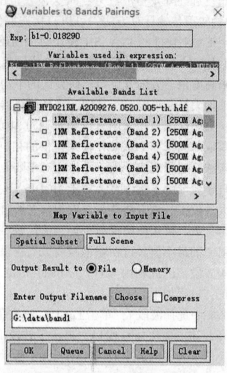

图 4.4.2　为变量指定波段

③点击 OK 生成 MODIS 波段 1 的大气校正结果，按上述方法分别生成 MODIS 波段 2、3、4 的大气校正结果。

4.4.4　MODIS 1B 影像自带经纬度的几何纠正

对遥感影像进行几何纠正的目的是将遥感影像转换到标准的地理空间中，使影像上每个像元对应一个经纬度坐标，并根据坐标值将像元对应到标准地理空间的相应位置上。由于 MODIS 1B 是包含有地理坐标产品的数据，自带经纬度信息，但是"科学数据"和"地理数据"还没有连接，直接显示时边缘存在"蝴蝶结"(Bow-tie)现象。对 MODIS 1B 影像进行几何纠正时可直接使用数据集中自带的经纬度数据，而不用选取地面控制点。几何纠正过程中所使用的经度和纬度分别以波段形式存储在数据集中，MODIS 1B 影像的经纬度波段是 1000 m 分辨率，光谱波段中的 1、2 波段是 250 m 分辨率变换到 1000 m 分辨率，3~7 波段是 500 m 分辨率变换到 1000 m 分辨率，因此经纬度波段中每个行列记录的数据对应的都是光谱波段中相应行列的像元经度和纬度。实验中使用 ENVI 的 Georeference MODIS 模块或 Georeference from Input Geometry 模块，结合 MODIS 1B 数据中自带的经纬度信息对大气校正后的 MODIS 遥感影像进行几何纠正。纠正过程中采用 Geographic Lat /Lon 投影，椭球体选择 WGS84，使采样点定位坐标和遥感影像坐标一致以便能精确匹配。

（1）Georeference MODIS 几何纠正

ENVI 中使用 Georeference MODIS 模块对 MODIS 1B 影像的几何纠正过程如下：

① 在 ENVI 主菜单栏中点击 Map→Georeference MODIS 打开 Input MODIS File 对话框，由于实验中只需应用反射率数据，因此选择 MODIS 1B 影像文件中的大气表观反射率波段。

② 点击 OK 打开 Georeference MODIS Parameters 对话框，Georeference 工具利用数据中提供的经纬度信息自动生成一系列的控制点，对影像进行几何纠正。在 Select Output Map Projection 中选择 Geographic Lat /Lon 投影，在 Datum 中选择 WGS-84。在 Number Warp Points 中输入 X、Y 方向校正点的数量，在 X 方向校正点数量应该小于或等于 51 个，在 Y 方向校正点数量应该小于或等于行数。试验中 X 和 Y 都设置为默认的 50，则自动生成 50×50 个控制点。在 Perform Bow Tie Correction 中选择执行蝴蝶结纠正，如图 4.4.3 所示。

③ 点击 OK 打开 Registration Parameters 对话框，自动计算起始点的坐标值、像元大小、图像行列数据等。如图 4.4.4 所示。

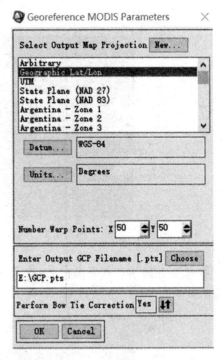

图 4.4.3　Georeference MODIS 几何纠正参数设置

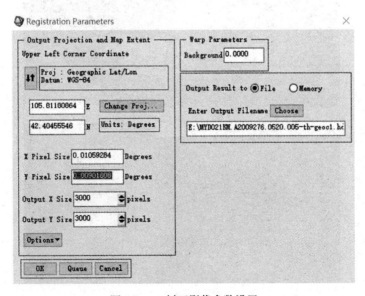

图 4.4.4　纠正影像参数设置

163

Registration Parameters 对话框中显示了左上角点的坐标、像素分辨率、图像范围以及背景填充值，可根据需要进行更改。在 Enter Output Filename 中设置输出影像文件的路径和名称，点击 OK 生成几何纠正后的影像文件，如图 4.4.5 所示。

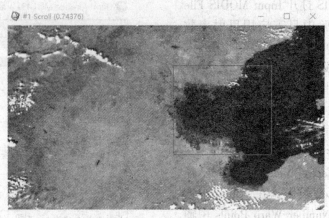

图 4.4.5　Georeference MODIS 几何纠正结果

④ 检查几何纠正效果。在 ENVI 菜单栏中点击 Window→Available Bands List，选择几何纠正影像的 1、2、3 波段对应 R、G、B 通道，如图 4.4.6 所示，点击 Load RGB，在

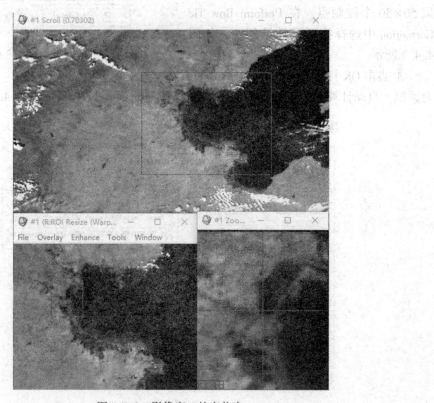

图 4.4.6　影像窗口的定位点

Scroll 窗口、Image 窗口、Zoom 窗口显示影像。在 Scroll 窗口、Image 窗口中将红色方框移动到定位点附近，在 Zoom 窗口中用红十字丝选中定位点。

在 Image 窗口中点击 Tools→SPEAR→Google Earth→Jump to Location 后，将 ENVI 中的定位点在 Google Earth 中的高清影像上关联显示，如图 4.4.7 所示。如果纠正影像上的定位点和 Google Earth 中高清影像上的关联点在同一地理位置，则几何纠正结果正确。

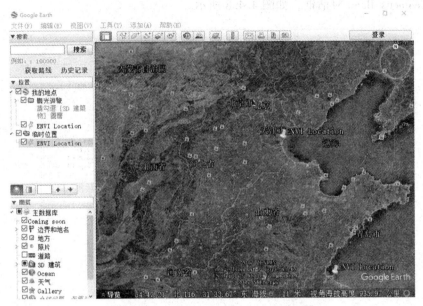

图 4.4.7 与 Google Earth 影像关联显示

（2）Georeference from Input Geometry 几何纠正

Georeference from Input Geometry 几何纠正首先利用经纬度波段数据生成 Geometry Lookup File 几何查找表文件，然后再根据生成的几何查找表文件对光谱波段进行几何纠正。地理位置查找表文件是一个二维图像文件，包含的两个通道分别为需地理校正影像的行和列，灰度值是有符号整型，表示原始影像每个像素对应的位置坐标信息。灰度值符号为正时说明使用了真实的像元位置值，输出像元对应于真实的输入像元；灰度值符号为负时说明使用了邻近像元的位置值；灰度值为 0 说明周围 7 个像元内没有邻近像元位置值。地理位置查找表文件包含了初始影像每个像元的地理定位信息，从中可以得到初始像元在最终输出结果中实际的地理位置，其校正精度较高，避免了通过地面控制点利用二次多项式几何纠正法对低分辨率影像数据的处理。

在 MODIS 1B 数据中，经纬度波段的大小与光谱波段的大小不相等，存在抽样率的差别。MODIS 1B 影像的经纬度数据分辨率为 1000 m、大小为 1354×2030，光谱波段分辨率有 250 m、500 m、1000 m。在 500 m 分辨率的文件中经纬度数据未经过抽样，光谱波段影像大小为 2708×4060，经纬度数据大小为 1354×2030。在 250 m 分辨率的文件中经纬度数据也未经过抽样，光谱波段影像大小为 5416×8120，经纬度数据大小为 1354×2030。在 1000 m 分辨率的文件中经纬度数据经过 5∶1 抽样，光谱波段影像大小为 1354×2030，经纬度数据大小为 271×406。实验中所用的 MODIS 1B 影像为 1000 m 分辨率文件，其中 250 m 分辨率的波段 1、2 以及 500 m 分辨率的波段 3~7 均重采样为 1000 m 分辨率，在进行几何校正过程中，也必须将经纬度数据重采样到影像数据的大小。在 ENVI 中使用 Georeference from Input Geometry 模块对 MODIS 1B 影像的几何纠正过程如下：

① 在 ENVI 主菜单栏中点击 Map→Georeference from Input Geometry→Build GLT 打开 Input X Geometry Band 对话框，如图 4.4.8 所示。

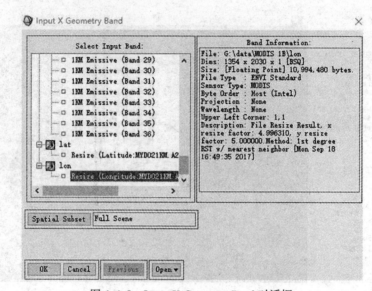

图 4.4.8　Input X Geometry Band 对话框

将 Input X Geometry Band 选择为经度 Longitude 文件，点击 OK 打开 Input Y Geometry Band 对话框，如图 4.4.9 所示。

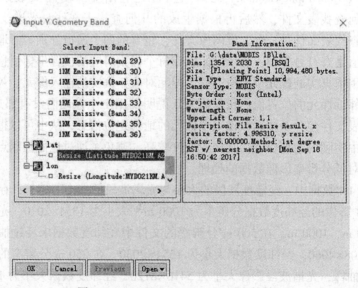

图 4.4.9　Input Y Geometry Band 对话框

将 Input Y Geometry Band 选择为纬度 Latitude 文件，点击 OK 打开 Geometry Projection Information 对话框，如图 4.4.10 所示。

其中列出了 MODIS 1B 数据中经纬度波段的投影信息，需在 Output Projection for Georeferencing 中设置几何纠正的输出投影信息，投影类型设置为 Geographic Lat /Lon 投影，在 Datum 中选择 WGS-84。点击 OK 打开 Build Geometry Lookup File Parameters 对话框，如图 4.4.11 所示。

在其中设置 GLT 输出参数，在 Output Pixel Size 中设置像元大小为 0.00901808，在 Output Rotation 中设置旋转角度为 0 表示正上方为北方向，点击 OK 生成 GLT 文件。

② 在 ENVI 主菜单栏中点击 Map → Georeference from Input Geometry → Georeference from GLT 打开 Input Geometry Lookup File 对话框，选择生成的 GLT 文件点击 OK 打开 Input Data File 对话框，选择需要几何纠正的 MODIS 1B 影像文件的大气

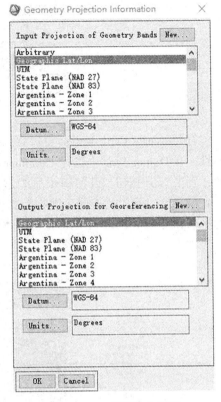

图 4.4.10 投影信息设置

校正后的反射率数据后点击 OK 打开 Georeference from GLT Parameters 对话框。在 Enter Output Filename 中设置输出影像文件的路径和名称，点击 OK 生成几何纠正后的影像文件，如图 4.4.12 所示。

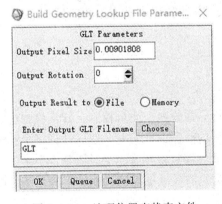

图 4.4.11 地理位置查找表文件

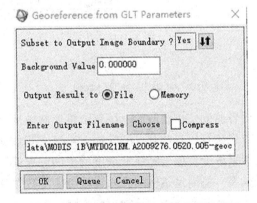

图 4.4.12 根据地理位置查找表几何纠正

③ 检查几何纠正效果。在 ENVI5.3 中打开几何纠正后的影像文件将其显示在视图窗口，在 Toolbox 中双击 SPEAR—SPEAR Google Earth Bridge，如图 4.4.13 所示。

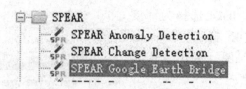

图 4.4.13 SPEAR Google Earth Bridge

打开 Google Earth Bridge 窗口后添加几何纠正后的影像文件，点击 Next 按钮设置影像属性。在 Output Type 中选择 Thumbnails Only，在 Thumbnails Parameters 中采用默认参数设置，点击 Next 按钮。几何纠正后的影像就叠加显示在 Google Earth 的影像窗口中，如图4.4.14 所示。通过检查同名地物是否重合就能检查几何纠正效果，可以看出几何纠正后的影像和 Google Earth 中的影像图基本吻合。

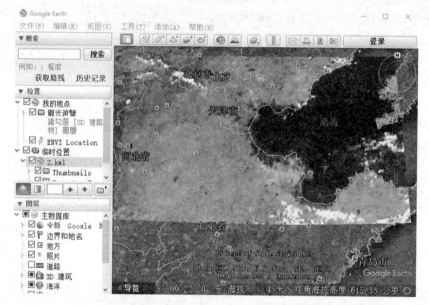

图 4.4.14 几何纠正影像与 Google Earth 影像叠加显示

4.4.5 地面实测数据异常检测

对各监测站点获取的叶绿素浓度实测数据进行异常检测、质量控制，异常检测过程如下：首先计算所有监测点的叶绿素浓度实测数据的均值和标准偏差；然后计算每个监测点的叶绿素浓度数据与叶绿素浓度均值的差异值；最后判断差异值的绝对值是否小于 3 倍的标准偏差，将满足条件的叶绿素浓度实测数据认为是有效数据保留，而将不满足条件的叶绿素浓度实测数据作为异常点而去除。

4.4.6 利用 MODIS 影像建立三波段模型

三波段模型使用 1 个叶绿素吸收敏感波段、2 个叶绿素不敏感波段的组合来构建叶绿素反演模型。第一个波段是选择对叶绿素 a 敏感的 660~690 nm 波谱范围的波段，第二个波段选取 710~730 nm 波谱范围、接近于第一个波段并对叶绿素吸收敏感度低的波段，以减小悬浮物和有色溶解有机物的影响。第三个波段选取 730 nm 以后的波段，以去除后向散射的影响。由于 MODIS 影像的波段 1、2、3、4 的波谱宽度分别为 620~670 nm、841~876 nm、459~479 nm、545~565 nm，不能完全包含理想的三波段范围，因而无法直接采用上述方法建立三波段模型。

为使用 MODIS 影像建立叶绿素浓度反演的三波段模型，可采用 MODIS 波段 1 红光波段代替对叶绿素 a 吸收敏感的第一波段，即

$$\lambda_1 = B_{red}$$

选用 MODIS 波段 1、3、4 的组合代替第二波段去除悬浮物的影响，在实验中第二波段表示为 MODIS 波段 1、3、4 的差异比值组合，按下式计算：

$$\lambda_2 = B_{blue} + \frac{B_{blue} - B_{red}}{B_{green} - B_{red}}$$

选用 MODIS 波段 2 即近红外波段代替第三波段去除后向散射的影响，即

$$\lambda_3 = B_{nred}$$

如前所述，三波段法的回归模型表示如下：

$$C = a(R^{-1}(\lambda_1) - R^{-1}(\lambda_2))R(\lambda_3) + b$$

通过前面的分析，MODIS 影像利用三波段法反演叶绿素浓度的模型可表示为

$$C = a\left(R^{-1}(B_{red}) - R^{-1}\left(B_{blue} + \frac{B_{blue} - B_{red}}{B_{green} - B_{red}}\right)\right)R(B_{nred}) + b$$

其中，$R(\cdot)$ 表示波段反射率，$R^{-1}(\cdot)$ 表示波段反射率的倒数，C 为水域叶绿素 a 的浓度值，a,b 为回归模型的相关系数。

利用 ENVI 的 Band Math 工具建立上述三波段反演模型，将实测的叶绿素浓度数据分为两组，其中 3/4 的数据作为拟合数据用于回归分析，另外 1/4 的数据作为检验数据用于验证反演模型的精度，比较反演的叶绿素浓度值和实测的叶绿素浓度数据的差异。在以拟合数据的位置坐标所对应的输出影像值为横坐标、以实测叶绿素浓度为纵坐标的坐标系中进行线性回归分析。

4.4.7 水域叶绿素浓度反演

为准确提取 MODIS 影像中的水域，通过模式识别分类的方法对影像地物信息类型进行划分。对影像进行目视判读将地物类型分为植被、土壤、云、水系四类地物，依次为各个类别选择训练样本，运用 ENVI 软件的神经网络分类器进行分类。神经网络可用于非线性分类，每个类选择 ROIs 用做训练像素时，像素越多分类效果越好。在 ENVI 主菜单栏点击 Basic Tools→Region of Interest→ROI Tools 打开 ROI 工具对话框为各个类别选择训练样区后，点击 Classification→Supervised→Neural Net，选择输入文件为大气校正后的 MODIS 影像，点击 OK 后打开 Neural Net Parameters 对话框，如图 4.4.15 所示。

在 Activation 中选择激活方法，选择 Logistic 表示采用对数方法激活神经元，选择 Hyperbolic 表示采用双曲线函数方法激活神经元。在 Training Threshold Contribution 中输入

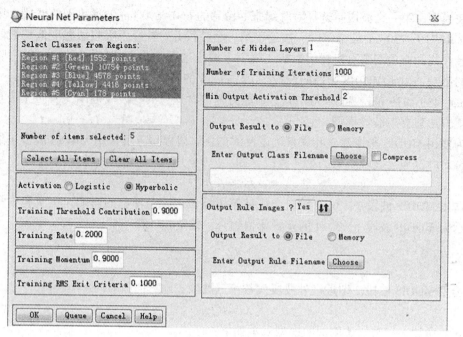

图 4.4.15 神经网络分类参数设置

0 到 1.0 之间的值，用于调整节点内部权重的变化。将 Training Threshold Contribution 设置为 0 表示不对节点的内部权重进行调整。在 Training Rate 中输入 0 到 1 之间的数值，以决定权重调整的幅度，较高的训练率使训练过程加快。在 Training Momentum 中输入 0 到 1 之间的数值促使加大训练的步辐。在 Training RMS Exit Criteria 中输入训练停止的 RMS 误差值，以停止训练并对影像进行分类。在 Number of Hidden Layers 后输入隐含层的数量，设置 Number of Hidden Layers 为大于 1 的数可使神经网络至少有一个隐含层再执行分类。在 Number of Training Iterations 后输入训练迭代次数，在 Min Output Activation Threshold 后设置最小输出激活阈值。MODIS 影像神经网络分类结果如图 4.4.16 所示。

图 4.4.16 神经网络分类结果

　　在 ENVI 软件主菜单栏中点击 Basic Tools→Masking→Build Mask 打开 Build Mask Input File 对话框，从中选择掩膜输入文件后点击 OK 打开 Mask Definition 对话框，选择 Options →Import Data Range 定义输入数据范围来自于分类影像文件，在 Data Min Value 和 Data Max Value 中输入水体类类别编码。点击 Basic Tools→Masking→Apply Mask 打开 Apply Mask Input File 对话框，从中选择应用掩膜的输入文件为 MODIS 影像、选择掩膜波段为生成的水体类掩膜文件后打开 Apply Mask Parameters 对话框，设置掩膜值为 0，点击 OK 后提取出水域。

　　对于影像中提取的水体，利用建立的回归方程作为叶绿素浓度反演模型计算得到的灰度值反映了叶绿素浓度的变化。

【实验考核】

① MODSIS 影像的辐射定标，利用自带经纬度数据的几何纠正。

② 对地面实测数据的异常检测。

③ 三波段反演模型建模、水体的提取结果以及水体叶绿素浓度的反演结果。

④ 利用四波段法或 APPLE 模型法反演水体叶绿素浓度。

第五章 热红外遥感影像地表温度反演

当城市发展到一定规模时，由于城市下垫面的改变、大气污染以及人工废热的排放等原因使城市温度明显高于郊区的温度，形成类似高温孤岛的现象。城市热岛效应是由于人口密集、产业集中而形成市区温度高于郊区的现代城市小气候，构成了城市环境的一个不可缺少的组成部分，属于一种大气热污染现象。由于城市下垫面的类型复杂，各类下垫面的热惯性、热容量、热传导和热辐射的不同，各处气温有很大变化，仅用少数气象台站和流动观测点的气温资料很难对城市热环境做深入研究。而且不同城市因其地形条件、城市性质和规模、城市结构和用地布局、城市化速度等多方面的差异，导致城市热岛时空变化差异非常大。传统获取地表温度的途径主要依靠气象站实测。气象站获得的只是有限点的数据，对研究热环境的空间分布作用非常有限。而遥感影像数据的大范围、全天候特点，为获取地表温度数据提供了便利的手段，实现了从定性到定量、从静态到动态、大范围同步检测的转变。

5.1 遥感影像地表温度反演概述

太阳辐射到达地面，一部分被反射，另一部分被地面吸收，被地面吸收的太阳辐射使得地面增温。地表温度是地气系统相互作用过程的一个重要的地球物理参数，综合反映了地气能量与物质交换的结果，在促进自然界的能量交换和物质循环中起着重要作用。对地表温度的分析与预测在地理学研究中有着广泛应用。如在土壤学研究中可以通过地表温度推算出干旱程度，在矿物探测中可以利用地表温度分析矿物分布，在城市环境研究中可以利用地表温度分析城市热岛效应等。

传统的获取地表温度的方法是使用温度计测量，测量结果只能代表观测点的局部温度，具有一定的局限性。由于地表的非均一性，很难用常规方法准确测量出地表温度分布。而遥感技术具有大面积同步观测、时效性强、数据的综合性与可比性、经济性的优势，成为地表温度反演的重要途径。通过遥感技术，可以获得区域性或全球性的地表温度分布状况。

5.1.1 遥感地面温度反演的基本理论

遥感地面温度反演的基本理论依据是维恩位移定律和普朗克定律。所有物体在温度高于绝对零度时，都会向外界辐射红外能量。在波长为 λ，温度为 T 的条件下，绝对黑体向外界所辐射的能量值可以通过普朗克定律进行计算，即

$$B_\lambda(T) = \frac{C_1}{\lambda^5 \left(\exp\left(\frac{C_2}{\lambda T}\right) - 1 \right)}$$

其中，$B_\lambda(T)$ 表示黑体的辐射值（$W \cdot m^{-2} \cdot \mu m^{-1} \cdot sr^{-1}$），$C_1$，$C_2$ 是常数，辐射强度和物体本身的温度有关。而对于自然界中大多数非黑体，可以通过引入比辐射率 ε 计算其辐射能量。比辐射率 ε 是指相同温度、相同波长条件下，实际物体的辐射强度值与黑体的辐射强度值之比。因此，在不考虑大气影响的条件下，非黑体的实际热辐射值 $B'_\lambda(T)$ 可以计算如下：

$$B'_\lambda(T) = B_\lambda(T) \varepsilon$$

比辐射率与物体的表面状态（表面粗糙度等）及物理性质（介电常数、含水量、温度等）有关。当地表比辐射率 ε 已知时，通过对普朗克函数进行求逆运算即可获得物体的实际温度：

$$T = \frac{C_2}{\lambda \ln\left(\frac{\varepsilon(\lambda) C_1}{\lambda^5 B'_\lambda} + 1\right)}$$

该式适用于不受大气影响、地球表面与大气层之间存在热动力学平衡、比辐射率 ε 已知的朗伯体。通过对地表辐射能量的测量或运用遥感热影像数据计算可以间接获得地物目标的温度信息。

遥感是用传感器接收地物反射辐射或发射辐射的能量，研究城市热岛效应一般选用热红外扫描影像。物体的热红外辐射主要集中在中远红外区，热辐射峰值波长在 $9.26 \sim 12.43\ \mu m$ 之间，并且能够通过 $3 \sim 5\ \mu m$ 和 $8 \sim 14\ \mu m$ 大气窗口被收集记录。热红外遥感就是利用星载或机载传感器收集、记录地物在这两个大气窗口范围内的热红外信息，并利用热红外信息来识别地物和反演地表参数、温度、湿度、热惯量以及探测常温下的温度分布和目标的温度场、进行热制图等。在陆地卫星遥感使用的 $10.4 \sim 12.5\ \mu m$ 热红外波段中，太阳辐射能量很小，绝大部分能量来自大地辐射。尤其在白天，热红外波段遥感所对应的只有大地热辐射，太阳辐射的反射可忽略不计。热红外波段所接收的数据主要反映的是地物在热红外区的辐射能量。若大气下行辐射通量是 $L_{atm}\downarrow$，则在地面观测到目标的辐射亮度（辐射能量）B'_{grd} 是目标自身的热辐射加上目标反射的大气下行辐射，

$$B'_{grd} = \varepsilon B_\lambda(T) + (1 - \varepsilon) L_{atm}\downarrow(\lambda)$$

热辐射能经大气吸收、散射与折射，若大气透过率为 t_λ，大气上行辐射为 $L_{atmu}(\lambda)$，在传感器高度上观测到的目标的辐射亮度（辐射能量）为

$$B'_{sensor} = t_\lambda B'_{grd} + L_{atmu}(\lambda)$$

随着地物温度的升高，其地面辐射能量增大，传感器所接受到的辐射能量也增大，传感器热红外波段数据的灰度值也相应增大。因此，利用热红外波段的数据，可以反映出地物之间在温度上的差异。确定了 4 个参数：地表比辐射率、大气透过率、大气下行辐射和大气上行辐射，就可从传感器接收的辐射亮度值中反演出地表温度。而大气透过率、大气下行辐射和大气上行辐射可以根据实时大气剖面探空数据，用 MODTRAN 等大气模拟程序进行模拟求解。对地表比辐射率已发展了一系列的估计方法，如比辐射率正态化模型、

光谱比率模型、T 比辐射率模型、NDVI 方法等。

5.1.2 遥感地面温度反演的方法

目前国内外的研究利用不同的热红外遥感数据进行地表温度反演的主要波段大多集中在 $10 \sim 13 \, \mu m$，其主要原因是其他区间波段受大气影响较大，对遥感器信噪比等性能指标要求较高。实际上，热红外大气窗口大气不完全透明，传感器在接收陆面物体辐射率的过程中受到大气层成分和结构的影响，所以在陆面温度反演时需要对热红外数据进行大气校正。

利用热红外遥感技术的地表温度反演理论已发展了一系列反演算法，这些算法归纳起来大致可以分为单通道算法、多通道算法、分裂窗算法等。单通道算法是指只利用遥感卫星的热红外单通道数据进行地表温度反演的方法，这类方法主要是针对只包含一个热红外波段的遥感卫星传感器如 Landsat TM/ETM+的第 6 波段而开发的算法，使用较多的有覃志豪等人的单窗算法、Jiménez-Muoz J. C. 等人的单通道算法等。单通道算法在反演过程中需要地表比辐射率、大气辐射传输模型等参数，这些参数难以获取，限制了地表温度反演的精度。单通道算法的应用数据以 TM/ETM+传感器为主，数据空间分辨率较高，对地表发射率的敏感性较低。

多通道算法是指利用遥感卫星的多个热红外通道数据进行地表温度反演的方法，这类方法主要是针对包含多个热红外波段的遥感卫星传感器如 MODIS、Terra ASTER 等而开发的算法。使用较多的有昼夜算法、分裂窗算法等。昼夜算法利用 MODIS 影像的 7 个热红外通道在白天和夜晚的观测数据计算地表发射率，然后用分裂窗算法反演出地表温度。分裂窗算法主要利用在一个大气窗口内的两个邻近红外通道通过不同的线性组合以消除大气影响，反演地表温度，在目前热红外遥感地表温度反演算法中精度较高、应用较广、发展较成熟。

热红外遥感地表温度反演技术虽然已广泛应用于地表温度分析与监测中，但因反演过程复杂，参数众多且较难获取，仍存在一些问题影响着反演精度，如：大气校正问题、比辐射率测定问题等。大气对热红外波段的影响非常复杂，通常难以进行精确的大气校正；而热红外波段获得的物体发射辐射信息包含了地表温度与比辐射率，温度与比辐射率的分离是热红外遥感的一个难点，对于测定大面积、连续、精确的比辐射率分布信息比较困难；对于非同温混合像元温度反演问题，热红外影像的空间分辨率一般较低，造成了混合像元(非同温像元)的定义和计算的复杂。另外还有数据质量问题、模型参数设置等，也制约着反演精度。

5.2 遥感影像单通道法地表温度反演

TM 数据是目前环境研究中应用较多的卫星热红外遥感数据之一，可用来分析区域地表热辐射和地面温度，具有比 NOAA、MODIS 热红外波段更高的空间分辨率，增加了其地表温度反演精度，但 TM 影像只有一个热红外通道。单通道温度反演方法是对只有一个热红外通道的遥感数据所采用的地表温度反演技术。单通道地表温度反演方法包括大气校正法、Jiménez-Muoz 单通道法、覃志豪单窗法等。

大气校正法利用与卫星过境时间同步的实测大气探空数据(或者使用大气模型:如 MODTRAN、ATCOR 或 6S 等)来估计大气对地表热辐射的影响,然后从卫星高度上传感器所观测到的热辐射总量中减去大气影响,从而得到地表热辐射强度,再将地表热辐射强度转化为相应的地表温度。大气校正法从单通道数据中直接演算地表温度,需要精确的大气辐射传输模型和大气垂直廓线,估计大气热辐射和大气对地表热辐射传输的影响。大气廓线主要是通过无线电探空网、星载垂直探测系统或大气环流模型计算获得的,而获取与卫星观测同步的精确大气廓线是很困难的,大气廓线的精确度直接影响了反演地表温度的精确度。大气校正方法由于参数获取比较困难、计算过程复杂、误差也较大,在实际中应用不多。

Jiménez-Muoz 单通道算法利用热红外通道获得辐射能,借助无线电探空或卫星遥感得到的大气廓线数据,包括温度廓线、湿度廓线和压力廓线,然后结合大气辐射传输方程来修正大气和比辐射率的影响,从而得到地表温度。单通道算法分析了大气水汽含量与大气透过率、大气上行辐射和大气下行辐射参量之间的关系,采用大气水汽含量值来量化大气透过率、大气上行辐射和大气下行辐射,在确知地表比辐射率的情况下,将反演过程表达为以大气水汽含量为变量的函数。

单窗算法主要用于 TM6 和 ETM+数据进行地表温度反演,为了避免传输方程对无线电探空数据的依赖性,根据地表热辐射传导方程推导出的一种将大气和地表的影响包括在内的反演方法。单窗算法分析了大气平均作用温度与大气上行辐射、大气下行辐射之间的关系,将反演计算表达为大气透过率和大气平均作用温度的函数。模型中只需要使用地表比辐射率、大气透过率和大气平均温度 3 个参数进行地表温度的演算,不需要进行大气模拟。当参数估计没有误差时或有适度误差时,地表温度演算精度较准确。单窗法进行地表温度的反演时,将大气影响直接放在方程里,计算过程较简单、所需参数少,能较精确地反演出地表温度,以下重点介绍单窗算法。

5.2.1　单窗算法地表温度反演模型

单窗算法引入了大气平均温度和大气透过率,这两个参数主要是根据气象观测数据(地面附近的气温和水分含量),并根据 MODTRAN 软件 4 种标准大气廓线:美国 1976 标准大气廓线、低纬度标准大气廓线、中纬度夏季和中纬度冬季标准大气廓线拟合出参数,建立大气平均温度和近地层空气温度的经验关系式。单窗算法根据地表热辐射传导方程直接反演地表温度,可按下式计算:

$$T_s = \frac{1}{C}\{a(1 - C - D) + [(b - 1)(1 - C - D) + 1)]T_{\text{sensor}} - DT_a\}$$

其中,T_s 是地表实际温度,T_{sensor} 是传感器上的辐射温度,T_a 是大气平均温度,$a = -67.355351$,$b = 0.458606$。C,D 是中间变量,可按下式计算:

$$C = \varepsilon\tau, \quad D = (1 - \tau)[1 + (1 - \varepsilon)\tau]$$

其中,ε 是地表比辐射率,τ 是大气总透过率。设 T_0 是近地层空气温度,则大气平均温度 T_a 可以按下式计算:

$$T_a = 16.0110 + 0.92621T_0$$

设 w 是大气总水汽含量，当 w 在 $0.4 \sim 1.6 \ \mathrm{g/cm^2}$ 之间时，大气总透过率 τ 可以按 $\tau = 0.974290 - 0.0807w$ 计算；当 w 在 $1.6 \sim 3.0 \ \mathrm{g/cm^2}$ 之间时，τ 可以按 $\tau = 1.031412 - 0.11536w$ 计算。如果计算出地表比辐射率 ε、大气平均作用温度 T_a 和大气透射率 τ 3 个参数，则可从传感器上亮度温度来反演出地表实际温度。

5.2.2　地表比辐射率

地物的比辐射率是地物向外辐射电磁波的能力，是地表温度反演的一个关键参数。地表比辐射率对地表温度反演精度的影响很大，是重要的误差源之一，通常获得精确的地表比辐射率比较困难。目前地表比辐射率的估计方法有如下几种：差值获取法、分类影像获取法、独立温度光谱指数法、归一化植被指数法、植被和裸土的比例法。如：有研究认为实测的发射率值和 NDVI 值之间存在着高度相关性，经回归分析后发现二者存在如下关系：$\varepsilon = 1.0094 + 0.0471 \ln \mathrm{NDVI}$；分类影像获取法首先对影像进行分类，然后根据地表分类结果，对不同类型的地物进行地表比辐射率的估算。但地表比辐射率不仅取决于地物本身的类型，还和季节、植被生长状况以及水、雪覆盖等动态因素相关，需要在卫星过境时对不同类别的典型地物发射率进行测量。因此在对影像进行统计分类的基础上，可按热发射率的差异对类别进行合并、分解，合并一些生物学意义上不同但发射率几乎相同的地表覆盖类型，而同时也把一些传统上归为同种类型的地表分成由于季节性和动态性而不同的类别。

地表比辐射率可采用基于像元分类的方法和归一化植被指数法相结合进行确定。地球表面不同区域的地表一般结构复杂，可以按水体、植被、建筑物、裸土以及混合地表计算比辐射率。其中，水面、植被特征较为单一；由道路、各种建筑和房屋组成了人工地类包括城市和村庄；由农田和土壤组成了自然表面。经研究发现，地表比辐射率与植被指数高度相关，由于不同区域地表自然属性的差异以及混合像元的存在，用 NDVl 可对地表进行区分，在已知土壤和植被比辐射率的前提下计算混合地表的比辐射率。NDVI 值越大，地表越接近于完全的植被叶冠覆盖；NDVI 值越小，地表越接近于完全裸土；而 NDVI 介于植被与裸土之间时，则表明有一定比例的植被叶冠覆盖和一定比例的裸土。如有研究将 NDVI 小于 0 归为水体，相应的地表发射率取水体的典型值；将 NDVI 在 $0 \sim 0.2$ 之间的归为裸露地表，相应的地表发射率取裸露地表的典型值；将 NDVI 大于 0.5 归为完全植被覆盖地表，相应地表发射率取植被的典型值；将 NDVI 处于 $0.2 \sim 0.5$ 之间的归为部分植被覆盖地表，混合地表的像元比辐射率可以按公式进行估算。

对于植被地表，其比辐射率可取 $\varepsilon_v = 0.986$；对于裸土地表，其比辐射率可取 $\varepsilon_s = 0.97215$；对于建筑物表面，其比辐射率可取 $\varepsilon_m = 0.970$；对于水体，由于在热红外波段的比辐射率很高，接近于黑体，水体比辐射率可取 $\varepsilon_w = 0.995$；对地表由植被和裸土组成的区域，其比辐射率可按下式计算：

$$\varepsilon = \varepsilon_v p_v R_v + \varepsilon_s (1 - p_v) R_s + \delta_\varepsilon$$

对地表由植被和建筑物组成的区域，其比辐射率可按下式计算：

$$\varepsilon = \varepsilon_v p_v R_v + \varepsilon_m (1 - p_v) R_m + \delta_\varepsilon$$

式中，p_v 为植被覆盖度，R_v，R_s，R_m 分别为植被、裸土、建筑物表面的温度比率，可按下式计算：

$$R_v = 0.9332 + 0.0585p_v$$
$$R_s = 0.9902 + 0.1068p_v$$
$$R_m = 0.9886 + 0.1287p_v$$

对于地表比辐射率修正项 δ_ε 在地势平缓时可以取值为 0，在地表高低差较大情况下可以根据植被的构成比例按下式计算：

$$\delta_\varepsilon = \begin{cases} 0.0038p_v, & p_v \leqslant 0.5 \\ 0.0038(1-p_v), & p_v > 0.5 \end{cases}$$

植被覆盖度 p_v 是指植被在地面的垂直投影面积占统计区总面积的百分比，像元二分模型是计算植被覆盖度的光谱混合分析模型。假设影像上一个混合像素所对应的地表由无植被覆盖部分与有植被覆盖部分地表组成，其 NDVI 值可以表达为由无植被覆盖部分 $NDVI_1$ 和绿色植被 $NDVI_2$ 组成，即 $NDVI = NDVI_1 + NDVI_2$，则植被覆盖度 p_v 计算如下：

$$p_v = \frac{NDVI - NDVI_1}{NDVI_2 - NDVI_1}$$

其中，$NDVI_1$ 为无植被覆盖区域的 NDVI 值，对应研究区域 NDVI 最小值。$NDVI_2$ 是 100% 完全植被覆盖区域的纯净像元 NDVI 值，对应研究区域 NDVI 最大值。植被覆盖度可由 NDVI 计算，削弱了大气等其他因素的影响。当 NDVI 取值介于 0.20~0.50 之间时可按上式计算植被覆盖度 p_v；当 NDVI>0.50 时，可取 $p_v = 1$；当 NDVI<0.20 时，可取 $p_v = 0$。

5.2.3 亮度温度

亮温(即亮度温度)是辐射出与观测物体相等辐射强度的黑体温度，地表温度是根据亮温演算得到的，首先要将 DN 值转化为传感器接收到的辐射强度。对于 TM 和 ETM+ 数据，所接收到的辐射强度 $Q(\lambda)$（$W \cdot m^{-2} \cdot sr^{-1} \cdot \mu m^{-1}$）与相对应的 DN 值存在如下转换关系：

$$Q(\lambda) = a \cdot DN + b$$

其中，DN 为像元灰度值，a,b 分别为 TM 影像 6 波段的增益系数和偏置值，是头文件中提供的定标系数。或按下式计算辐射强度：

$$Q(\lambda) = Q_{min}(\lambda) + \frac{Q_{max}(\lambda) - Q_{min}(\lambda)}{DN_{max}}DN$$

式中 DN_{max} 为 TM6 波段的最大 DN 值，DN 为 TM6 波段的像元灰度值，$Q_{max}(\lambda)$ 和 $Q_{min}(\lambda)$ 为 TM 传感器 6 波段所接收的最大和最小辐射强度。TM 传感器的热波段中心波长为 11.475 μm，发射前已预设当 $Q_{min}(\lambda) = 0.1238$ $W \cdot m^{-2} \cdot sr^{-1} \cdot \mu m^{-1}$ 时 $DN_{min} = 0$，当 $Q_{max}(\lambda) = 1.56$ $W \cdot m^{-2} \cdot sr^{-1} \cdot \mu m^{-1}$ 时 $DN_{max} = 255$。辐射强度 $Q(\lambda)$ 可利用以下公式转换为像元的亮度温度 T_6：

$$T_6 = \frac{k_2}{\ln\left(1 + \frac{k_1}{Q(\lambda)}\right)}$$

式中，k_1 和 k_2 为发射前预设的常量，对于 Landsat 的 TM 数据，$k_1 = 607.76$，$k_2 = 1260.56$。对于Landsat-7 ETM+数据，$k_1 = 666.09$，$k_2 = 1282.71$。

5.2.4　大气透射率

大气透射率是地表辐射、反射透过大气到达传感器的能量与地表辐射能、反射能的比值，与大气状况、高度等因素有关。地表热辐射在大气中传导时，大气透射率有着较为重要的影响。在对地表温度遥感反演中，需要对大气透射率进行精确地估计。研究表明：对于热红外波段，最重要的大气变化是温度和水汽的变化，天气稳定时，水汽含量是影响大气透射率的主要因素。大气透射率的变化主要取决于大气水分含量的动态变化，其他因素因动态变化不大而对大气透射率的变化没有显著影响。因此，水分含量就成为大气透射率估计的主要考虑因素，根据这一特征，可应用大气模拟程序来模拟大气水分含量变化与大气透射率变化之间的关系。大气模拟结果表明：TM6 的大气透射率随大气总水分含量的增加而降低，在较小水分含量区间内其变化关系可视为接近于线性，而且夏季(高温度)的大气透射率比冬季(低温度)的透射率高，水分含量和大气透射率的近似关系如下表所示：

大气剖面	水分含量	大气透射率估计方程
高气温	0.4~1.6 1.6~3.0	$\tau = 0.974290 - 0.08007w$ $\tau = 1.031412 - 0.11536w$
低气温	0.4~1.6 1.6~3.0	$\tau = 0.982007 - 0.09611w$ $\tau = 1.053710 - 0.14142w$

5.2.5　大气平均作用温度

单窗算法认为，大气平均作用温度 T_a 主要取决于大气剖面的气温分布和大气水分状况。在标准大气状态下(天空晴朗)，对于不同的大气模式，大气平均作用温度 T_a 与地表附近气温 T_0(一般为 2 m 处)存在如下近似线性关系：

① 美国 1976 年平均大气，$T_a = 25.9396 + 0.88045T_0$；
② 热带平均大气($N15°$，年平均)，$T_a = 17.9769 + 0.91715T_0$；
③ 中纬度夏季平均大气($N45°$，7 月)，$T_a = 16.0110 + 0.92621T_0$；
④ 中纬度冬季平均大气($N45°$，1 月)，$T_a = 19.2704 + 0.91118T_0$。

5.3　遥感影像单窗法地表温度反演实验

【实验目的和意义】
① 掌握 TM 影像单窗法地表温度反演。
② 会正确获取单窗法地表温度反演中的地表比辐射率、大气平均作用温度和大气透

射率等参数。

③ 会用 ERDAS 软件或 ENVI 软件实现 TM 影像单窗法地表温度反演。

【实验软件和数据】

ERDAS9.2，ENVI5.3，2011 年 10 月 7 日 Landsat 卫星获取的 TM 影像。

Landsat 卫星的热红外数据一直是地表温度反演最重要的遥感数据之一，为用户提供了可供长期、连续观测的热红外遥感图像。在中尺度遥感数据中，Landsat 系列卫星的热红外数据得到了大量地应用，已有多种相应的地表温度反演算法。单窗算法由于所需大气校正参数少，已广泛地应用于地表温度反演中。针对 TM6 波段的地表温度反演的单窗算法仅需要大气透过率 τ、比辐射率 ε 和大气平均温度 T_a 3 个参数就可以反演出地表温度。

影像已经过系统几何校正，UTM Zone 50 投影，WGS84 坐标系，几何精度能够满足需要。

5.3.1 热红外波段辐射定标

辐射定标是将传感器记录的无量纲 DN 值转换成具有实际物理意义的大气顶层上界辐射亮度。对于 Landsat TM 影像，利用定标系数将 6 波段的 DN 值转换为辐射亮度，可按下式计算：

$$Q = 0.055 \cdot DN + 1.18243$$

其中辐射定标的乘系数和加系数可在 MTL.txt 头文件中获取。在 ENVI 主菜单栏中点击 Basic Tools→Band Math 打开波段运算对话框，在其中输入表达式 b1*0.055+1.18243，并将变量 b1 映射为 TM 影像的 6 波段数据，就可生成 6 波段的辐射定标文件，如图 5.3.1 所示。

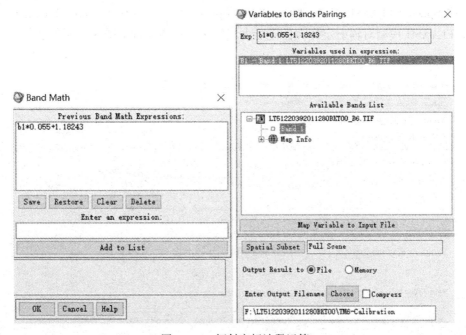

图 5.3.1 辐射定标波段运算

5.3.2 多光谱波段大气校正

由于地表比辐射率和 NDVI 有着较高的相关性，特别是计算城镇地物与自然表面的地

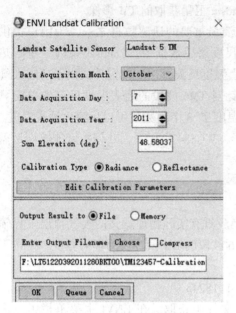

图 5.3.2 多光谱波段辐射定标

表比辐射率需要获得植被覆盖度的数值，因而需要计算 NDVI 值。由于大气反射和散射作用，在用 TM3 和 TM4 的 DN 值计算 NDVI 之前，一般先进行大气校正。实验中需要对多光谱影像进行大气校正以获得精确的 NDVI 值，在大气校正前需要对影像进行辐射定标，并将辐射定标后以 BSQ 顺序存储的文件转换为以 BIP 存储的文件。大气校正步骤如前所述，首先在 ENVI 主菜单栏中点击 File→Open External File→Landsat→GeoTIFF with MetaData 选择元数据文件 MTL.txt 打开 TM 影像的多光谱波段，点击 Basic Tools→Preprocessing→Calibration Utilities→Landsat Calbration 后选择 MTL.txt 文件打开 ENVI Landsat Calibration 对话框，设置各个参数后生成定标文件，如图 5.3.2 所示。

点击 Basic Tools→Convert Data 将生成的辐射定标文件从 BSQ 存储顺序转化成 BIP 顺序，点击 Spectral-FLAASH 打开 FLAASH Atmospheric Corretion Model Input Parameters 对话框，用 FLAASH 模型对辐射定标文件进行大气校正，参数设置如图 5.3.3 所示。

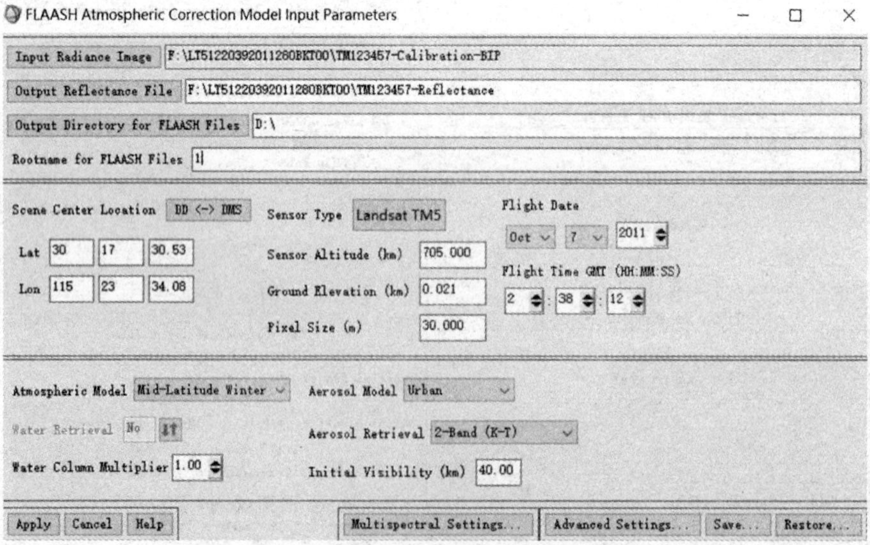

图 5.3.3 FLAASH 大气校正参数设置

5.3.3 影像分类

为获取影像上不同地物类型如水体、城镇、土壤、植被等的地表比辐射率，需要对影像进行分类。对实验区域的影像经目视判读后，确定了分类体系如下：水体、植被、城镇（含居民区、道路等）、自然表面（含农田、土壤等）。为准确提取 TM 影像中的各种地物类型，通过模式识别分类的方法对影像进行划分。综合影像色调、阴影、纹理、大小、形状等解译标志，通过 ROI 工具依次为各个类分别选择训练样本，以建立各种地类的分类模板，每种地类创建 ROI 时使训练样本尽量均匀分布。运用 ENVI 软件的支持向量机 SVM 分类方法对影像进行监督分类，支持向量机 SVM 是源于统计学习理论的有监督学习算法，对于复杂含有噪声的数据能提供较好的分类结果。在 ENVI 主菜单栏点击 Basic Tools→Region of Interest→ROI Tools 打开 ROI 工具对话框为各个类别选择训练样区后，点击 Classification → Supervised → Support Vector Machine 后打开 Support Vector Machine Classification Parameters 对话框，如图 5.3.4 所示。在 Kernel Type 中的下拉列表中选择 SVM 分类器所用的核为 Radial Basis Function，在 Gamma in Kernel Function 中设置核函数所用的 gamma 参数，缺省值是输入影像中波段数的倒数。在 Penalty Parameter 中指定 SVM 算法所用的惩罚参数，输入 100。在 Pyramid Levels 中设置分层处理的层数，如果该值设置为 0，ENVI 仅在原影像分辨率上执行 SVM 分类。在 Pyramid Reclassification Threshold 中指定在较低分辨率层次被分类的像素，为避免在较高分辨率层次被再次分类所必须满足的概率阈值，该值取值范围是 0 到 1，输入 0.9。在 Classification Probability Threshold 中设置 SVM 分类器对像素分类所需的概率，像素对所有类的概率都低于这个阈值则不被分类，

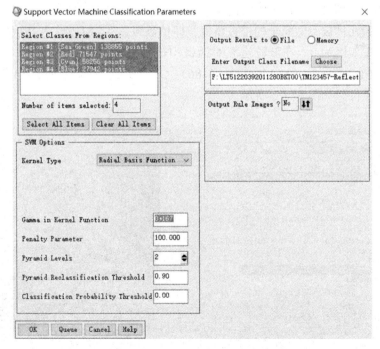

图 5.3.4 支持向量机分类参数设置

实验中输入 0.0，参数设置如图 5.3.4 所示。

5.3.4　计算 NDVI 与植被覆盖度

　　NDVI 是归一化的植被指数，由于影像已经经过精确的大气校正去除了大气对地物辐射信号的影响，因此用 4 波段、3 波段的地表反射率的差异与和的比值可以计算比较准确的植被指数。在波段运算对话框中输入表达式(b4−b3)/(b4+b3+0.0000001)，并将变量 b4 映射为大气校正后的第 4 波段数据、b3 映射为大气校正后的第 3 波段数据，就可生成植被指数文件。

　　根据植被覆盖度计算公式，需要获得无植被覆盖的裸土区域的 NDVI 最小值和 100%完全植被覆盖区域的纯净像元 NDVI 最大值。考虑到影像会不可避免地受到噪声的影响，可能产生过高或者过低的 NDVI 值，实验中没有直接取 NDVI 影像中的最大和最小值，而是通过空间采样进行统计分析，得出最小和最大 NDVI 值。首先通过目视解译识别出完全植被和裸土覆盖区域，再利用 TM432 与 TM321 波段彩色合成分别识别出植被与土壤，最后用 ROI 工具对影像中的无植被覆盖区域和纯净植区域进行空间采样。经过统计分析，影像范围内有明显的茂密植被区，在大多数情况下叶冠茂密健康植被的 NDVI 值都在 0.82 以上，有时达 0.9，取该植被区域的平均 NDVI 值 0.86 作为 NDVI2 值。影像中有明显的裸土区域，裸土的 NDVI 值一般只有 0.03~0.09，则取裸土区域的平均 NDVI 值 0.06 作为 NDVI1。因此，影像中裸露地等其他地物的 NDVI 最小值为 0.06，影像中全植被覆盖区域的 NDVI 最大值为 0.86。由于影像上不同区域的植被和不同区域的自然表面、城镇都有各自的光谱特征，使其最大 NDVI 和最小 NDVI 值表现出一定的区域差异，用最小 NDVI 值 0.06 和最大 NDVI 值 0.86 来进行植被覆盖度的近似估计时，如果像元的 NDVI 值大于 0.86，则这一像元将被看做完全的植被覆盖，即植被覆盖度为 1，若 NDVI 值小于 0.06 则该像元的植被覆盖度为 0。在波段运算对话框中输入表达式(b1−0.06)/(0.86−0.06) ∗ (b1 ge 0.06 AND b1 le 0.86)+1 ∗ (b1 gt 0.86)，并将变量 b1 映射为 NDVI 影像，就可生成植被覆盖度文件，如图 5.3.5 所示。

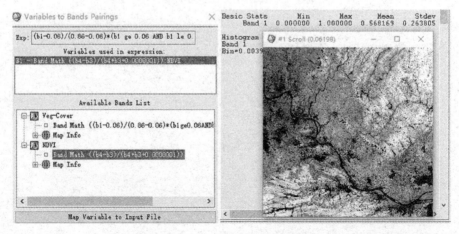

图 5.3.5　植被覆盖度计算

5.3.5　计算地表比辐射率

在对 TM 多光谱影像进行支持向量机的监督分类后，将影像上的地物分为水体、植被、城镇(含居民区、道路等)、自然表面(含农田、土壤等)。在通过 NDVI 求取地表比辐射率时，除了考虑自然表面之外，还需考虑水体和城镇这两种地表覆盖类型。

(1) 水体地表比辐射率计算

对于水体，采用监督分类等方法把水体像元提取出来，并赋以水体的典型比辐射率值 $\varepsilon_w = 0.995$。在 ENVI 的波段运算对话框中输入表达式 $0.995*(b1\ EQ\ 1)$，并将变量 b1 映射为 SVM 分类结果文件，就可生成水体的比辐射率文件，如图 5.3.6 所示。

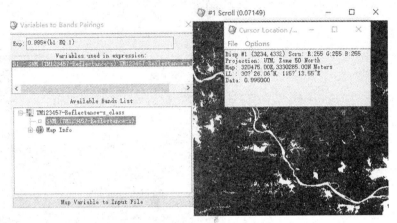

图 5.3.6　水体地表比辐射率

(2) 植被地表比辐射率计算

对于植被，采用监督分类方法把植被像元提取出来，并赋以植被的比辐射率值 $\varepsilon_v = 0.986$。在波段运算对话框中输入表达式 $0.986*(b1\ EQ\ 2)$，并将变量 b1 映射为 SVM 分类结果文件，就可生成植被的比辐射率文件，如图 5.3.7 所示。

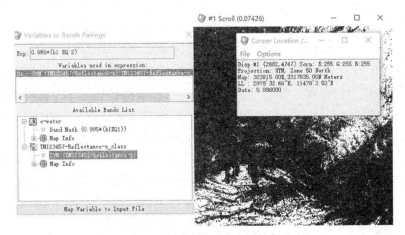

图 5.3.7　植被地表比辐射率

（3）自然表面比辐射率计算

自然表面(含农田、土壤等)可以看做由不同比例的植被叶冠和裸土组成的混合像元，其比辐射率可按公式 $\varepsilon = \varepsilon_v p_v R_v + \varepsilon_s (1 - p_v) R_s + \delta_\varepsilon$ 估算。植被地表比辐射率 $\varepsilon_v = 0.986$，植被表面的温度比率 $R_v = 0.9332 + 0.0585 p_v$，裸土表面比辐射率 $\varepsilon_s = 0.97215$，裸土表面的温度比率 $R_s = 0.9902 + 0.1068 p_v$。当植被覆盖率 $p_v \leqslant 0.5$ 时地表比辐射率修正项为 $\delta_\varepsilon = 0.0038 p_v$，当植被覆盖率 $p_v > 0.5$ 时地表比辐射率修正项为 $\delta_\varepsilon = 0.0038(1 - p_v)$。在波段运算对话框中输入表达式(0.986 * b1 * (0.9332+0.0585 * b1) + 0.97215 * (1−b1) * (0.9902+0.1068 * b1) + (0.0038 * b1) * (b1 LE 0.5) + (0.0038−0.0038 * b1) * (b1 GT 0.5)) * (b2 EQ 4)，并将变量 b1 映射为植被覆盖度文件、变量 b2 映射为 SVM 分类结果文件，就可生成自然表面的比辐射率文件，如图 5.3.8 所示。

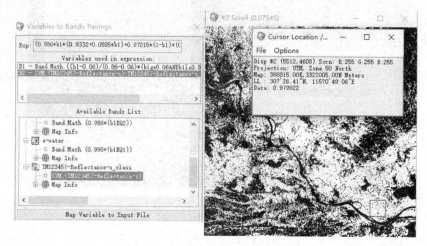

图 5.3.8　自然表面地表比辐射率

（4）城镇地表比辐射率计算

城镇像元(包括城市和乡村，主要是由道路和各种建筑、房屋组成)可看成由建筑物和绿化植被组成的混合像元，其比辐射率可按公式 $\varepsilon = \varepsilon_v p_v R_v + \varepsilon_m (1 - p_v) R_m + \delta_\varepsilon$ 估算。植被地表比辐射率 $\varepsilon_v = 0.986$，植被表面的温度比率 $R_v = 0.9332 + 0.0585 p_v$，建筑物表面比辐射率 $\varepsilon_m = 0.970$，建筑物表面的温度比率 $R_m = 0.9886 + 0.1287 p_v$。当植被覆盖率 $p_v \leqslant 0.5$ 时地表比辐射率修正项 $\delta_\varepsilon = 0.0038 p_v$，当植被覆盖率 $p_v > 0.5$ 时地表比辐射率修正项 $\delta_\varepsilon = 0.0038(1 - p_v)$。在波段运算对话框中输入表达式(0.986 * b1 * (0.9332+0.0585 * b1) + 0.970 * (1−b1) * (0.9886+0.1287 * b1) + 0.0038 * b1 * (b1 LE 0.5) + (0.0038−0.0038 * b1) * (b1 GT 0.5)) * (b2 EQ 3)，并将变量 b1 映射为植被覆盖度文件、变量 b2 映射为 SVM 分类结果文件，就可生成城镇地表的比辐射率文件，如图 5.3.9 所示。

（5）生成地表比辐射率文件

前述步骤中已按影像上的地表类型分别计算了水体、植被、城镇含居民区、自然表面

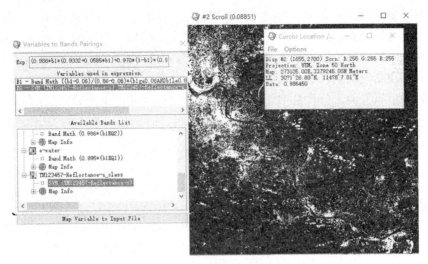

图 5.3.9 城镇地表比辐射率

的比辐射率，可将各种地物类型的地表比辐射率综合起来，以生成整个影像的地表比辐射率文件。在波段运算对话框中输入表达式 b1+b2+b3+b4，并将变量 b1 映射为水体比辐射率波段、b2 映射为植被比辐射率波段、b3 映射为城镇比辐射率波段、b4 映射为自然表面比辐射率波段，就可生成整个影像的地表比辐射率文件，如图 5.3.10 所示。

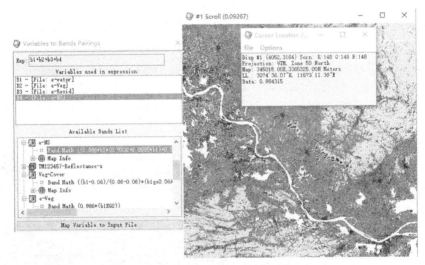

图 5.3.10 地表比辐射率图像

5.3.6 计算大气透射率

地表热辐射在大气传导过程中会产生衰减，大气透射率起着很重要的影响，是地表温度遥感反演的基本参数。水分含量是大气透射率估算的主要考虑因素，在较小水分含量区间内，大气透射率随水分含量增加而线性降低。根据影像获取时间是在10月属于中、高温天气，研究区域是在经度 114.1~116.7 度、纬度 29.2~31.3 度范围，处于中纬度地区。查询天气网记录的历史数据，平均温度在20度，当天晴天。在进行TM6的大气透射率估计时，适合于用高气温下、水分含量在 0.4~1.6 的方程 $\tau = 0.974290 - 0.08007w$ 来估算大气透射率。由当天的水分含量 1.0 计算的大气透射率为 $\tau = 0.89422$。水分含量可以查阅当地历史监测数据，也可以使用与 Landsat TM5 过境时间最为接近的 MOD05-L2 产品中提供的多通道反演结果获得。

5.3.7 计算大气平均作用温度

实验影像是 10 月获取的中纬度地区 TM 影像，当天属于晴天，估算大气平均作用温度时适用于中纬度夏季平均大气的计算公式 $T_a = 16.0110 + 0.92621T_0$。由当天的地面附近气温 $T_0 = 293$ K 计算的大气平均作用温度为 $T_a = 287.39053$ K。

5.3.8 计算亮度温度

辐射定标是利用定标系数将影像 DN 值转化为传感器入瞳后像元的辐射亮度，在求出热辐射强度后，利用 Planck 公式将像元的辐射亮度转化为相应的亮度温度，即辐射亮度所对应的黑体温度，对于 TM 影像转化公式如下：

$$T_6 = \frac{1260.56}{\ln\left(1 + \dfrac{607.76}{Q}\right)}$$

式中 T_6 为未经过大气校正的传感器上亮度温度。利用 Band Math 工具建立辐射亮度转换为亮度温度的表达式 1260.56/alog(1+607.76/(b1+0.0000001))，并将变量 b1 映射到辐射定标后的文件，就可生成亮度温度数据，如图 5.3.11 所示。

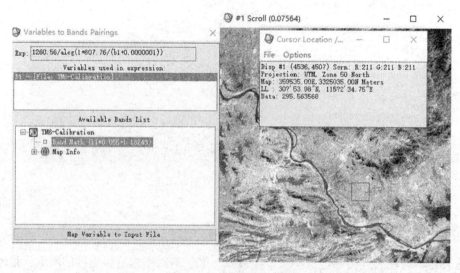

图 5.3.11 亮度温度图像

5.3.9 地表温度反演

由于传感器接收到的辐射强度不仅有来自地面地物的热辐射,还包括大气上行和下行的热辐射成分。因此,卫星高度处的亮度温度与实际地表温度有着较大差距,计算的卫星高度处的亮度温度还需经过反演运算才能得到地表温度。单窗算法利用大气透射率 τ、大气平均作用温度 T_a 和地表比辐射率 ε 3 个参数便能从传感器上亮度温度 T_6 推导出地表温度 T_s。当地表温度在 $0 \sim 70$ ℃ 范围时,反演的回归系数取值为 $a = -67.355351$,$b = 0.458606$,反演按下述公式计算:

$$T_s = \frac{1}{C}\{-67.355351(1 - C - D) + [(0.458606 - 1)(1 - C - D) + 1]T_6 - DT_a\}$$

式中, T_s 是实际地表温度, T_6 是传感器的亮温, T_a 是大气平均温度, C 和 D 为中间变量。

(1)计算 C

中间变量 C 的计算公式为 $C = \varepsilon\tau$,式中 ε 是地表比辐射率, τ 是大气总透射率,前述步骤计算的大气透射率为 $\tau = 0.89422$。在波段运算对话框中输入表达式 $0.89422*b1$,并将变量 b1 映射为综合地表比辐射率文件,就可生成中间变量 C,如图 5.3.12 所示。

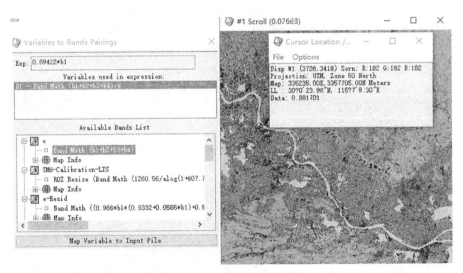

图 5.3.12 中间变量 C 图像

(2)计算 D

中间变量 D 的计算公式为 $D = (1 - \tau)[1 + (1 - \varepsilon)\tau]$,式中 ε 是地表比辐射率、τ 是大气总透射率,前述步骤计算的大气透射率为 $\tau = 0.89422$。在波段运算对话框中输入表达式 $(1 - 0.89422)*(1 + (1 - b1)*0.89422)$,并将变量 b1 映射为综合地表比辐射率文件,就可生成中间变量 D,如图 5.3.13 所示。

(3)计算地表温度

温度反演公式中需要输入的参数大气平均作用温度是以开度为单位,反演出的地表温度也是以开度为单位,为方便人眼观察需要减去 273 以转换为摄氏度。在波段运算对话框

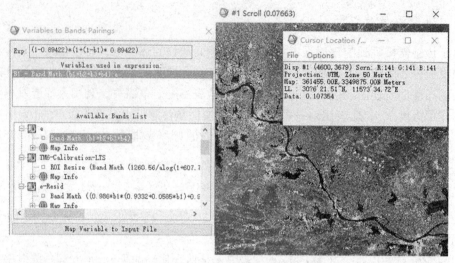

图 5.3.13　中间变量 D 图像

中输入表达式(1.0/b1)＊(−67.355351＊(1−b1−b2)+((0.458606−1)＊(1−b1−b2)+1)＊b3−287.39053＊b2)−273，并将变量 b1 映射为 C 文件、将变量 b2 映射为 D 文件、变量 b3 映射为亮度温度文件，就可生成地表温度分布图，如图 5.3.14 所示。

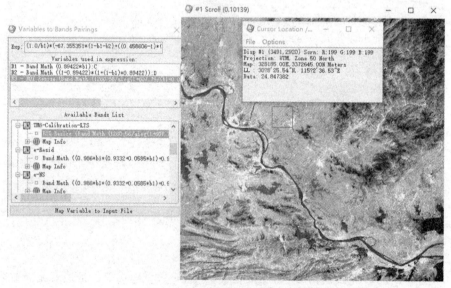

图 5.3.14　地表温度分布图像

对实验区域的地表温度反演图进行统计分析，在水分含量为 1.0、地面附近气温 20℃ 的条件下，0.40%～99.85% 的像素反演温度的最小值是 15.12℃，最大值是 29.88℃，均值是 23.28℃。查询天气网中的历史数据，2011 年 10 月 7 日该地最高气温为 28℃，最低气温为 16℃。

5.3.10 获取各类地物反演温度图

结合分类影像和反演温度分布图像，对实验区域中各种地表类型进行温度反演的统计分析。在波段运算对话框中输入表达式 b1 ∗ (b2 EQ 1)，并将变量 b1 映射为反演的地表温度分布文件、将变量 b2 映射为影像分类文件，就可生成水体的地表温度分布图，如图5.3.15 所示。

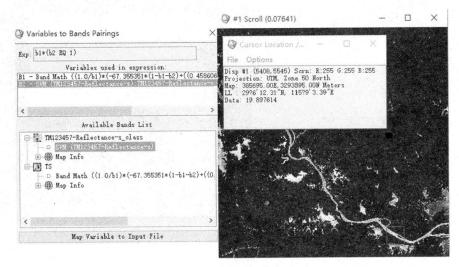

图 5.3.15　水体地表温度分布图像

在波段运算对话框中输入表达式 b1 ∗ (b2 EQ 2)，并将变量 b1 映射为反演的地表温度分布文件、将变量 b2 映射为影像分类文件，就可生成植被的地表温度分布图，如图5.3.16 所示。

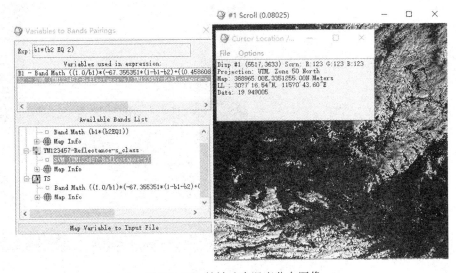

图 5.3.16　植被地表温度分布图像

在波段运算对话框中输入表达式 b1 * (b2 EQ 3)，并将变量 b1 映射为反演的地表温度分布文件、将变量 b2 映射为影像分类文件，就可生成城镇的地表温度分布图，如图 5.3.17 所示。

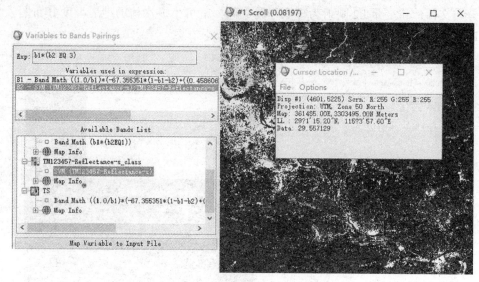

图 5.3.17　城镇地表温度分布图像

在波段运算对话框中输入表达式 b1 * (b2 EQ 4)，并将变量 b1 映射为反演的地表温度分布文件、将变量 b2 映射为影像分类文件，就可生成自然表面的地表温度分布图，如图 5.3.18 所示。

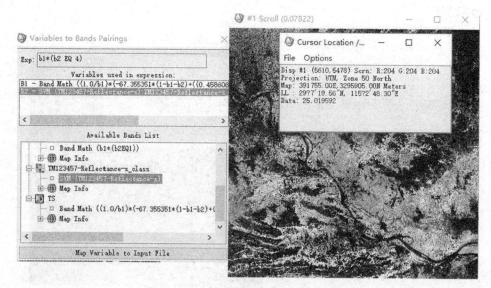

图 5.3.18　自然表面地表温度分布图像

对整个温度反演图分析显示，温度分布与其下垫面环境有密切的关系。在 4 种地表类型中，城区表现出整体最高的温度，其次是自然表面的温度也较高，茂密植被覆盖区域的整体温度较低，而水体温度最低。城区含建筑物、道路气温均明显高于周边地区，这可能与城市水泥化、城市建筑物密度较大、大量人为热释放、缺乏绿化地及水体等原因有很大关系。实验表明：在缺少详细大气廓线数据的情况下，应用单窗算法研究温度分布是可靠的。

【实验考核】

① 利用 ENVI 软件或 ERDAS 软件对 TM 影像进行单窗法地表温度反演，叙述其实现过程和步骤。

② 对温度反演结果进行分析，探讨土地利用类型对温度分布的影响，统计各类地物的地表温度范围，对温度数据进行等级划分，结合区域实际情况将温度数据分成低温、较低温、中温、次高温、高温 5 个等级。

③ 对上述方法的温度反演效果进行评估、分析，并找出其中存在的不足和可以改进的措施。

第六章　MODIS 影像气溶胶光学厚度反演

气溶胶是影响区域大气环境质量的主要因素，也是研究大气污染的重要参数。气溶胶还与其他环境问题密切相关，对人体和其他生物的生理健康也有其特有的影响。在对气溶胶的遥感监测方面，卫星影像能弥补地面观测所难以反映气溶胶空间分布和变化趋向的缺陷，为监测大气气溶胶提供了可能，也为全球气候研究、城市污染分析提供了丰富的研究资料。卫星遥感可以提供广阔背景上的有关气溶胶分布信息，遥感气溶胶研究已成为国际学术界的研究热点之一。

6.1　遥感影像气溶胶光学厚度反演概述

6.1.1　大气气溶胶的概念

气溶胶是指大气中悬浮的具有一定稳定性、沉降速度小、尺度范围在半径小于几十微米的分子团、液态或固态颗粒所组成的混合物。通常所指的烟、雾、尘等都属于气溶胶，它对大气中发生的许多物理化学过程有着重要的影响。气溶胶的重要性主要体现在以下几个方面：

（1）气溶胶影响全球气候

气溶胶在地球大气辐射收支平衡和全球气候中扮演着重要的角色，是气候变化研究中的重要因子。气溶胶通过散射和吸收太阳辐射及地面辐射，直接影响地-气系统的辐射收支平衡。大量的气溶胶粒子作为云凝结核，可以使单位体积的云粒子数量增加、云滴半径减小，增加云的短波反射率，同时增加云的持续时间。气溶胶影响了地气系统的短波辐射和长波辐射，从而影响全球的地表平均温度。

（2）气溶胶影响遥感成像质量

气溶胶以吸收和散射方式与辐射发生作用，直接干扰了光学遥感器接收的信号。同时，气溶胶信息也是卫星遥感影像大气校正的重要参数。大气校正需要已知气象参数，而已有的气象参数一般仅是点上的参数。只有得到与像元尺度相当的大气气溶胶参数，才能进行逐像元的大气校正，从而实现完全意义上的定量遥感分析与反演。

因此，精确测量与分析气溶胶的光学厚度，对于了解气候变化、掌握地面的平均温度、去除遥感数据中的大气影响、提高遥感定量应用水平都具有重要意义。

6.1.2　气溶胶光学厚度反演原理

卫星观测到的反射率 R^{sat} 可以由下式表示：

$$R^{\text{sat}} = f(\tau_0, R^{\text{SURF}}) = \frac{\pi L^{\text{sat}}(\tau_0, \mu, \phi, \mu_0, \phi_0)}{\mu_0 F_0}$$

其中 F_0 为大气上界太阳辐射通量密度，τ_0 为整层大气光学厚度，(μ_0, ϕ_0) 为入射光的方向，(μ, ϕ) 是卫星观测方向，μ, ϕ, μ_0, ϕ_0 分别为方位角和天顶角的余弦。$L^{\text{sat}}(\tau_0, \mu, \phi, \mu_0, \phi_0)$ 是卫星接收到的辐射度，它满足传输方程：

$$R^{\text{sat}} = R_a(\theta, \theta_0, \phi) + \frac{F_d(\theta_0) T(\theta) R(\theta, \theta_0, \phi)}{1 - sR''}$$

式中 θ 是观测天顶角，θ_0 是太阳天顶角，ϕ 是观测方向散射辐射与太阳光线之间的方位角。$R_a(\theta, \theta_0, \phi)$ 是路径辐射，$R(\theta, \theta_0, \phi)$ 是地表双向反射率。$F_d(\theta_0)$ 是在地表反射率为 0 时总的向下透过率，由于气溶胶的吸收，其值小于 1。$T(\theta)$ 是向上进入卫星视场方向的总透过率，s 是大气后向散射比，R'' 是平均地表反射率。在单次散射中，路径辐射 $R_a(\theta, \theta_0, \phi)$ 可表示如下：

$$R_a(\theta, \theta_0, \phi) = R_m(\theta, \theta_0, \phi) + \frac{\omega_0 \tau_0 P_a(\theta, \theta_0, \phi)}{4\mu\mu_0}$$

式中 $R_m(\theta, \theta_0, \phi)$ 是分子散射引起的路径辐射，$P_a(\theta, \theta_0, \phi)$ 是气溶胶散射相函数，ω_0 是单次散射反照率，μ, μ_0 是观测方向、入射方向的余弦。如果假设下垫面是反射率为 $R_b(\theta, \theta_0, \phi)$ 的均匀朗伯面，R^{sat} 可表示为

$$R^{\text{sat}} = R_m(\theta, \theta_0, \phi) + \frac{\omega_0 \tau_0 P_a(\theta, \theta_0, \phi)}{4\mu\mu_0} + \frac{F_d(\theta_0, \tau_0, \omega_0, P_a) T(\theta, \tau_0, \omega_0, P_a) R_b(\theta, \theta_0, \phi)}{1 - s(\tau_0, \omega_0, P_a) R_b(\theta, \theta_0, \phi)}$$

因此，当获得了太阳和传感器的观测几何 θ、θ_0、ϕ，以及地面的反射率 $R_b(\theta, \theta_0, \phi)$、大气气溶胶光学厚度 τ_0、气溶胶模式后，按上式可以计算出大气上界的观测辐射。

大气上界卫星观测到的反射率既是气溶胶光学厚度的函数，又是下垫面反射率的函数，如果知道了下垫面的反射率，并假定一定大气气溶胶模型，当确定了 θ、θ_0、ϕ，对于一系列变化的气溶胶光学厚度，可以算出一系列的表观反照率。而对于传感器实际测量获得的每一大气上界表观反照率均可对应一个气溶胶光学厚度。卫星观测几何、地表反射率可以通过卫星数据得到，选取一定的气溶胶和大气模式，可以通过遥感影像反演得到气溶胶光学厚度。

6.1.3 遥感气溶胶反演方法

自从 MODIS 在 TERRA 和 AQUA 的卫星平台上运行以来，遥感技术已经为全球的气溶胶分布提供了大量的数据产品。到目前为止，卫星遥感气溶胶反演已经形成了一个非常丰富的研究体系，反演方法可以大致分为单通道遥感和多通道遥感、反差减少法、多角度多通道遥感、偏振特性遥感 4 大类。

（1）单通道和多通道遥感

单通道和多通道方法主要应用于低反射率的暗像元（如水体或植被），且需要高精度的已知地表反射率的先验知识。单通道法利用可见光通道对大气中的气溶胶进行反演和分析。研究发现，在低反射率地表的情况下，反射出去的太阳辐射值随气溶胶光学厚度的增加而近于线性增加，气溶胶光学厚度反演的单通道方法是基于此线性关系建立的。然而当

地表反射率较大时，太阳辐射值随气溶胶光学厚度的增加而线性增加的关系并不能成立。

多通道遥感法使用可见光和近红外两波段对气溶胶进行反演和分析。在晴空无云、平静的海域上，假设卫星在可见光至近红外波段所接收到的辐射量都是单次散射且是以云滴和气溶胶所引起的散射为主，则卫星所接收到的辐射强度与气溶胶光学厚度有着近似线性的关系，利用这一线性关系可量测大气中的气溶胶光学厚度。多通道遥感法比较常用的是暗浓密植被法，主要是基于红、蓝波段的较暗下垫面反演获得气溶胶的路径辐射，若已知气溶胶的折射指数、单次散射反照率、谱分布等信息，就可以估算出气溶胶光学厚度。Kaufman（1997）等通过大量飞机试验数据得出：植被密集的暗目标地表在红外通道（2.13 μm）的反射率、红光（0.66 μm）通道的反射率、蓝光（0.47 μm）通道的反射率之间存在线性相关关系。利用红外通道的地表反射率确定存在的暗像元，并估算暗像元在红光通道、蓝光通道的反射率，并选择合适的气溶胶模式，应用辐射传输模型（如 MODTRAN、6S等）可计算辐射传输的查找表。该方法一般用于 2.13 μm 处反射率小于 0.15 的暗像元，且需要气溶胶类型等先验或假设的知识。由于陆地地表的反射率通常较高，暗像元分布较少，很大程度上限制了多通道法的应用。

（2）反差减少法

当研究区域地表反射率较大、暗像元偏少或不存在时，如果具有时间间隔小且无气溶胶分布或已知气溶胶光学厚度的同一地区不同时相的影像时，可利用这些影像之间的"模糊效应"反演相对气溶胶光学厚度。反差减少法假设一段时间内研究区域地表反射率不发生变化，选用一个清洁日作为基础，由清洁日和污染日的红通道、蓝通道和近红外通道的表观反射率的差值来反演污染日的气溶胶。反差减少法获得的是不同时相内同一区域的同名像素点的相对气溶胶光学厚度，但难以将反演得到的光学厚度相对值转化为绝对值。

（3）多角度多通道法

多角度多通道遥感反演方法是单通道法、多通道法及反差减少方法的扩展。当研究区域存在浓密植被等暗像元时，使用单通道法的低地表反射率的暗像元反演气溶胶参数。当研究区域地表反射率较大、暗像元偏少或不存在时，则通过空间对比和观测信号的角度变化信息分离地表和大气信号，得到研究区域的气溶胶参数。随着 ATSR-2、POLDER、MISR 等新型多角度传感器的出现，多角度观测为陆地地表物理参数以及气溶胶反演提供了一种新的方法。卫星在海洋上空的观测辐射主要取决于气溶胶散射相函数，多角度遥感提供了更为详尽的信息来建立海洋上空的气溶胶模型，提高了气溶胶光学厚度反演的精度。

（4）偏振特性法

在可见光波段，地表对电磁波偏振辐射的贡献一般很小，主要是大气分子和大气气溶胶粒子的贡献，因为大气分子的贡献不变，利用模型可以进行计算，所以可以利用偏振特性进行大气气溶胶的反演。在陆地上空，极化辐射对于地表反射率敏感性比较小，而对气溶胶极为敏感，假定气溶胶具有均一球形粒子特性，可利用偏振及偏振/辐射联合反演气溶胶。但由于实际气溶胶粒子的非均一和非球形以及地表偏振特性的影响，限制了这种方法的应用。

6.2 基于 6S 模型和暗像元的气溶胶光学厚度反演方法

对于比较短的波长和比较低的地表反射率，卫星观测到的表观反射率主要取决于分子散射造成的路径辐射，路径辐射对 R^{sat} 贡献比较大，反演气溶胶光学厚度的误差比较小。MODIS 影像的红光波段、蓝光波段和红外 2.1 μm 波段满足短波长条件且通道宽度窄，能很好地订正大气气体吸收的不确定性对气溶胶遥感的影响，具有遥感反演气溶胶的能力。短波长、暗地表是反演气溶胶光学厚度的最佳条件。

6.2.1 6S 辐射传输模型

6S 模型(Second Simulation of the Satellite Signal in the Solar Spectrum)全名为太阳光谱卫星信号的二次模拟，是法国里尔科技大学大气光学实验室和美国马里兰大学地理系基于大气辐射传输方程，在 5S(Simulation of the Satellite Signal in the Solar Spectrum)模型的基础上发展起来的第二代太阳光谱波段卫星信号模拟程序。6S 模型能够预测无云大气条件下 0.25~4.0 μm 的卫星信号，可用来模拟无云(晴空)天气条件下，在太阳光波段内(0.25~4.0 μm)卫星传感器接收到的辐射值，考虑了水汽和其他大气分子对太阳辐射的吸收作用、气溶胶和大气分子对太阳辐射的散射作用以及地表为非均一地表、双向反射率等方面的情况，能合理地处理空气分子和气溶胶的散射和吸收，避免了在光谱反演中产生较大的定量误差。

6S 模型考虑了几何参数、大气、下垫面、气溶胶性质、目标物以及光谱等多方面的情况。6S 大气辐射传输模型的输入参数主要有以下几个部分：

(1) 几何参数

几何参数主要包括太阳、地物与卫星传感器之间的几何关系，如卫星天顶角、卫星方位角、太阳天顶角、太阳方位角。6S 提供了两种输入方法，一种是直接输入太阳和卫星的天顶角、方位角以及观测时间；另一种方法是输入接收时间、像素点数、升交点时间，由程序计算太阳和卫星的天顶角、方位角。

(2) 大气模式

大气模式定义了大气的基本成分以及温湿廓线，6S 给出了几种可供选择的大气模式，包括热带大气、中纬度夏季大气、中纬度冬季大气、副极地夏季大气、副极地冬季大气和美国 1962 年标准大气。此外，用户还可以选择无气体吸收大气和自定义大气模式。

(3) 气溶胶模式

气溶胶模式包括气溶胶类型和气溶胶浓度。气溶胶类型总共有 13 种可供用户选择，其中 7 种为标准模式类型，分别是无气溶胶、大陆型模式、海洋型模式、城市型模式、沙漠型模式、生物模式和平流层模式。另外有 6 种自定义类型。

(4) 气溶胶浓度

气溶胶浓度表示大气中气溶胶的含量，6S 模型用气溶胶光学厚度值表示。有两种输入方式，一种是直接输入 550 nm 波段的气溶胶光学厚度值；另一种是输入气象能见度(KM)值。6S 模型根据能见度进行计算，得到 550 nm 波段的气溶胶光学厚度值。

（5）目标海拔高度

观测目标的海拔高度，海平面以上都表示为负值，大于或等于 0 表示目标与海平面等高。

（6）传感器高度

通过设置传感器的高度判别传感器类型，输入值为 -1000 表示利用卫星遥感观测，输入值为 0 表示地基遥感观测，输入以千米为单位的负值则表示利用飞机进行航测。

（7）传感器光谱条件

传感器光谱条件定义了传感器的光谱响应函数，6S 模型提供了 69 个常用卫星传感器的可见光、近红外通道的光谱响应函数，使用时输入对应卫星的序号即可。其中 MODIS 的前 7 个探测波段对应序号为 42~48，也可选择自定义设置。

（8）地表特性

地表特性用于定义地表类型，6S 模型中将地表分为均一地表和非均一地表。均一地表情况下，又分为朗伯体反射和二向性反射两种情况。对于均一地表，6S 给出了九种比较成熟的 BRDF 模式供用户选择，也可自定义 BRDF 函数。

（9）表观反射率

输入反射率或辐射亮度，同时也决定模型是正向还是反向工作，模型运算方向由所输入的值决定。当 RAPP 小于 -1 时进行正向运算，即给定地表反射率和大气环境参量，模拟传感器应接收到的辐射亮度（地气系统反照率）。当 RAPP 大于 0 或 RAPP 位于 -1 和 0 之间时进行反向运算，通过给定的传感器接收到的辐射亮度（地气系统反照率）及大气环境参数，计算出大气光学参数和地表反射率，即为大气校正的过程。

缺少必要的地表状态参数时，可以把地表反射假设为朗伯体反射。在以上参数确定的前提下，给定地表反射率和气溶胶光学厚度的值，通过正向运算可以得到表观反射率，通过查找表就可以反演出像元点处的光学厚度值。

6.2.2　暗像元反演法

陆地上的稠密植被、水体覆盖区在可见光波段反射率很低，在卫星影像上称为暗像元。模拟及观测研究表明，在晴空无云的暗像元上空，卫星观测的反射率随大气气溶胶光学厚度的增加而单调增加，利用这种关系反演大气气溶胶光学厚度的算法，称为暗像元方法，是目前利用反射光谱强度反演陆地气溶胶相对成熟的算法。

暗像元法是基于卫星接收到的表观反射率中大气路径辐射的大气贡献部分进行气溶胶反演，传感器接收到的辐射值，既是气溶胶光学厚度的函数，又是下垫面地表反射率的函数。当地表反射率很小时，大气中气溶胶使卫星接收的辐射值增大，卫星观测的辐射值就主要来自于大气的贡献。Kaufman（1997）等研究发现，在密集植被或水体的暗像元上近红外通道（2.13 μm）反射率与红光（0.66 μm）通道反射率、蓝光（0.47 μm）通道反射率线性相关。在地表反射率较低的情况下，2.1 μm 波段受大气气溶胶的影响很小，可以将卫星观测的波段表观反射率值近似认为是地表反射率值，并且红光波段、蓝光波段的地表反射率 $R_{0.66}$，$R_{0.47}$ 和 2.1 μm 波段的地表反射率 $R_{2.1}$ 具有如下数学关系：

196

$$R_{0.47} = \frac{1}{4}R_{2.1}$$

$$R_{0.66} = \frac{1}{2}R_{2.1}$$

因此，可以利用暗像元在 2.1 μm 波段的反射率确定 0.47 μm 波段和 0.66 μm 波段的地表反射率。暗像元法就是利用浓密植被地区红蓝波段的辐射值和气溶胶光学厚度的这种关系反演气溶胶光学厚度。

6.2.3 气溶胶光学厚度反演

（1）确定地表反射率

气溶胶下方的植被覆盖区在可见光红光、蓝光通道下，其地表反射率可以从 2.1 μm 通道的地表反射率估算出来，而地面辐射能量在 2.1 μm 通道受大气气溶胶影响较小，因此可近似认为在 2.1 μm 通道暗像元的地表反射率等于卫星接收到的表观反照率。根据 2.1 μm 波段的卫星影像数据可以计算 2.1 μm 波段的表观反照率和地表反射率，再按照红光波段和蓝光波段的地表反射率与 2.1 μm 波段的地表反射率之间的线性关系，就可以计算出暗目标在红光和蓝光波段的地表反射率，按下式表示：

$$R_{0.47} = \frac{1}{4}\rho_{2.1}$$

$$R_{0.66} = \frac{1}{2}\rho_{2.1}$$

式中 $\rho_{2.1}$ 是 2.1 μm 波段的影像数据计算出的表观反照率。

（2）确定大气模式和气溶胶模式

6S 模型提供了 7 种大气模式和 3 个用户自定义大气模式。确定大气模式要根据观测点的地理位置与观测时间，一般从热带大气、中纬度夏季大气、中纬度冬季大气、亚北极区夏季大气和亚北极区冬季大气中选择。根据实验数据选取的日期以及待反演地区的地理位置确定合适的大气模式，用于描述大气气体吸收和分子散射的作用。

气溶胶类型在气溶胶反演计算中非常重要。6S 模型提供了 7 种气溶胶模式和 6 种用户自定义气溶胶模式，其中主要用到的是大陆型气溶胶、海洋型气溶胶、城市型气溶胶、沙漠型气溶胶，另外还可输入 4 种粒子(灰尘、水溶型、海洋型、烟灰)所占体积百分比 (0~1)的自定义模型。

（3）建立查找表

求解暗目标、计算各暗目标在蓝光通道、红光通道以及红外通道的地表反射率并确定气溶胶类型后，根据 6S 辐射传输方程，可分别建立 MODIS 红光波段和蓝光波段的 550 nm 气溶胶光学厚度查找表。从影像上分别读取卫星天顶角、太阳天顶角、卫星观测方位角与太阳方位角的角度之差，并设置一定的步长递增，利用求得的暗目标地表反射率，设置一系列气溶胶光学厚度值，运行 6S 辐射传输方程可计算出相应的卫星表观反照率。从而可建立记录卫星天顶角、太阳天顶角、相对方位角、地表反射率、气溶胶光学厚度、卫星表观反照率之间对应关系的查找表。在业务反演算法中，为节省时间常采用这种含有多维变量的查找表来求解气溶胶光学厚度。

暗目标反演法只能用于较低反射率的暗像元，且必须具有大量详实的气溶胶类型等先验或假设知识。反演得到的气溶胶光学厚度的精度受到所选取的暗目标反射率的不确定性和气溶胶模式的影响。在陆地亮地表，反射率通常较高，暗像元分布较少的情况下，其应用范围和精度受到限制。

6.3 基于 6S 模型的气溶胶光学厚度反演实验

【实验目的和意义】

① 掌握 6S 模型的输入、输出及参数设置特点。

② 掌握气溶胶光学厚度反演的暗像元法。

③ 会用 ERDAS 软件或 ENVI 软件实现基于 6S 模型和暗目标的 MODIS 影像气溶胶光学厚度反演。

【实验软件和数据】

ERDAS9.2，ENVI5.3，2006 年 10 月 11 日 TERRA 卫星接收的 MODIS 影像。

暗像元法适用于研究区域具有较多浓密植被、水体等暗目标存在的情况，而且事先需要确定大气气溶胶的类型。暗像元法的反演结果往往受地表反射率估计值高低的影响。在大气表观反射率确定的情况下，对地表反射率的估计值偏低将导致反演的气溶胶光学厚度值偏高，对地表反射率的估计值偏高将导致反演的气溶胶光学厚度值偏低。并且大气吸收作用越强、误差就会越大。6S 模型将大气上界卫星观测的陆地表观反射率表示为太阳天顶角、卫星天顶角、相对方位角、地表反射率和气溶胶光学厚度的函数，考虑了太阳的辐射能量通过大气传递到地表、再经地表反射通过大气传递到传感器的整个传播过程。根据太阳和传感器的观测几何、地面反射率、大气气溶胶光学厚度，就可算出大气上界的观测辐射。而通过 MODIS 的角度波段数据和影像波段数据，很容易获得太阳天顶角、卫星天顶角、相对方位角、地表反射率以及观测辐射，就可以对应匹配到计算观测辐射的光学厚度值。在实际计算气溶胶光学厚度时，为避免重复计算和提高效率，可以对一系列的卫星天顶角、相对方位角、地表反射率和光学厚度组合，循环调用 6S 程序生成一系列的观测辐射值，而将每一对卫星天顶角、相对方位角、地表反射率和光学厚度组合和对应的观测辐射值作为一条记录保存下来，就可以形成一个查找表。以后在计算光学厚度时，不需要再重复运行 6S 程序，而仅需在查找表中根据相关值进行匹配即可。实验中对 MODIS 影像数据光谱可计算卫星观测到的辐射度，做出 0.66 μm 波段和 0.47 μm 波段的大陆型气溶胶查算表。用 MODIS 影像反演气溶胶光学厚度是通过暗目标进行，暗目标可以是水体也可以是浓密植被，水体在整个可见光和近红外区的地表反射率都很低，浓密植被在红光波段和蓝光波段的反射率也非常低，这些地物下垫面适宜于气溶胶光学厚度的反演。求取暗目标像元后，在查找表中分别利用 1、3 波段的表观反射率匹配各暗像元气溶胶光学厚度，而非暗目标点的气溶胶光学厚度由暗目标点内插得到，最终气溶胶光学厚度取 1、3 波段计算出的光学厚度的平均值。

6.3.1 数据预处理

利用较短的波长和较低的地表反射率反演气溶胶光学厚度，反演误差较小。MODIS 影像的 0.66 μm 波段、0.47 μm 波段和 2.1 μm 波段满足波长短、通道宽度窄，具有遥感反演气溶胶的能力。实验数据为 2006 年 10 月 11 日获取的北纬 30.84～31.52 度、东经 109.53～111.01 度影像中裁剪的、具有一定数量暗目标、无云覆盖的部分区域。实验数据包括 250 m 分辨率文件的 1、2 波段，500 m 分辨率文件的 7 波段以及 1000 m 分辨率的角度文件。影像预处理包括去条带噪声、去蝴蝶结现象、几何纠正、分辨率统一、影像裁剪等步骤。

（1）去条带噪声

MODIS 采用"多元并扫"的探测方式，即并排多个探测器同时对地物进行扫描，250 m 分辨率的波段数据一个扫描带包含 40 个探测单元，500 m 分辨率的波段包含 20 个探测单元，1 km 分辨率的波段包括 10 个探测单元。为获得高质量的对地观测影像，就需要各个探测单元光谱响应特性一致。尽管在发射前做了相对定标，但随着时间的推移，不同探测器在反复扫描地物的过程中受光、电器件性能、温度变化等的影响，造成扫描响应产生差异，各探测器相互之间的光谱响应特性不可能完全相同，在图像中就表现为条带噪声。条带噪声是一种周期性、方向性且呈条带状分布的特殊噪声。

ENVI 提供了 Destriping Data 功能，可以在去条带噪声的同时保持图像原有的信息。在 ENVI 经典主菜单栏点击 Basic Tools→Preprocessing →General Purpose Utilities→Destripe 打开 Destriping Parameters 对话框可进行影像去条带处理，在 Number of Detectors 后输入探测单元数量。对 250 m 分辨率影像文件去条带噪声时输入 40，对 500 m 分辨率影像文件去条带噪声时输入 20，对 1000 m 分辨率影像文件去条带噪声时输入 10，如图 6.3.1 所示。

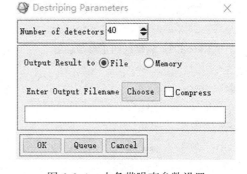

图 6.3.1 去条带噪声参数设置

（2）去蝴蝶结

MODIS 是被动式摆动扫描探测器，其摆动扫描角为±55°。按平面距离计算，扫描带宽度应为 1354 km。由于地球曲率及探测方式的影响，像素的大小随扫描角的增大而增大，扫描带的实际宽度达到了 2330 km。每完成一次扫描，MODIS 探测器轨道中心向前前进 10 km，而在轨道远端，扫描距离达到了 20 km。这样得到的图像在轨道两侧存在严重的影像重叠，这种现象称为 Bow-tie，即"蝴蝶结"现象。

为去除蝴蝶结，用 IDL 语言开发了扩展模块 modistools.sav，该 IDL 模块须镶嵌在 ENVI 环境中使用，用于处理第一级 MODIS 数据。在使用 modistools.sav 之前，需要首先将其安装到 ENVI 中。将 modistools.sav 拷贝到 ENVI 安装目录下的 save_add 目录，如 C：\Program Files\Exelis\ENVI53\classic\save_add，在 menu 文件夹中编辑 envi.men 文件，

加入命令的位置信息。实验中，在需要将模块加入的菜单目录下写入命令信息，如图 6.3.2 所示。

```
1 {Masking}
  2 {Build Mask} {build mask} {envi_menu_event}
  2 {Apply Mask} {apply mask} {envi_menu_event}
1 {Preprocessing} {separator}
  2 {MODIS tools}
    3 {Bow-tie correction} {x} {MODISBowCorrection}
  2 {Calibration Utilities}
    3 {AVHRR} {calibrate avhrr} {envi_menu_event}
```

图 6.3.2　在菜单文件中写入命令信息

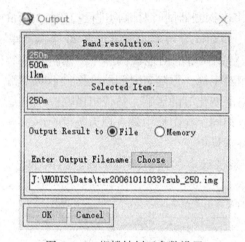

图 6.3.3　蝴蝶结纠正参数设置

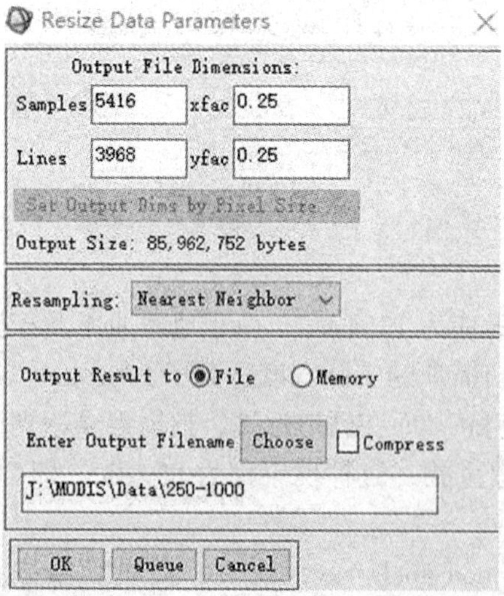

图 6.3.4　影像分辨率转换

在 ENVI 主菜单中选择 Basic Tools→Preprocessing → MODIS tools → Bow-tie Correction 选择输入影像文件，打开如图 6.3.3 所示对话框，在其中选择影像分辨率就可对其进行去蝴蝶结纠正。

（3）分辨率调整

由于实验中所用红光波段是 250 m 分辨率，蓝光和近红外波段都是 500 m 分辨率，角度文件是 1000 m 分辨率，需进行分辨率调整以统一分辨率。分辨率调整既可以统一到 250 m，也可以统一到 500 m 或 1000 m。利用 ENVI 软件的 Resize Data 工具可将 250 m 和 500 m 分辨率的数据调整为 1000 m 分辨率层次的数据。在 ENVI Classic 主菜单栏点击 Basic Tools→Resize Data 选择 250 m 分辨率的影像文件后打开 Resize Data Parameters 对话框，在 xfac 和 yfac 后输入 0.25，将分辨率调整为 1000 m 层次，如图 6.3.4 所示。对于 500 m 分辨率的影像，在 xfac 和 yfac 后输入 0.5，将分辨率调整为 1000 m 层次。

（4）波段提取

在实验数据中，波段 1 位于 250 m 分辨率文件第 1 层通道，波段 3、波段 7 分别位于 500 m 分辨率文件的第 1、5 层通道，相对方位角的余弦值、卫星天顶角的余弦值、太阳天顶角的负余弦值分别位于角度文件的第 3、4、7 层通道，因此需要从上述文件中分离出这些通道。在 ENVI 菜单栏点击 File→Save File As→ENVI Standard 打开 New File Builder 对话框，点击 Import File 打开 Create New File Input File 对话框，选择输入文件后点击 Spectral Subset，在打开的 File Spectral Subset 对话框中选取需要提取的波段后存储成文件，如图6.3.5所示。

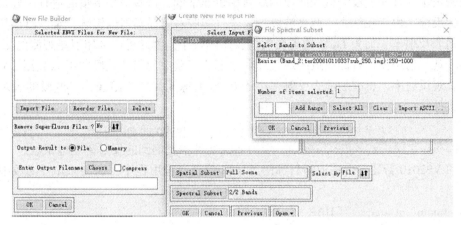

图 6.3.5　波段提取

按上述方法分别提取出红光波段、蓝光波段、近红外波段以及相对方位角、卫星天顶角、太阳天顶角通道数据。由于提取出的几何数据分别是相对方位角的余弦值、卫星天顶角余弦值和太阳天顶角的负余弦值，因此要注意将其转化为角度值。在波段运算对话框中输入表达式 acos(b1)/3.14156 * 180，并将变量 b1 分别映射为角度文件的第3、4层数据，可分别获得相对方位角和卫星天顶角数据。在波段运算对话框中输入表达式 180 − acos(b1)/3.14156 * 180，并将变量 b1 映射为角度文件的第7层数据，可获得太阳天顶角数据，如图6.3.6所示。

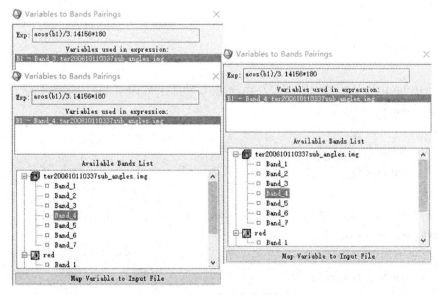

图 6.3.6　获取角度数据

6.3.2　提取暗目标

　　暗目标是指地表反射率较低的地物，水体在整个可见光和近红外区的地表反射率都很低，浓密植被在红光波段和蓝光波段的反射率也非常低，这些地物下垫面适宜于气溶胶光学厚度的反演。由于在红光、蓝光波段，大气气溶胶对路径辐射的影响，难以直接从影像上获取地表反射率，而 2.1 μm 通道受气溶胶影响较小，因此可以利用卫星观测的 2.1 μm 通道的表观反射率值代替此通道的地表反射率值。实验中利用 7 波段的影像数据 DN 值计算出其表观反射率，将满足地表反射率小于 0.06 的像元提取为暗像元。波段的表观反射率按下式计算：

$$\rho = \text{reflectance\_scales} \cdot (\text{DN} - \text{reflectance\_offsets})$$

式中 reflectance_scales、reflectance_offsets 为属性文件中查询到的反射率定标系数。

　　启动 VS2010 新建一个提取暗目标的 Win32 控制台应用程序，在_tmain( )函数中加入如下代码：

```
int _tmain(int argc, _TCHAR * argv[])
{
    unsigned short * pwave7 = new unsigned short[50 * 100];
    unsigned short * pwave1 = new unsigned short[50 * 100];
    unsigned short * pwave3 = new unsigned short[50 * 100];
    float * psun_zenith = new float[50 * 100];
    float * psat_zenith = new float[50 * 100];
    float * prel_azimuth = new float[50 * 100];
    ifstream in1("ter200610110337sub_wave7.bin", ios::in | ios::binary);
    if(!in1.is_open())
    {
        delete [] pwave7;
        return -1;
    }
    ifstream in2("ter200610110337sub_wave1.bin", ios::in | ios::binary);
    if(!in2.is_open())
    {
        delete [] pwave1;
        return -1;
    }
    ifstream in3("ter200610110337sub_wave3.bin", ios::in | ios::binary);
    if(!in3.is_open())
    {
        delete [] pwave3;
        return -1;
```

```
}
ifstream in4("sun_zenith.bin",ios::in | ios::binary);
if(! in4.is_open())
{
    delete [ ]psun_zenith;
    return -1;
}
ifstream in5("sat_zenith.bin",ios::in | ios::binary);
if(! in5.is_open())
{
    delete [ ]psat_zenith;
    return -1;
}
ifstream in6("rel_azimuth.bin",ios::in | ios::binary);
if(! in6.is_open())
{
    delete [ ]prel_azimuth;
    return -1;
}
in1.read((char * )pwave7,50 * 100 * sizeof(unsigned short));
in2.read((char * )pwave1,50 * 100 * sizeof(unsigned short));
in3.read((char * )pwave3,50 * 100 * sizeof(unsigned short));
in4.read((char * )psun_zenith,50 * 100 * sizeof(float));
in5.read((char * )psat_zenith,50 * 100 * sizeof(float));
in6.read((char * )prel_azimuth,50 * 100 * sizeof(float));
in1.close();
in2.close();
in3.close();
in4.close();
in5.close();
in6.close();
int i,j;
for(i=0;i<5000;i++)
{
    if(pwave7[i] * 0.0000267215<0.06)
    {
        cout<<(int)(i/100)<<"    "<<i%100<<"    "<<pwave7[i]<<endl;
    }
}
```

```
    }
    ofstream out("darkpixel.txt",ios::out);
    for(i=0;i<5000;i++)
    {
        if(pwave7[i] * 0.0000267215<0.06)
        {
            out <<(int)(i/100)<<"      "<<i%100<<"      "<<psun_zenith[i]<<"      "
                <<psat_zenith[i]<<"      "<<prel_azimuth[i]<<"      "
                <<pwave7[i] * 0.0000267215<<"      "<<pwave3[i] * 0.0000353328
                <<"      "<<pwave1[i] * 0.0000522444<<endl;
        }
    }
    out.close();
    delete [ ]pwave7;
    delete [ ]pwave1;
    delete [ ]pwave3;
    delete [ ]psun_zenith;
    delete [ ]psat_zenith;
    delete [ ]prel_azimuth;
    return 0;
}
```

运行该程序就可以生成名为 darkpixel. txt 的暗目标文件，暗目标文件中每一行记录了所提取的暗目标点的位置和特征信息，依次包括暗目标点的行号、列号、太阳天顶角、卫星天顶角、相对方位角、7 波段表观反射率、3 波段表观反射率、1 波段表观反射率。统计暗目标文件 darkpixel. txt 中所有暗目标点的太阳天顶角、卫星天顶角、相对方位角的最小值和最大值。

6.3.3 6S 程序参数设置

双击运行 6S 程序，依次需要提供几何参数、大气模式、气溶胶类型参数、气溶胶含量参数、目标高度参数、传感器高度参数、光谱参数、地表反射率类型、激活大气订正方式等参数。

（1）GEOMETRICAL CONDITIONS

几何条件要求输入 igeom，igeom 的取值范围为 $0 \sim 7$，igeom=0 表示用户自己选择观测几何参数，此时需要输入太阳天顶角、太阳方位角、卫星天顶角、方位角以及月份和日期。实验中几何参数由暗目标文件中存储的角度数据输入，月份输入 10，日期输入 11。

（2）ATMOSPHERIC MODEL

大气模式要求输入 idatm，idatm 取值范围为 $0 \sim 9$，Idatm=0 表示无气体吸收、idatm=1 表示热带大气、idatm=2 表示中纬度夏季大气、idatm=3 表示中纬度冬季大气、idatm=4

表示亚北极区夏季大气、idatm＝5 表示亚北极区冬季大气、idatm＝6 表示美国标准大气（62 年）、idatm＝7 表示用户定义大气廓线。根据实验数据日期以及地理位置输入 idatm＝2 表示中纬度夏季大气。

（3）AEROSOL TYPE

气溶胶类型参数要求输入 iaer，iaer 的取值范围为 0～12，iaer＝0 表示无气溶胶，iaer＝1 表示大陆型气溶胶，iaer＝2 表示海洋型气溶胶，iaer＝3 表示城市气溶胶等，实验中输入 iaer＝1。

气溶胶含量参数要求输入能见度 visibility，visibility＝0 表示输入 550 纳米气溶胶光学厚度，visibility＝−1 表示没有气溶胶。实验中输入 visibility＝0 后还要求输入气溶胶光学厚度，由于不考虑极端的天气情况，即纯分子大气或沙尘暴发期或由生物燃烧释放烟尘，而只考虑气溶胶光学厚度在 0.1～1.0 的值。

输入气溶胶光学厚度后，要求输入 xps 和 xpp。xps 表示目标高度，xps>＝0 指目标在海平面的高度，实验中根据区域地理位置输入−0.08。xpp 表示传感器的高度，xpp＝−1000 表示是卫星观测、xpp＝0 表示是地面观测、−100<xpp<0 表示是飞机观测，绝对值代表飞机相对于目标的高度（公里）。由于实验数据是 MODIS 卫星影像，xpp 输入−1000。

（4）SPECTRAL CONDITIONS

光谱参数要求输入 iwav，iwave 取值范围为−2～70。对于 MODIS 的波段 1，iwave 取值为 42；对于 MODIS 的波段 3，iwave 取值为 44。实验中分别要用红光波段和蓝光波段反演气溶胶的光学厚度，当使用红光波段时 iwave 输入 42，当使用蓝光波段时 iwave 输入 44。

（5）GROUND REFLECTANCE TYPE

地表反射率类型要求输入 inhomo，inhomo 的取值为 0，1，inhomo＝0 表示是均匀表面。当缺少必要的地表状态参数时，可以把地表反射假设为朗伯体反射。实验中输入 inhomo＝0，此时要求输入 idirec，igroun，rog。idirec＝0 表示无方向效应，idirec＝1 表示有方向效应，Igroun 中输入均匀朗伯体表面的反射率，rog 表示地表反射率。实验中 idirec 输入 0，igroun 输入 0，地表反射率由暗目标文件中存储的反射率数据输入。

（6）RAPP

RAPP 表示允许激活大气纠正模式的参数。rapp<−1 表示不激活大气订正方式；rapp>0 表示反演地面反射率；−1<rapp<0 表示反演地面反射率。实验中 rapp 输入−2 表示不激活大气订正方式。

6.3.4 生成查找表

当 6S 辐射传输模型进行正向运算时，即给定地表反射率和大气环境参量，可模拟传感器应接收到的辐射亮度（地气系统反照率）。也就是说，当已知观测天顶角、太阳天顶角、观测方向散射辐射与太阳光线之间的方位角、气溶胶模式和地面反射率以后，如果再给出一系列不同的气溶胶光学厚度，运行 6S 模型就可以得到一系列不同的表观反射率。当运行 6S 程序得到的表观反射率与传感器测量得到的实际大气顶层表观反射率相等时，用于计算的气溶胶光学厚度就可以认为与实际的气溶胶光学厚度相等。在实际应用中，为加快反演速度，可预先对一定范围的一系列太阳天顶角、卫星天顶角、相对方位角、地表反射率和气溶胶光学厚度取值，循环调用 6S 程序生成一系列表观反射率。并将每一组对应的太阳天顶角、卫星天顶角、相对方位角、地表反射率、气溶胶光学厚度、表观反射率记录成一行数据存储在文件中，这个文件就称为**查找表**。在对实验区域进行气溶胶光学厚度反演时，就不需要再次运行 6S 程序，而是直接从查找表中匹配表观反照率、地表反射率、太阳天顶角、卫星天顶角、相对方位角最近的记录行，其记录的气溶胶光学厚度就是所求的值。

（1）设置参数范围

实验中建立的查找表只考虑气溶胶光学厚度在 0.1~1.0 的值，考虑到内插精度问题，气溶胶光学厚度每间隔 0.1 进行循环；太阳天顶角考虑 62.00~63.00 范围，每间隔 0.20 度进行循环；卫星天顶角考虑 40.00~40.80 范围，每间隔 0.20 度进行循环；相对方位角考虑 26.00~34.00 范围，每间隔 1 度进行循环；对红光波段，地面反射率考虑 0~0.03，每间隔 0.001 进行循环；对蓝光波段，地面反射率考虑 0~0.015，每间隔 0.001 进行循环。以上参数用于 6S 所需要的输入参数，进行查找表的运算。

（2）建立批处理文件

为了使不同的参数组合能循环调用 6S 程序，可将每一参数组合存储到一个文本文件 input.txt，然后建立一个 bat 批处理文件，在其中输入命令 6s<input.txt。双击该批处理文件，系统就会调用 cmd.exe 按照文件中的命令进行运行。

（3）生成查找表程序

启动 VS2010 新建一个生成查找表的 Win32 控制台应用程序，在_tmain()函数中加入如下代码，作为红光波段查找表生成程序。

```
int _tmain(int argc, _TCHAR * argv[])
{
    ofstream fout("LUT.txt",ios::out);
    if(! fout.is_open())
    {
        return -1;
    }
    double sat_zenith=0;
    double sun_zenith=0;
    double rel_azimuth=0;
    double rog=0;
    double sol=0;
    for(sun_zenith=62.000;sun_zenith<=63.000;sun_zenith+=0.200)
    {
        for(sat_zenith=40.000;sat_zenith<=40.800;sat_zenith+=0.200)
        {
            for(rog=0.0;rog<=0.03;rog+=0.001)
            {
```

```cpp
for( sol = 0. 1;sol< = 1;sol+ = 0. 1)
{
    for( rel_azimuth = 26. 000;rel_azimuth< = 34. 000;rel_azimuth+ =
1. 000)
    {
        ofstream out("input. txt",ios::out);
        if( ! out. is_open( ) )
        {
            return -1;
        }
        out<<0<<endl;
        out<<sun_zenith<<endl;
        out<<0<<endl;
        out<<sat_zenith<<endl;
        out<<rel_azimuth<<endl;
        out<<10<<endl;
        out<<11<<endl;
        out<<2<<endl;
        out<<1<<endl;
        out<<0<<endl;
        out<<sol<<endl;
        out<<-0. 08<<endl;
        out<<-1000<<endl;
        out<<42<<endl;
        out<<0<<endl;
        out<<0<<endl;
        out<<0<<endl;
        out<<rog<<endl;
        out<<-2<<endl;
        out. close( );
        fout<<sun_zenith<<"    "<<sat_zenith<<"    "
        <<rel_azimuth<<"    "<<sol<<"    "<<rog;
        const char * CommandLine = "cmd. bat";
        DWORD dwExitCode;
        PROCESS_INFORMATION pi;
        STARTUPINFO si = { sizeof( STARTUPINFO) };
        BOOL ret = ::CreateProcess( NULL,LPWSTR( CommandLine) ,
        NULL, NULL, FALSE, 0, NULL, NULL, &si, &pi);
```

```
                    if (ret)
                    {
                        CloseHandle(pi. hThread);
                        WaitForSingleObject(pi. hProcess, INFINITE);
                        GetExitCodeProcess(pi. hProcess, &dwExitCode);
                        if(dwExitCode ! = 0)
                        {
                            cout<<"EROOR"<<endl;
                        }
                        else
                        {
                            cout<<"Successful Run"<<endl;
                        }
                        CloseHandle(pi. hProcess);
                    }
                    char str[100];
                    double apparentreflect;
                    ifstream input;
                    input. open("sixs. out");
                    while(input>>str)
                    {
                        if(strcmp(str,"apparent") = = 0)
                        {
                            break;
                        }
                    }
                    input>>str;
                    input>>apparentreflect;
                    fout<<"       "<<apparentreflect<<endl;
                    input. close();
                }
            }
        }
    }
    fout. close();
    return 0;
}
```

运行上述程序就可生成红光波段的查找表文件 LUT. txt，对于蓝光波段只需将上述程序中 rog 范围改为小于 0.015、iwave 改为 44，运行程序就可生成蓝光波段的查找表文件。

6.3.5 查找表光学厚度匹配

生成查找表文件后，根据 MODIS 影像上每个暗目标点的参数值在查找表中匹配出最符合的参数组合，从而得到与之对应的气溶胶光学厚度。由于暗目标点的一系列参数值和查找表记录之间并不存在严格相等的参数匹配，因此需要设置匹配准则，实现暗目标点的一系列参数值与查找表中的参数组合记录之间的最好匹配。应按最小距离准则设计匹配算法，实现暗目标点的气溶胶光学厚度查找，在最小距离准则中角度与反射率量纲不一致，应注意不同量纲之间的归一化。

启动 VS2010 新建一个 Win32 控制台应用程序，在_tmain( ) 函数中加入最小距离准则匹配算法的代码，作为气溶胶光学厚度查找程序。

```
typedef struct darkpixel
{
    int row;
    int col;
    double sun_zenith;
    double sat_zenith;
    double rel_azimuth;
    double band7;
    double band3;
    double band1;
} * pDarkpixel;
long int offset_sun_zenith;
long int offset_sat_zenith;
long int total_offset;
typedef struct    LUT{
    double sun_zenith;
    double sat_zenith;
    double rel_azimuth;
    double AOD;
    double band_rog;
    double apparent_ref;
} * pLUT;

#define OFF_SUN 4200
#define OFF_SAT 600
```

```
        darkpixel DarkPixel[1087];
        LUT LUT_band1[37800];
        LUT LUT_band3[22680];

        FILE * fp_darkPixel, * fp_LUT42, * fp_LUT44;
        FILE * fp_AOT;
        double AOT;
        CBmpFile bmp;
        void read()
        {
            fp_darkPixel = fopen("darkpixel. txt","r");
            fp_LUT42 = fopen("LUT42. txt","r");
            fp_LUT44 = fopen("LUT44. txt","r");
            fp_AOT = fopen("aot. txt","w");
            if (fp_darkPixel<0||fp_LUT42<0||fp_LUT44<0||fp_AOT<0)
            {
                exit(0);
            }
            for (int i=0;i<1086;i++)
            {
                fscanf(fp_darkPixel,"%d %d %lf %lf %lf %lf %lf %lf\n",&DarkPixel[i]. row,
                &DarkPixel[i]. col,&DarkPixel[i]. sun_zenith,&DarkPixel[i]. sat_zenith,
                &DarkPixel[i]. rel_azimuth,&DarkPixel[i]. band7,
                &DarkPixel[i]. band3,&DarkPixel[i]. band1);
            }
            for (int j=0;j<37800;j++)
            {
                fscanf(fp_LUT42,"%lf %lf %lf %lf %lf %lf",&LUT_band1[j]. sun_zenith,
                &LUT_band1[j]. sat_zenith,&LUT_band1[j]. rel_azimuth,
                &LUT_band1[j]. AOD,&LUT_band1[j]. band_rog,
                &LUT_band1[j]. apparent_ref);
            }
            for (int k=0;k<22680;k++)
            {
                fscanf(fp_LUT44,"%lf %lf %lf %lf %lf %lf",&LUT_band3[k]. sun_zenith,
                &LUT_band3[k]. sat_zenith,&LUT_band3[k]. rel_azimuth,
                &LUT_band3[k]. AOD,&LUT_band3[k]. band_rog,
                &LUT_band3[k]. apparent_ref);
```

```
            }
    }
void match_pixel( )
{
        double AOT;
        int index_sun;
        int index_sat;
        long int index_band1;
        long int index_band3;
        double distance;
        double aot_average = 0;
        double min_band1_distance;
        double min_band3_distance;
        for ( int m = 0;m<1086;m++)
        {
            min_band1_distance = 9999;
            min_band3_distance = 9999;
            index_sun = ceil(((DarkPixel[m].sun_zenith-61.6)/0.2);
            offset_sun_zenith = (index_sun-1) * OFF_SUN;
            index_sat = ceil(((DarkPixel[m].sat_zenith-39.8)/0.2);
            offset_sat_zenith = (index_sat-1) * OFF_SAT;
            total_offset = offset_sun_zenith+offset_sat_zenith;
            for ( int n = total_offset;n<total_offset+OFF_SAT;n++)
            {
                if (fabs(DarkPixel[m].rel_azimuth-LUT_band1[n].rel_azimuth)<0.5)
                {
                    distance = (DarkPixel[m].band1-LUT_band1[n].apparent_ref) *
                    (DarkPixel[m].band1-LUT_band1[n].apparent_ref);
                    if (distance<min_band1_distance)
                    {
                        min_band1_distance = distance;
                        index_band1 = n;
                    }
                }
                if (fabs(DarkPixel[m].rel_azimuth-LUT_band3[n].rel_azimuth)<0.5)
                {
                    distance = (DarkPixel[m].band3-LUT_band3[n].apparent_ref) *
                    (DarkPixel[m].band3-LUT_band3[n].apparent_ref);
```

```
                    if (distance<min_band3_distance)
                    {
                        min_band3_distance = distance;
                        index_band3 = n;
                        n = n+10;
                    }
                }
            }
        AOT=(LUT_band1[index_band1].AOD+LUT_band3[index_band3].AOD)/2.0;
        aot_average = aot_average+AOT;
        fprintf(fp_AOT,"%d,%d,%lf\n",DarkPixel[m].row,DarkPixel[m].col,AOT);
        bmp.m_pImgDat[(49-DarkPixel[m].row)*100+DarkPixel[m].col]=AOT*255;
    }
    aot_average = aot_average/1086.0;
    printf("光学厚度平均值为:",aot_average);
}
void main()
{
    clock_t start_read,finish_read;
    clock_t start_match,finish_match;
    double duration_read,duration_match;
    bmp.CreateBmp(100,50,1);
    for(int col = 0;col<100;col++)
    {
        for (int row = 0;row<50;row++)
        {
            bmp.m_pImgDat[row*100+col] = 0;
        }
    }
    start_read = clock();
    read();
    finish_read = clock();
    start_match = clock();
    match_pixel();
    finish_match = clock();
    bmp.Save2File("result.bmp");
    fclose(fp_darkPixel);
    fclose(fp_LUT42);
```

```
        fclose(fp_LUT44);
        fclose(fp_AOT);
        duration_read = (double)(finish_read - start_read) / CLOCKS_PER_SEC;
        duration_match = (double)(finish_match - start_match) / CLOCKS_PER_SEC;
        printf("the time that programme needs\n");
        printf("%f reading seconds\n", duration_read);
        printf("%f matching seconds\n", duration_match);
}
```

【实验考核】

① 运用 VC 或 VS 编程或运用遥感软件的建模工具获得暗目标像素，生成暗目标文件，输出暗目标像素的分布图。

② 根据波段的 DN 值和增益系数计算每个暗目标像素在该波段的表观反射率，根据 MODIS 影像上暗目标像素在红光通道、蓝光通道与红外通道之间地表反射率的关系计算每个暗目标像素在 0.47 μm 波段、0.66 μm 波段的地表反射率，存储到暗目标文件的对应记录中。

③ 运用 VC 或 VS 编程实现 6S 程序的循环调用，分别生成 0.47 μm 波段、0.66 μm 波段的查找表，在生成查找表时应注意对两个波段进行正确的参数设置。

④ 运用 VC 或 VS 编程实现查找表记录和暗目标像素参数组合之间的最小距离匹配，求出每个暗目标像素的 1、3 波段气溶胶光学厚度。

⑤ 运用遥感软件的数值内插功能，实现由暗目标像素内插非暗目标像素的气溶胶光学厚度，生成整个区域的气溶胶光学厚度分布图。

第七章　利用 SAR 影像提取 DEM

微波遥感技术是 20 世纪 60 年代后期发展起来的一项对地观测技术。由于其独特的优势，在测绘、农业、林业、大气、水文、地质、海洋等许多领域得到了广泛的发展和应用。与被动式光学传感器不同，合成孔径雷达(Synthetic Aperture Radar，SAR)是一种利用微波的主动式遥感，它是通过接收自身向地面发射的微波信息的后向反射信号，组成幅度加相位的雷达记录，具有全天候、全天时获取遥感影像的能力。SAR 不受光照和天气条件的限制，可以透过地表和植被获取地表以下的信息。作为地理空间分析的重要数据源，从 SAR 影像上可以提取地形信息。

7.1　利用 SAR 影像提取 DEM 概述

7.1.1　SAR 成像原理

合成孔径雷达是利用雷达与目标的相对运动，将尺寸较小的真实天线孔径用数据处理的方法合成为尺寸较大的等效天线孔径的雷达。合成孔径雷达工作时按一定的重复频率，沿着与传感器运动矢量近似垂直的方向主动发射雷达电磁波信号，接收经过地表反射后的回波并将单元天线接收信号的振幅与相对发射信号的相位叠加起来，合成一个等效合成孔径天线的接收信号，进行成像处理得到影像。为形成一幅影像，需要在两个相互正交的轴上进行强度测量。通过测量回波延迟，并将回波沿影像 X 轴置于正确位置上。影像的 Y 轴由传感器的航向确定，回波经过处理后依据当前传感器位置而出现在 Y 轴上，产生具有正确几何坐标的影像。SAR 影像每一像素记录的信息用复数表示，既记录了地面分辨元的雷达后向散射特性(即灰度信息)，又记录了与斜距(雷达天线到地面分辨元的距离)有关的相位信息，也可称为雷达复数影像。

7.1.2　SAR 影像提取 DEM 原理

数字高程模型(DEM)是指一定区域范围内规则格网点的平面坐标(X，Y)及其高程(Z)数据。高精度的 DEM 不仅可以非常直观地展示一个地区的地形、地貌，而且也为各种地形特征的定量分析和不同类型专题图的自动绘制提供基本数据。合成孔径雷达可以生成 DEM，对于地形分析具有重要作用。SAR 具有全天候、全天时的工作特性，雷达波对地物具有一定穿透性，利用 SAR 影像生成 DEM 可以弥补传统测量方法的不足。从 SAR 影像中提取 DEM 可以分为以下几种情况：雷达角度测量(Clinometry)、雷达立体测量

（Stereoscopy）、雷达极化测量（Polarimetry）和雷达干涉测量（Interferometry）。

（1）雷达角度测量

雷达角度测量是以地面的几何形状和 SAR 影像的回波散射强度为基础，选择地面几何模型，建立回波散射强度和表达地面几何形状的参数之间的数学关系，通过对单张 SAR 影像上明暗度的变化来推算淹没的形状，推导每个点的高程增量表达式，并对高程增量积分求和来计算地面高程信息，从而得到地面的 3 维信息。雷达角度测量只需要单张 SAR 影像就可提取 DEM，对数据源的要求较低，但 DEM 量测精度较低，多用于一些较困难或精度要求不高的地区，可与其他提取地面高程信息的方法相结合，作为一种有效的辅助手段。

（2）雷达立体测量

雷达立体测量通过立体像对提取 DEM，其原理与光学遥感中立体像对的摄影测量法相似，是指按照摄影测量的解析方法，利用同一地区的两幅 SAR 影像构成立体像对，以一定量的地面控制点进行平差解算，得到地面目标的高程信息。按雷达天线相对于地面目标位置的不同，可分为同侧立体观测获取 SAR 影像对和异侧立体观测获取 SAR 影像对，多数情况下是采用同侧立体观测的方法。同侧立体观测时，从间隔较大的不同航线，以不同的雷达侧视角去获取得到两幅 SAR 影像，既能保证足够的视差，又能保证一定的影像重叠度。雷达立体测量提取 DEM 过程包括像对自动匹配、轨道纠正及立体内插、栅格化等几个主要环节，其中影像匹配是关键处理环节。如果基线较长、像对间几何变形较大以及斑点噪声的影响，可导致影像匹配困难，影响 DEM 的提取。雷达立体测量的优点在于可以较多地引用航空摄影测量中的一些理论方法，对立体像对的获取时间、基线和地物类型等要求都不是特别的严格。

（3）雷达极化测量

极化雷达可同时发射 H、V 两种线性极化雷达脉冲，并以散射矩阵的形式记录地物在任意极化状态的散射回波，既包含振幅信息、又包含相位信息。雷达极化测量的原理是根据极化雷达后向散射矩阵的振幅和相位参数随地面坡度变化的关系，来推算坡度和估计地面高程。在雷达极化测量中，由于地面倾斜使得同极化雷达信号的最大值从其原来平面位置产生一个相对偏移，而偏移角等于地面方位向的坡度。利用极化 SAR 数据能够计算出方位向坡度，将方位向上若干个斜坡面组合起来就可推算出相对高程。如果已知每个斜坡面上的一个地面高程值，就可以估计出整个地面的高程。由于能够获取独特且丰富的信息，极化雷达已越来越受到关注，但雷达极化测量模型复杂，通常难以获得高精度的 DEM。

（4）雷达干涉测量

雷达干涉测量通过在空间不同位置，以相同工作频率的雷达天线对地观测获得同一目标的复数 SAR 影像对，基于时间测距的成像机理，采用数字图像处理方法、信号处理技术和模式识别技术来提取雷达回波信号所具有的辐射相位信息，计算对应像素点的回波信号的相位差形成干涉条纹图以反映天线到目标的斜距差，从而测量地面高程信息。

7.2 利用 SAR 立体像对提取 DEM 方法

SAR 立体像对是指由不同的摄影站以同侧成像或异侧成像的方式获取的具有一定重叠范围的两张 SAR 影像。以同侧方式获取 SAR 立体像对时，雷达沿不同的航线飞行，在相同的飞行高度或在不同的飞行高度，从地物的同一侧对目标成像。以异侧方式获取 SAR 立体像对时，雷达从目标的两侧分别对目标成像，获取的 SAR 立体像对视差明显、基高比大，有利于立体观察提高目标点的高程精度。异侧方式适合于对平坦地区获取的 SAR 立体像对进行立体处理，但在地形起伏较大的地区，特别是由于叠掩和阴影的影响，可能会造成 SAR 立体像对影像之间较大的色调差异和几何变形，对立体观测带来不利影响。同侧方式获取的 SAR 立体像对，相比异侧方式获取的 SAR 立体像对，虽然视差和基高比较小，但是两幅 SAR 影像色调差异不大、变形类似，只要选择合适的雷达参数，就可以获取较好的立体观测效果。因此，在丘陵地区、山地地区等一般还是使用同侧方式获取的 SAR 立体像对进行立体处理。

7.2.1 SAR 立体像对的视差

SAR 立体像对的左右视差 Δp 是地物目标点高差 Δh 的反映，是指高出某一基准面的地物目标在两幅 SAR 影像上的位移差。SAR 影像有地距方式显示和斜距方式显示，因此视差与高差的关系相应地也有两种方式表达。根据左右视差可以推算出地物目标点之间的高差，高差不仅与视差有关，而且与视角有关。

（1）地距方式显示的 SAR 立体像对的视差

对于同侧成像方式获取的 SAR 立体像对，视差可以表示为

$$m\Delta p = p'' - p' = \Delta h(\cot\theta'' - \cot\theta')$$

其中，θ' 和 θ'' 分别为天线 S' 和 S'' 扫描至地物目标的视角，m 为 SAR 影像的比例尺分母。

对于异侧成像方式获取的 SAR 立体像对，视差可以表示为

$$m\Delta p = p'' + p' = \Delta h(\cot\theta'' + \cot\theta')$$

因此，地距方式显示的 SAR 立体像对的视差可以统一表示为

$$\Delta h = \frac{m\Delta p}{\cot\theta'' \mp \cot\theta'}$$

（2）斜距方式显示的 SAR 立体像对的视差

对于同侧成像方式获取的 SAR 立体像对，视差可以表示为

$$m\Delta p = p'' - p' = \Delta h(\cos\theta'' - \cos\theta')$$

其中，θ' 和 θ'' 分别为天线 S' 和 S'' 扫描至地物目标的视角，m 为 SAR 影像的比例尺分母。

对于异侧成像方式获取的 SAR 立体像对，视差可以表示为

$$m\Delta p = p'' + p' = \Delta h(\cos\theta'' + \cos\theta')$$

因此，斜距方式显示的 SAR 立体像对的视差可以统一表示为

$$\Delta h = \frac{m\Delta p}{\cos\theta'' \mp \cos\theta'}$$

216

7.2.2 SAR 立体像对的基高比

在摄影测量中，基高比是指立体像对的两个摄影站间的连线长度（摄影基线长度）与航高之比。基高比决定相邻影像在航向上的重叠度，基高比越大、航向重叠越小，立体观测和高程量测精度越高。对于中心投影的立体像对来说，其基高比可以表示为

$$\frac{B}{H} = \frac{m\Delta p}{\Delta h}$$

其中 H 为摄影航高，B 为摄影基线，m 为影像比例尺分母。SAR 立体像对的基高比指两幅 SAR 影像获取时飞机或者卫星运行轨道间的距离与航高之比。

（1）地距方式显示的 SAR 立体像对的基高比

根据地距方式显示的 SAR 立体像对的视差和高差之间的关系，参考中心投影的立体像对的基高比，可以得到地距方式显示的 SAR 立体像对的基高比近似公式如下：

$$\frac{B}{H} = \cot\theta'' \mp \cot\theta'$$

（2）斜距方式显示的 SAR 立体像对的基高比

根据斜距方式显示的 SAR 立体像对的视差和高差之间的关系，参考中心投影的立体像对的基高比，可以得到斜距方式显示的 SAR 立体像对的基高比近似公式如下：

$$\frac{B}{H} = \cos\theta'' \mp \cos\theta'$$

无论是地距方式显示还是斜距方式显示的 SAR 立体像对，异侧观测的基高比大于同侧观测的基高比，在平坦地区异侧观测的 SAR 立体像对所测定的地物目标点的高程精度，要高于同侧观测所测定的高程精度。

7.2.3 SAR 立体测量获取 DEM

SAR 立体测量是利用 SAR 传感器在两个不同观测位置获取的具有一定交会角的两幅 SAR 影像构成立体像对，通过空间前方交会法对地物点进行三维重建生成 DEM。SAR 立体定位获取 DEM 三维重建通常有三种模型：距离-多普勒模型、基于摄影测量理论的等效共线方程模型和视差高程相关模型。距离-多普勒模型是比较严密的立体模型，反映了 SAR 立体测量原理。共线方程模型通过由地面控制点根据 SAR 成像模式求解的定向参数或轨道参数、SAR 系统参数等获取的定向参数，以及立体交会等环节，由同名像点交会计算出相应地面点的三维坐标。

SAR 立体测量生成 DEM 的数据处理与可见光影像的摄影测量类似，主要包括目标立体模型确定、基于灰度信息匹配的像素坐标视差计算、根据立体模型参数和坐标视差的像素点三维坐标计算。

7.3 利用 SAR 立体像对提取 DEM 实验

【实验目的和意义】

① 掌握 SAR 立体像对提取 DEM 的方法。

② 掌握 ERDAS 软件的 StereoSAR 模块的使用方法。

③ 会用 ERDAS 软件实现基于 SAR 立体像对灰度信息的 DEM 提取。

【实验软件和数据】

ERDAS9.2，1996 年 9 月 24 日和 1996 年 9 月 17 日获取的 SAR 立体像对。

7.3.1 输入 SAR 立体像对

在 ERDAS 主模块界面，点击 Radar 模块 ，在下拉菜单中选择 StereoSAR 打开 StereoSAR Project Selector 对话框，从中选择 New StereoSAR Project 新建工程后打开 StereoSAR Input 对话框，在 Reference Image 中输入 SAR 立体像对中用做参考的影像，在 Match Image 中输入 SAR 立体像对中用做匹配的影像，如图 7.3.1 所示。

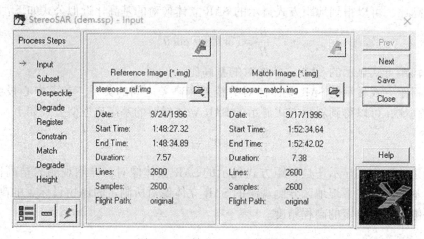

图 7.3.1 输入 SAR 立体像对

在 Process Steps 下列出了立体测量中的所有处理步骤的名称，SAR 立体像对提取 DEM 的步骤包括：Input（输入影像）、Subset（裁剪）、Despeckle（滤波处理）、Degrade（去噪/第一次降采样处理）、Register（配准）、Constrain（约束）、Match（影像匹配）、Degrade（第二次降采样）、Height（高程计算）。红色箭头指示的是当前处理步骤：导入影像。

7.3.2 轨道纠正

IMAGINE StereoSAR DEM 模块的大量测试表明，Radarsat 雷达卫星的星历数据精度非常高。然而，每景影像的星历数据精度是不一样的，目前还没有一种方法能预先判断某一特定影像的星历精度。因此，StereoSAR DEM 模块允许用地面控制点来纠正传感器参数。可用分布均匀的高精度的控制点进行轨道纠正，得到更好的总体效果和更低的误差。

在 Reference Image 上方点击 纠正参考影像的轨道参数，打开 GCP Tool Reference Setup 对话框要求选择参考影像上的控制点，从中选择 GCP File（.gcc）选项，如图 7.3.2 所示。

点击 OK 之后选择存储参考影像上控制点参考坐标的文件 StereoSAR_USGS_Ref.gcc，打开 Stereo Flight Path 窗口、Viewer 窗口以及 GCP Tool 窗口。在 GCP Tool 窗口中点击 File→Load Input 选择存储参考影像上控制点输入坐标的文件 StereoSAR_ref_Control.gcc，则 XRef、YRef 列中显示了参考影像上控制点的参考坐标，XInput、YInput 列中显示了参考影像上控制点的输入坐标，如图 7.3.3 所示。

图 7.3.2　参考影像控制点设置

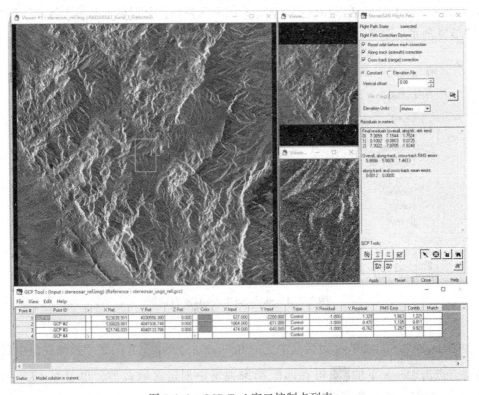

图 7.3.3　GCP Tool 窗口控制点列表

在 Stereo Flight Path 窗口中单击 ▨ 构建几何模型，进行平差处理并计算纠正精度、显示残差，点击 Apply 按钮将纠正后的轨道参数存储到参考影像中，并代替参考影像当前的轨道参数。

在 Match Image 上方点击 ▭ 纠正匹配影像的轨道参数，打开 GCP Tool Reference Setup

对话框要求选择匹配影像上的控制点，类似地选择存储匹配影像上控制点参考坐标的文件
StereoSAR_USGS_Ref. gcc，打开 Stereo Flight Path 窗口、Viewer 窗口以及 GCP Tool 窗口。
在 GCP Tool 窗口中点击 File→Load Input 选择存储匹配影像上控制点输入坐标的文件
StereoSAR_Match_Control. gcc。在 Stereo Flight Path 窗口中单击 ⚏ 构建几何模型，进行平
差处理并计算纠正精度、显示残差，点击 Apply 按钮将纠正后的轨道参数存储到匹配影像
中，并代替匹配影像当前的轨道参数。

此时在 StereoSAR Input 对话框中，Reference Image 和 Match Image 下的 Flight Path 已
由 Original 改为 Corrected，点击左下角的 ⚡ 执行当前的步骤，点击 Next 后进入下一步
骤。

7.3.3　影像裁剪

在 StereoSAR - Subset 对话框中，选中 ☑ Subset 使影像裁剪功能有效。点击 ▢ 打开
StereoSAR Subset Tool 对话框和显示立体像对的视图窗口，分别显示参考影像和匹配影像，
如图 7.3.4 所示。

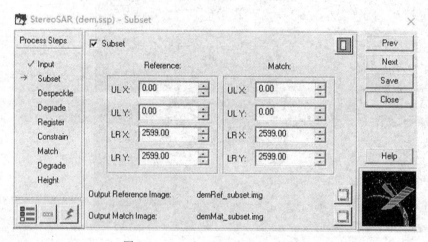

图 7.3.4　StereoSAR - Subset 对话框

在 StereoSAR Subset Tool 对话框中点击 Reference 下的 ▣ 可在参考影像视窗中划定区
域裁剪，点击 Match 下的 ▣ 可在匹配影像视窗中划定区域裁剪，也可在 ULX、ULY、
LRX、LRY 中输入坐标范围进行裁剪，如图 7.3.5 所示。

通过影像裁剪可以在 SAR 立体像对中定义一个较小的影像范围以测试相关参数，当
参数调整到合适时可应用到整景影像的计算。影像裁剪还可用来限制两幅输入影像的范
围、重叠区，以有效地节省数据空间。实验中进行的是整幅影像的立体观测，因此不必进
行裁剪处理，直接点击执行按钮 ⚡。

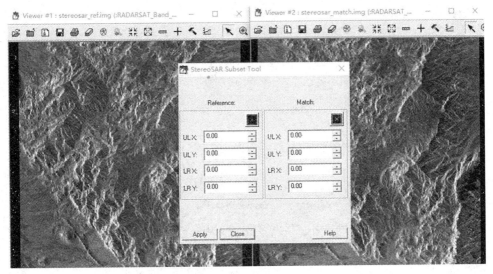

图 7.3.5　设置区域裁剪范围

7.3.4　去噪滤波

SAR 影像中含有较多随机分布的噪声，且噪声在 SAR 立体影像上的分布是不相关的，特别是斑点噪声的存在使影像匹配的相关性计算造成困难，影响了影像配准精度。因此，在 SAR 立体像对配准前需要去除雷达影像中普遍存在的斑点噪声以提高配准精度。SAR 立体像对成像时，由于视线方向的差异导致两幅影像之间的特征差异，去噪过程中的低通滤波特性可能会使 SAR 立体像对之间的相似度提高，从而有利于相关性计算。

在 StereoSAR 窗口中完成影像裁剪之后，点击 Next 按钮打开 StereoSAR - Despeckle 对话框，选中 ☑ Despeckle 使去噪滤波的参数设置有效。在 Filter 中选择滤波器以去除影像斑点噪声，可以选择 Frost 滤波或 Gamma-MAP 滤波。Frost 滤波器是最小均方差算法，适合于影像的局部统计，以保护边缘和细节特征。Gamma-MAP 滤波器最大化后验概率密度函数，取得局部平均值和退化像素值之间的原始像素值。在 Coef. of Variation 中输入场景的变化系数，在 Coef. of Var. Multiplier 中选择 2.0、1.0、0.5 乘以变化系数。在 Moving Window 中选择移动窗口或核的尺寸，可选择从 3×3 到 21×21 的移动窗口。在 Output Reference Image 中显示去噪处理创建的参考影像名，点击其后 ▢ 可在视窗中打开输出的参考影像。在 Output Match Image 中显示了去噪处理创建的匹配影像名，点击其后的 ▢ 可在视窗中打开输出的匹配影像。

在实验中，在 Filter 中选择 Frost 滤波，在 coef of variation 中设置变化系数为 0.2，在 Moving Window 中选择模板大小为 5 × 5，点击执行按钮 ⚡ 进行去噪并输出滤波后的参考影像和匹配影像，如图 7.3.6 所示。

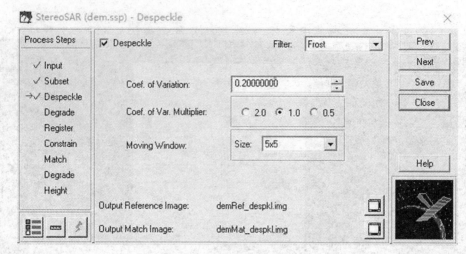

图 7.3.6 去噪滤波参数设置

7.3.5 降低分辨率

Degrade 可按 X 和 Y 方向的因子降低影像的分辨率，降低分辨率是指对影像分辨率进行降采样处理，减少对系统资源的需求以加快对整景影像的处理。为了得到最大的精度，一般使用全分辨率的影像来对每个像素做相关匹配。如果输入影像是单视复数影像（Single Look Complex，SLC），由于影像在距离向和方位向的分辨率并不一样，可以选择调整 Y 方向的尺度系数以使影像在两个方向的分辨率一致。

在 StereoSAR 窗口中完成去噪滤波之后，点击 Next 按钮打开 StereoSAR - Degrade 1 对话框，选中 ✔ Degrade 使降采样的参数设置有效。Scaling Factor 中列出了 X 和 Y 方向的退化参数，在 XScale、YScale 中输入尺度因子，尺度因子越大、分辨率减少得越多。Range pixel spacing in meters 表示在轨道交叉方向的 X 轴，影像中一个像素所表示的地面区域。Azimuth pixel spacing in meters 表示在沿着轨道方向的 Y 轴，影像中一个像素所表示的地面区域。选择 Rescale to Unsigned 8-bit 检查框可将 16 位或浮点数据改变为 8 位无符号数据，以降低整个数据文件的大小。通常用标准差拉伸将输出影像数据缩放到无符号 8位，可节省系统存储空间和提高渲染速度。点击执行按钮 ⚡进行降低分辨率操作，并输出降采样后的参考影像和匹配影像，如图 7.3.7 所示。

Output Reference Image 中显示了第一次退化处理所创建的参考影像名，点击其后的
🖥可在视窗中打开参考影像。Output Match Image 中显示了第一次退化处理所创建的匹配影像名，点击其后的🖥可在视窗中打开匹配影像。

7.3.6 影像配准

在 SAR 立体测量获取 DEM 过程中，影像配准是必须执行的步骤，影像配准将影响到输出 DEM 的精度。影像配准是通过仿射变换来旋转匹配影像使之与参考影像在空间上严

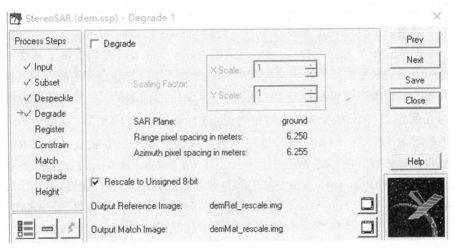

图 7.3.7　降低分辨率参数设置

格对齐，调整影像以使影像视差主要分布在距离方向，最小化 Y 方向的位移。影像配准通过关联点进行，所选关联点要均匀分布在整个影像范围内，并且尽量在 X 方向和 Y 方向具有最大最小视差偏移量的位置，以得到较好的配准结果。在实际操作中，可首先在影像上具有较低高程的地形处，如岸线、冲积平原、道路和农场等，选择一定数量左右均匀分布的点，用 SAR 立体配准工具的解算几何模型功能计算视差偏移量，使之在−5 到+5 像素的范围内。然后在影像上选取一定数量的高程较高的点，点击解算几何模型功能，注意其对最大最小视差值的影响。

在 StereoSAR 窗口中完成影像降采样之后，点击 Next 按钮打开 StereoSAR - Register 对话框，选中 Registration 使影像配准的参数设置有效，如图 7.3.8 所示。

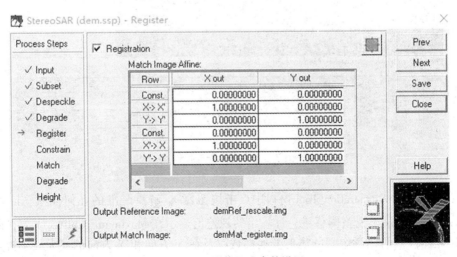

图 7.3.8　影像配准参数设置

点击 ![icon] 按钮打开 StereoSAR Registration Tool 窗口、以不同分辨率显示参考影像和匹配影像的 6 个视图窗口以及 GCP Tool 工具框。使用 StereoSAR Registration Tool 对话框计算仿射变换，从而消除在 Y 方向的位移。StereoSAR Registration Tool 窗口提供了在参考影像和匹配影像中采集关联点的功能，进行配准中同名点的选择。关联点和地面控制点相似，在参考影像和匹配影像中标识着同一个区域。Affine State 后指示是否已使用关联点解算了影像配准的几何模型。当输入关联点、点击 Σ 进行解算几何模型后，Affine State 从 not solved 更改为 solved。GCP Tools 工具框用于创建地面控制点、关联点、计算 RMS 误差、解算模型和更新 Z 值。在 GCP Tool 工具框中点击 File→Load Reference 后选择关联点的参考坐标文件 StereoSAR_Ref_Tie.gcc，关联点的参考坐标就显示在 GCP Tool 工具框列表栏 XRef、YRef 列中。点击 File→Load Input 后选择关联点的匹配坐标文件 StereoSAR_Match_Tie.gcc，关联点的匹配坐标就显示在 GCP Tool 工具框列表栏 XInput、YInput 列中，如图 7.3.9 所示。

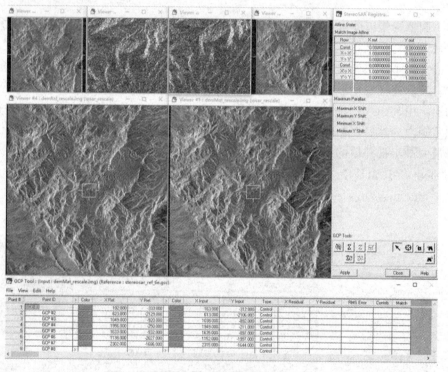

图 7.3.9　影像配准控制点

在 StereoSAR Registration Tool 窗口中点击按钮 ![icon]，解算配准的几何模型、计算 X 方向和 Y 方向最大最小视差偏移量，计算出的视差值显示在 Maximum parallax 下方，此时得到 SAR 立体像对两幅影像间的仿射变换参数以及在 X 方向和 Y 方向的最大最小视差像素偏移，如图 7.3.10 所示。

Match Image Affine 下面的单元组中前三行提供了为使匹配影像与参考影像一致所建立

的转换方程的系数，以及将匹配影像变换到
与参考影像一致以移除 Y 方向视差的几何模
型，后三行提供了为获取高度所需的原始影
像位置信息。Maximum Parallax 下面列出了
为使匹配影像的关联点与参考影像的关联点
空间一致的必要平移量。视差是一个用来确
定沿 X 轴和 Y 轴平移量的搜索区域。
Maximum X Shift、Maximum Y Shift 是指为使
匹配关联点与参考关联点一致，沿 X 轴的最
大平移量、沿 Y 轴的最大平移量。Minimum
X Shift、Minimum Y Shift 是指为使匹配关联
点与参考关联点一致，沿 X 轴的最小平移
量、沿 Y 轴的最小平移量。实验中，用
SAR 立体配准工具的解算几何模型功能计算
视差偏移量在 −5 到 +5 像素的范围内。

StereoSAR Registra...

Affine State: solved

Match Image Affine:

Row	X out	Y out
Const	-35.25124985	19.01357882
	1.01460493	0.01083177
Y -> Y'	-0.00975247	1.00211047
Const	34.59107320	-19.36078324
X -> X	0.98548198	-0.01064554
Y -> Y	0.00959669	0.99778579

Maximum Parallax:

Maximum X Shift:	5
Maximum Y Shift:	2
Minimum X Shift:	-5
Minimum Y Shift:	-3

图 7.3.10　配准仿射变换

　　在 StereoSAR Registration Tool 窗口中点击 Apply 将仿射变换应用于匹配影像，点击
Close 后关闭相关窗口，在 StereoSAR - Register 窗口中点击执行按钮 ⚡ 进行影像配准并输
出配准后的参考影像和匹配影像，如图 7.3.11 所示。

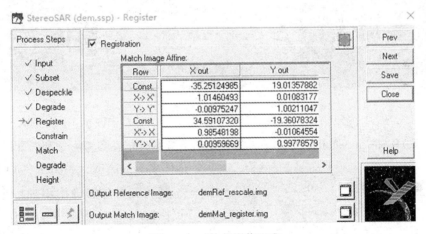

图 7.3.11　执行影像配准

　　Output Reference Image 中显示了先前的缩放处理创建的参考影像名，在配准步骤中参
考影像不被改变。配准影像后，点击其后的 ▫ 在视窗中打开参考影像。Output Match
Image 中显示了配准处理创建的匹配影像名，点击其后的 ▫ 在视窗中打开匹配影像。影像
配准输出 X 方向和 Y 方向的最大最小视差像素偏移，用于在匹配时调整相关系数算子
（Correlator）参数文件（.ssc），对于相关系数的计算很重要。

7.3.7 检查配准精度

影像配准后可检查配准的精度，在 StereoSAR Register 窗口中点击 Output Match Image 后的 ▣ 按钮，打开视图窗口显示 demMat_register. img 配准影像。在同一视图窗口中叠加打开参考影像 demRef_rescale. img，在视图窗口中点击 Utility→Swipe，使用 Swipe 窗口中的滚动条可浏览 SAR 立体像对的影像配准情况。

在 StereoSAR Register 窗口中点击 ▭ 按钮，打开 StereoSAR Stereo Solutions Tool 对话框和分别显示参考影像、配准影像的 2 个视图窗口。StereoSAR Stereo Solutions Tool 对话框提供了检查特征点高程功能，如图 7.3.12 所示。

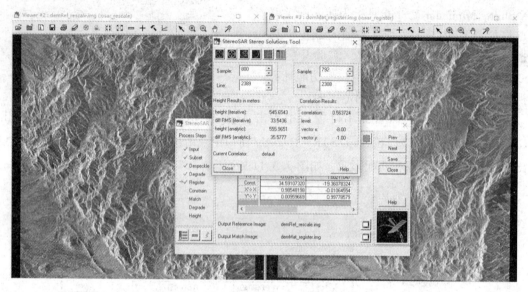

7.3.12 检查特征点高程

StereoSAR Stereo Solutions Tool 工具框使用轨道参数确定在参考影像和匹配影像中选择

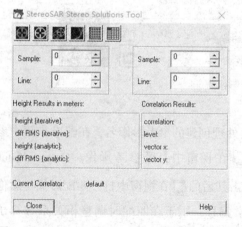

图 7.3.13 StereoSAR Stereo Solutions Tool 工具框

的同名点的高度，如图 7.3.13 所示。点击 ▣ 可在参考影像中添加一个参考点，点击 ▣ 可在匹配影像中添加一个匹配点。点击 ▣ 将匹配点与参考点对齐，匹配点自动移动到和参考点相同的文件坐标或像素位置，这不一定是匹配像素正确的位置，单击计算平移图标 ▦ 可获得匹配点的确切位置。点击 ▣ 可计算在参考影像和匹配影像中添加的点的高度，计算出的高度显示在 Height Results in meters 中。点击 ▦ 可计算参考影像和匹配影像之间的平移，计算的平移量显示在 Correlation Results 中。点击 ▦ 可打开 StereoSAR Correlator 对话框。

在 StereoSAR Stereo Solutions Tool 工具框中，左边的 Sample 中给出了参考影像和匹配影像提供的参考点沿 X 轴的坐标，左边的 Line 给出了参考影像和匹配影像提供的参考点沿 Y 轴的坐标。height（iterative）中给出了迭代过程计算的以米为单位的高度，迭代处理比解析过程速度慢，但精确度稍高。diff RMS（iterative）中给出了所选点迭代处理的 RMS 误差，height（analytic）中给出了解析过程计算的以米为单位的高度，diff RMS（analytic）中给出了所选点解析处理的 RMS 误差。Correlation 中给出了参考点和匹配点之间匹配程度的度量，相关尺度的范围为 0 到 1，越接近于 1、匹配效果越好。Level 中列出了满足生成相关的阈值的金字塔层，可点击 ▦ 查看金字塔层。vector x 中显示了为使匹配点与参考点一致而沿 X 轴必要的平移，vector x 值加上或减去参考点的 Sample 值以获得匹配点精确的位置。vector y 中显示了为使匹配点与参考点一致而沿 Y 轴必要的平移。vector y 值加上或减去参考点的 Line 值以获得匹配点精确的位置。Current Correlator 中显示了用于计算 vector x 和 vector y 的相关运算，可使用缺省的相关运算，也可从预定义的相关运算中选择。

点击 ▦ ▦ 按钮分别在参考影像和匹配影像中选择检查特征点，点击 ▦ 按钮将匹配点与参考点对齐，再点击 ▦ 按钮计算在参考影像和匹配影像中添加的点的高度，最后点击 ▦ 按钮计算同名像点像素坐标偏差，结果计算如图 7.3.14 所示。

Correlation 中列出了参考点和匹配点之间的匹配程度为 0.61，匹配程度越接近于 1，SAR 立体像对相互之间的配准越准确。点击 ▦ 打开 StereoSAR Correlator 窗口列出了相关运算的参数，点击 Apply，如图 7.3.15 所示。

图 7.3.14 同名像点像素坐标偏差

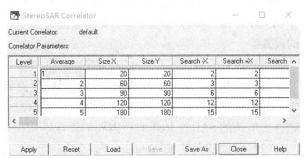

图 7.3.15 StereoSAR Correlator 窗口

7.3.8 约束处理

在 StereoSAR 窗口中完成影像配准之后，点击 Next 按钮打开 StereoSAR - Constrain 对

话框，如图 7.3.16 所示。

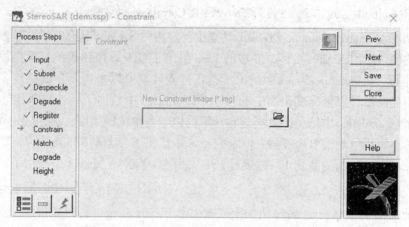

图 7.3.16 StereoSAR - Constrain 对话框

使用 StereoSAR - Constrain 对话框可确定影像中使用特定相关器范围的一个区域，这个相关器范围不同于影像其余部分所使用的相关器范围。约束是有利的，如果影像中存在没有明显特征的区域，在这些区域中可使用更严格的相关器以获得更好的结果。缺省情况下，约束处理不被选择。

7.3.9 影像匹配

影像匹配是通过 SAR 立体像对之间的相关性计算完成的。在影像相关处理中，以参考影像中的当前像素为模板中心，将参考模板与匹配影像的不同搜索区域进行比较，以找出最佳的匹配区域，则参考模板的中心像素与匹配窗口的中心像素相关。影像相关采用分层金字塔技术，从金字塔的顶层开始处理，逐级降低影像的分辨率以提供影像配准系列，上层处理结果经过滤波和内插，作为初始相关点传递给分辨率较高的下层。匹配搜索继续从初始相关点开始进行，以下一个兴趣像素为新的模板中心，继续相关处理，该操作将产生相关性影像。影像匹配过程中要注意模板大小、搜索区域、搜索步长、匹配阈值等参数的设置。

（1）设置模板大小(Template size)

在影像相关处理中，模板大小直接影响计算时间，较大的模板需要更多的计算时间。较小的模板难以提供准确匹配所需要的足够信息。如地物特征丰富的 SAR 立体像对比地物特征单一的 SAR 立体像对所需要的影像匹配模板要小。

（2）设置搜索区域(Search aera)

在匹配搜索上，搜索范围过大也会增加误匹配的概率和运行时间。在 SAR 立体相对影像配准所提供的匹配点大概位置的基础上，可用当前点在参考影像和匹配影像上的最大最小视差偏移来限制搜索范围。

（3）设置步长(Step Size)

在影像匹配过程中，步长决定了相关计算的密度，在金字塔的每一层没有必要对每个像素做相关处理。一般，金字塔的层级越低、步长越短，为了获取较好的精度，可只在全分辨率层对每个像素进行相关计算。处理结果将在 Degrade 步骤中被采样成所需 DEM 像素大小。

(4) 设置阈值(Threshold)

参考模板和搜索区域之间可能的匹配区域的相似度用归一化相关系数表示，取值范围为−1 到 1，当值为 1 时，为完全匹配。搜索区域相关系数值最大的点为相关点。

在 StereoSAR 窗口中完成约束处理之后，点击 Next 按钮打开 StereoSAR - Match 对话框，如图 7.3.17 所示。

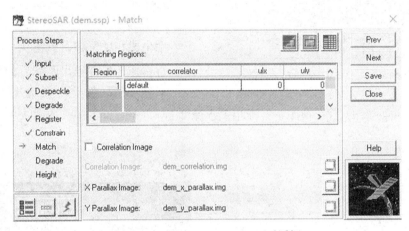

图 7.3.17　StereoSAR - Match 对话框

在 StereoSAR - Match 对话框中可定义区域和选择相关运算。Match 功能在匹配影像中点对点地移动相关器以搜索其在参考影像中的对应点，这会产生 X 方向和 Y 方向的 2 种视差，这 2 种视差是使匹配影像和参考影像保持一致所必要的平移量。Matching Regions 下面显示了匹配区域及其相关运算器，包括左上角 X 坐标(ULX)、左上角 Y 坐标(ULY)、右下角 X 坐标(LRX)、右下角 Y 坐标(LRY)和区域是否将被处理的状态。点击█可删除当前的视差文件、创建空文件。如果已经执行了匹配步骤，但想对参考影像所有或部分区域应用一个不同的相关运算器，可点击█后关闭当前视差层，打开 StereoSAR Regions Tool 对话框重定义区域和相关运算器。点击█打开 StereoSAR Regions Tool 对话框，可选择参考影像上用指定相关运算器处理的区域，也能选择用缺省相关运算器处理这些区域。点击█利用 StereoSAR Correlator 定义立体 SAR 的相关运算器。选中 Correlation Image 可生成、存储匹配过程中的相关影像，相关影像是参考影像和匹配影像上在点对点的基础上计算相关性值生成的图像，可在 StereoSAR Stereo Solutions Tool 对话框的 Correlation Results 中查看用于创建相关影像的相关性值。缺省情况下，█ Correlation Image 不被激活。点击 Correlation Image 后的█可在视图中打开相关影像，点击 X Parallax Image 后的█可在视图中打开 X 视差影像，点击 Y Parallax Image 后的█可在视图中打开 Y 视差影像。

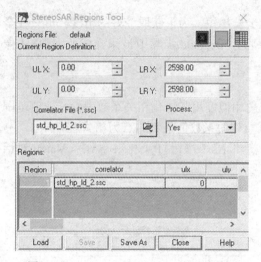

图 7.3.18 StereoSAR Regions Tool 对话框

点击按钮 打开 StereoSAR Regions Tool 对话框，将 Region 列表框中的当前区域选中，在 Correlator File 中选择 STD_HP_LD_2. scc（匹配窗口参数文件），则所选相关运算器显示在 Region 列表框的 Correlator 列，如图 7.3.18 所示。

点击 Close 关闭 StereoSAR Regions Tool 对话框，在 StereoSAR - Match 窗口中选中 Correlation Image 在匹配过程中生成相关影像，点击执行按钮 进行影像匹配并输出匹配后的相关影像、X 视差影像、Y 视差影像，点击

Correlation Image 后的 在视图中打开相关影像 dem_Correlation. img，如图 7.3.19 所示。

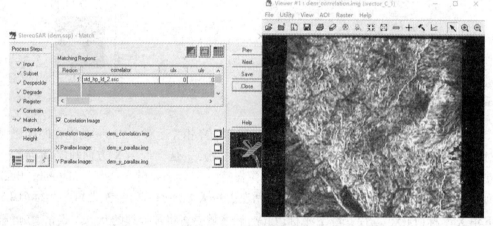

图 7.3.19 相关影像显示

在相关影像中，相关性值表示两幅影像在重叠区域的匹配程度，其中灰度值较高的较亮区域，表明其相关性较强，灰度值较低的较暗区域说明相关性较差，可对暗区域用不同的相关运算器进行改善。

7.3.10 降低分辨率

Degrade 对影像匹配过程中创建的相关影像、X 视差影像、Y 视差影像进行退化处理。第二次退化操作可压缩最后生成的视差文件，降低像素大小，使之与最后所期望生成的 DEM 大小相符。通过退化过程中的平均处理，降低了最终生成的 DEM 的方差。

在 StereoSAR 窗口中完成影像匹配之后，点击 Next 按钮打开 StereoSAR - Degrade 2 对话框，选中 Degrade 使第二次退化的参数设置有效，如图 7.3.20 所示。

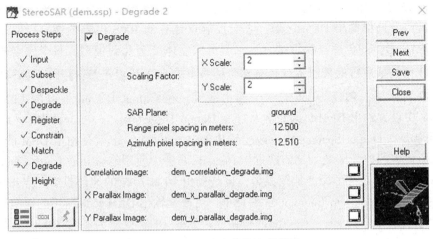

图 7.3.20 二次退化的参数设置

在 Scaling Factor 中 X Scale 和 Y Scale 值列出了在 X 和 Y 方向的退化参数，较小的 Scale 导致较大的分辨率，较大的 Scale 导致分辨率降低。实验中，设定适当的 X Scale 和 Y Scale 值，如可设置为 2。在改变 X Scale 和 Y Scale 比例因子时，相应的距离向和方位向的分辨率也随之变化。Range pixel spacing in meters 是指在轨道交叉方向对应的 X 轴上，影像中一个像素表示的地面区域。Azimuth pixel spacing in meters 是指在沿着轨道方向对应的 Y 轴上，影像中一个像素表示的地面区域。若不做降级处理，则可取消 Degrade 的选择。

7.3.11 生成 DEM

在 StereoSAR 窗口中完成二次退化之后，点击 Next 按钮打开 StereoSAR - Height 对话框，如图 7.3.21 所示。

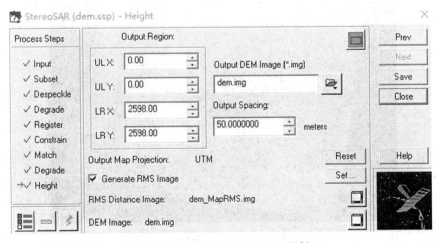

图 7.3.21 StereoSAR - Height 对话框

在 StereoSAR - Height 对话框中，可使用视差值计算高程，将生成的 DEM 纳入一个地图坐标系统以及选择输出 DEM 区域、查看控制点计算的 RMS 误差图像。提取地面高程时，两幅 SAR 影像的传感器模型结合在一起形成立体交会几何模型，每个像素的视差值通过这种几何关系进行处理以提取传感器坐标系下的 DEM。点击 □ 打开 StereoSAR Output Region Tool 对话框，创建 DEM 的一个输出区域。在 Output Region 下方的 ULX、ULY、LRX、LRY 中设置输出 DEM 区域的坐标，在 Output DEM Image（＊.img）中输入新创建的 DEM 影像名。在 Output Spacing 中可改变输出 DEM 的间距，也就是输出 DEM 的分辨率，一个像素所代表的地面区域，其值缺省为 Degrade 步骤中使用的 scaling factor。Output Map Projection 中显示了参考影像的地图投影，也是输出 DEM 影像的地图投影。点击 Set 按钮打开 StereoSAR Output Map Information 对话框，可改变输出 DEM 影像所用的地图投影，为 DEM 选择设置一个新投影。点击 Reset 按钮，可重置 DEM 投影为参考影像的投影。点击 Generate RMS Distance Image 检查框，可创建一个基于计算值 RMS 误差的图像，点击 RMS Distance Image 后的 □ 可在视窗中打开 RMS 距离图像。DEM Image 显示了最终创建的 DEM 影像名，点击其后的 □ 可在视窗中打开 DEM。

在 StereoSAR - Height 窗口中点击执行按钮 ⚡ 计算高程生成 DEM，并输出 DEM 影像和 RMS 距离影像。点击 RMS Distance Image 后的 □ 可在视窗中打开 RMS 距离图像 dem_MapRMS.img，如图 7.3.22 所示。

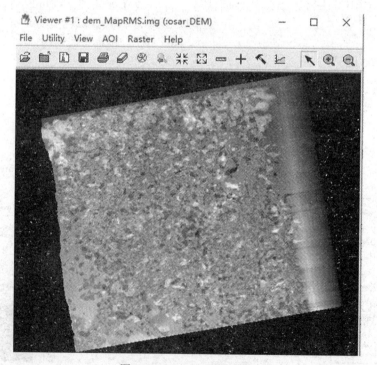

图 7.3.22　RMS 距离图像

RMS 距离图像是基于点对点 diff RMS 值的测度，图像中亮点表示有较高的 RMS 误差，图像中的暗点表示有较低的 RMS 误差。从 RMS 距离图像中可以看出 RMS 残差较均匀，约为 27 左右，零星的部分地区残差值较大，达到 60。点击 DEM Image 后的 ▣ 可在视窗中打开创建的 DEM 影像 dem.img，在视窗中点击 Utility→Inquire Cursor 打开像素查询对话框，可点击显示每一像素的 DEM 值，如图 7.3.23 所示。

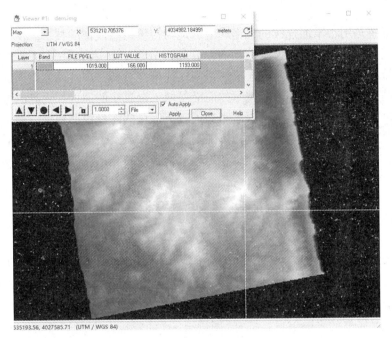

图 7.3.23　生成的 DEM 图像

从图中可以看出在实验区域中，中间区域地势较高，部分地区地势达到 1590 m 左右，四周地势较低约为 500 m。

【实验考核】

① 用 ERDAS 软件的 Radar 模块实现基于 SAR 立体像对灰度信息的 DEM 提取，叙述其实现过程和步骤。

② 对生成的 DEM 图像进行密度分割，分析实验区域的高程分布特点。

③ 对比 RMS 距离图像和生成的 DEM 图像，分析 RMS 距离和高程分布之间的关系，验证残差较大的区域是否主要集中在高程较大的区域。

④ 分析地形特征、控制点的选取对 DEM 精度造成的影响，找出改进 DEM 提取精度的因素和措施。

第八章 基于 PPI 端元提取的高光谱影像分类

高光谱遥感是用很窄而连续的光谱通道对地物持续遥感成像的技术。从可见光到红外等多达数十甚至数百个以上的波段范围内，其光谱分辨率高达纳米(nm)数量级，通常具有波段多、波段窄的特点，而且各光谱通道间往往是连续的，因此高光谱遥感又称为成像光谱遥感。高光谱遥感是当前遥感技术的前沿领域，以更快的速度、更高的分辨率、更大的信息量提供了包含丰富的空间、辐射和光谱三重信息的海量观测数据。通过对高光谱遥感数据进行分析和处理，对地物进行高效准确地分类和识别，已成为高光谱遥感处理领域的研究热点。同时，对海量数据的分析和处理也是制约高光谱遥感应用推广所面临的突出问题。

8.1 高光谱影像分类概述

高光谱遥感是利用很多、很窄的电磁波波段从感兴趣的物体的反射信息中获取一系列光谱非常窄而且连续的图像数据的技术。一般将波长间隔 10 nm 以下，波段数 36 个以上的遥感系统定义为高光谱遥感。高光谱遥感在电磁波谱的紫外、可见光、近红外和中红外区域形成连续、完整的光谱信息，具有"图谱合一"的特性，实现了遥感技术光谱分辨率的突破性提高。高光谱遥感具有更多、更细的谱段，使高光谱影像上每一个像元对应一条连续的光谱曲线，有利于建立地物精细的光谱特征和地物类型之间的内在联系，获得地物的大量信息并利用地物的反射光谱特征识别区分其类型，有效地进行地物属性识别与信息量化提取，可以探测在宽波段遥感中不可探测的物质。

8.1.1 高光谱数据的特点

（1）识别地物能力高

高光谱数据光谱分辨率高达纳米级，波段数众多、特征空间维数很高，包含了丰富的空间、光谱和辐射三重信息，表现不同地物类别的能力很强，因而能够更精确地识别地物。

（2）波段间相关性强

高光谱传感器在可见光到红外光的波长范围内，以很窄的波段宽度获得几百个波段的光谱信息，产生了完整而连续的光谱曲线，光谱分辨率达到 5~10 nm。由于相邻谱段间光谱灵敏度的重叠以及物质光谱反射属性产生的自然谱间相关，高光谱数据连续波段之间的强线性相关性是普遍存在的现象，数据间的冗余量较大，因而直接应用原始波段进行分析较为低效，在处理之前需要消去冗余数据量。

（3）光谱混合现象普遍

由于高光谱传感器空间分辨率一般较低，有可能多种地物类型在影像上形成同一个像元，从而导致混合光谱。另外不同特性的地物混合在一起，造成传感器记录的光谱是多种类物质多径散射的混合能量，并不依赖于传感器的空间分辨率的大小。因此，高光谱影像中普遍存在像素点光谱混合现象，单像素点处的光谱反映的不一定只是一种物质的特性，而可能是地面即时观测域处几种不同物质光谱的混合，混合情况的复杂程度依赖于具体的地面特性。

（4）存在噪声

高光谱传感器在成像时，由于受传感器系统本身因素和外界环境条件影响，分光计记录的辐射特性叠加了由大气、传感仪器、量化处理，以及数据传输等产生的信号，因而影像存在一定的噪声，以及不同程度、不同性质的辐射量失真和几何畸变等现象。这些噪声、畸变和失真都会严重影响到后续的高光谱数据处理精度，在对高光谱数据进行处理之前，先要进行传感器定标、大气校正和几何纠正等预处理操作，以提高后续解译的准确性。

高光谱遥感是目前遥感的重要发展方向之一，高光谱遥感技术以高光谱分辨率同时获取连续的地物光谱影像，其较多的波段信息使得根据混合光谱模型进行混合像元分解以获取"子像元"或"最终光谱端元"信息的能力得到提高。高光谱数据光谱分辨率和维数的大幅度增加，使得更准确、更精细的分类判别成为可能。高光谱数据可以形成很高维的特征空间，其中各特征点重合的概率很小，因此可以用来分离不同物质。但因普遍存在的数据冗余多、训练样本难以获得、非线性可分等问题，高光谱影像分类会产生维数灾难现象。其较高的数据维数和庞大的数据量也对数据压缩方法和快速处理提出了许多挑战。

8.1.2 高光谱数据的表示

高光谱数据有图像空间、光谱空间和特征空间三种常用的表示方法。图像空间显示了光谱响应与地理位置的关系，光谱空间提供了光谱响应与物质类型的关系，特征空间提供了便于机器处理的表征。

（1）图像空间

图像空间是指数据按其空间关系显示为几何的或地理的形式，可提供有关地面场景的图像。在高光谱数据信息提取过程中，图像表示包含了丰富的信息，不仅提供了像素之间的光谱联系，而且也提供了像素之间的空间联系，将高光谱数据点和地面场景位置对应起来。在图像空间，可定义感兴趣类别，便于将像素点标记为各类别训练样本。然而对高光谱数据，一次只能以其中三个波段对应红、绿、蓝通道进行彩色显示、观察数据，图像空间表示方式并不能显示较多波段数据包含的大部分信息，也无法显示波段间的联系。

（2）光谱空间

光谱空间是指由像素点测得的光谱响应相对波长的变化所形成的光谱响应曲线构成，不同的地物对应于光谱空间中的一条光谱曲线，所有光谱曲线的集合则构成了光谱空间。在光谱空间中，光谱响应曲线可以直接用于光谱匹配的机器识别方法，可直接解译像素点的光谱信息。光谱响应曲线提供了像素点与物理特性的直接联系，当光谱分辨率较高时，像素点的光谱响应与像素点区域所包含物质的物理特性相关，可基于特定吸收带的位置辨识特定的物质。但是地物光谱响应会受到很多因素的影响，同一种地物光谱响应通常也存在差异，并不是同种地物所有像素点的光谱响应都一致，而是在某个均值的周围特征性地变化。同物异谱、异物同谱的这种变化往往在一系列的光谱响应曲线中不容易辨识出。光谱空间表示了各波段光谱信息之间的关系，并不表示像素点在场景中的空间位置信息。

（3）特征空间

特征空间是由每个像素点的所有特征构成，特征空间的每一维均表示一个特征量。每个像素点都具用一个多维特征矢量，在特征空间中对应于一个点。在特征空间中，同种类型的地物像素的点集构成一个簇群，不同类型的地物像素的点集构成不同簇群。特征空间量化地表征了单一像素点的数值以及地物关于其中心或均值变化的规律，便于地物类型的识别。特征空间的构成依赖于特征提取和特征选择。特征提取是从原始特征中求出最能反映其类别的一组新特征，使同类物质样本的分布具有密集性。特征选择是对原始影像的波段量测值进行一定的变换，从 n 个特征中挑选出 m（$m < n$）个最有效的特征，重新形成能够有效描述地物类别的一组模式。特征提取和选择不仅能减少参加分类的特征图像数量，达到数据降维的目的，另一方面从原始信息中抽取适当的特征利于改善分类的精度和效率。

8.1.3　高光谱数据分类

高光谱数据分类是高光谱数据应用研究的重要方向，其主要目标是根据待测地物的空间几何信息与光谱信息将每个像素划分为不同的类别。然而，高光谱遥感影像的高维特性、波段间高度相关性、光谱混合现象等使得高光谱遥感影像分类面临巨大挑战。由于成像机理复杂、影像数据量大，导致影像的大气校正、几何纠正、光谱定标、反射率转换等预处理困难。由于信号的高维特性、信息冗余和地表覆盖的同物异谱以及同谱异物，导致高光谱数据结构呈高度非线性，一些基于统计模式识别的分类模型难以直接对原始高光谱数据进行有效分类。对高光谱影像的准确分类需要建立复杂的数学模型以真实地反映数据的内在本质，但模型求解过程往往需要一些复杂的处理。从图像光谱的角度来说，高光谱遥感图像分类的效果取决于光谱空间的维数、训练样本的质量、分类器类型等因素。当高光谱波段信噪比满足要求时，光谱波段越多、训练样本质量越高，越有利于分类。采用适当的分类方法，可有效地提高分类精度，当前机器学习、计算机视觉和模式识别理论与方法已成为高光谱遥感影像分类的重要技术手段。

（1）基于光谱空间的分析方法

基于光谱空间的分析方法与地物的物理化学属性直接相关，可以方便地对分析结果进行物理解译，是高光谱数据分类的重要方法。高光谱遥感在地物的每一个像元处都可以得到一条连续的光谱曲线，通过对光谱曲线进行特征分析，发现不同地物的光谱曲线变化特征，可以对地物进行识别。将待分像素的光谱曲线与光谱库中的已知光谱曲线进行直接的光谱相似程度匹配就可以对像素进行类别标记。由于分析过程是针对像元的光谱曲线，基于光谱空间的分析方法比较直观和简单。由于自然场景的复杂性以及太阳辐射、大气、噪声等多种难以确定的因素影响，同一物质的光谱响应随时间和地点的变化而呈现出不稳定，很难测得"纯"光谱曲线，一般需对大气效应、光照和视角效应、半球光照以及邻域效应等进行校正，以使光谱响应基本稳定。

光谱角匹配法是一种光谱分析方法，是以实验室测得的标准光谱响应或从图像上提取地物的平均光谱响应为参考，计算图像中每个像元的测试光谱矢量与参考光谱矢量之间的夹角，根据夹角大小确定两个光谱矢量间的相似程度，从而实现对光谱曲线的分类，以达到识别地物的目的。

光谱间距离匹配法首先计算未知光谱和参考光谱数值之间的距离，然后根据最小距离原则进行匹配。光谱间的距离可以是欧氏距离、马氏距离和巴氏距离等。光谱间距离匹配对噪声较为敏感，在匹配前需要对光谱进行去噪声处理。

光谱编码匹配法对光谱曲线进行编码，对编码结果进行匹配，以在光谱库中对特定目标进行快速查找和匹配，如二值编码匹配法、多值编码匹配法等。

光谱匹配滤波法提供了一种快速探测指定地物种类的技术。首先假设像元的光谱响应曲线是多种地物的光谱曲线按一定的函数关系和比例混合而成。然后通过特定的分析和计算，估计出混合像元所包含的光谱成分及其比例，求解出端元光谱丰度值。最后，选定某些感兴趣的端元光谱，将未知的光谱归为背景光谱，最大化地突出已知端元光谱而同时尽可能抑制背景光谱。

不同的物质有不同的光谱吸收特性，波形特征匹配法从光谱曲线上提取有意义的光谱特征参量，通过少数的参数匹配对有典型的吸收特征或辐射特征的光谱进行识别，以完成影像像元的分类。许多地物波谱在一个波长范围内是类似的，但是在其他范围具有很大差异，包含诊断吸收特征的波长范围将产生最好的结果，匹配时尽量选择具有特征的波谱范围。如果判定地物波谱有吸收特征，最好用吸收特征拟合。光谱特征拟合法分析不同地物的光谱吸收特性，可达到识别不同地物的目的。首先把反射光谱数据的吸收特征提取出来，然后用仅保留了吸收特征的光谱与参考端元光谱逐个波段进行最小二乘匹配，并计算出相应的均方根误差，将均方根误差最小的参考端元光谱作为分类的依据。包络线去除法是一种常用的光谱分析方法，突出了光谱曲线的吸收和反射特征，有利于和其他光谱曲线进行特征数值的比较，从而提取特征波段以供分类。光谱吸收指数法通过定义光谱吸收指数来进行波形特征匹配，光谱曲线中吸收谷点与两个肩端组成的"非吸收基线"，吸收位置的光谱值与相应基线值的比值就定义为光谱吸收指数。

（2）基于特征空间的分类方法

在高光谱影像上，各种类型的地物，如农作物、林地、植被、矿物、城市用地等，都是以多种状态存在，且不同地物的光谱数据呈现不同的分布状态，并在不同的光照条件下表现出较大的统计可变性。用单一的平均光谱或典型光谱响应不足以表征这些地物，应用多元概率密度函数建模，以利用统计模式识别的方法对样本进行分类，是一种有效的方法。基于特征空间的分类方法通过分析地物统计分布规律进行分析识别，在影像上每个像素的多维特征构成的特征向量对应于特征空间中的一个点，可根据像元在特征空间中的分布规律进行地物类型判别。研究表明，随着特征空间维数的增加，类别可分性提高，从理论上说分类精度将会越来越精确。基于特征空间的分类方法首先要估计类别的分布函数，或分布函数中的一些参数。随着空间维数的增加，分布函数更为复杂，待估参数的个数急剧增加，基于统计理论的参数估计和非参数估计方法在原始高维空间中需要相当数量的训练样本，才能得到比较满意的估计精度。因此，当训练样本数量有限时，特征空间的维数增加到一定数量后，往往会出现分类精度会随着维数的增加而下降的现象，称为维数灾难。为了能够得到较好的分类结果，一般训练样本应该多倍于特征维数，甚至使用 100倍于特征维数的训练样本才能够得到理想的分类结果。而且，在原始高维数据空间中地物的正态分布特性一般难以保证，而正态分布又是许多参数估计方法的基础。针对特征维数高、样本数量少的特点，基于特征空间的分析方法通常不直接在原始高维空间中进行，而是对高维波段空间通过波段选择和特征提取进行降维处理，得到一个能尽量保持原始高光谱影像主要特征结构的低维子空间，然后在低维子空间中进行分类判别。

　　基于特征空间的分类方法大致可以分为两类：一类是先对原始高光谱影像通过波段选择或特征提取进行降维处理，然后根据一定的准则选择若干个降维后的分量作为分类判据进行分类。波段选择是指在特征空间中按一定的搜索策略，搜索一组最优或次最优的特征子集，搜索策略有单独选优法、穷举搜索法、启发式搜索法、随机搜索法、遗传算法、禁忌搜索法等。波段选择可分为基于信息量的波段选择、基于类别可分性的波段选择等。基于信息量的波段选择就是选择单波段信息量大，而波段间相关性小的波段组合，其选择指标有熵与联合熵、协方差矩阵特征值、最佳指数、波段指数等。基于类别可分性的波段选择是指求取已知类别的样本区域在各个波段或波段组合上的统计距离，并取最大距离的波段组合作为区分类别的最佳波段组合。

　　另一类是从原始数据中提取其他特征(如形态学剖面、纹理特征等空间特征)，或引入辅助数据，综合采用多维特征分类。最常用的统计分类算法是最大似然分类法和最小距离分类法。最大似然分类假定各个类在每个波段的统计值是正态分布，每个类别可用一个或多个多元高斯分布来建模，计算给定像素属于指定类的概率，每个像素分配到具有最大概率的类，其分类性能稳定性较好。但是，如果数据在特征空间中分布比较复杂而不是简单的正态分布，或采集的训练样木不具代表性，最大似然函数的参数估计有可能与实际分布产生较大的偏差，导致分类结果精度下降。最小距离判别法是最直观的一种判别方法，假定所有特征不相关且沿各特征轴的方差都相等，使用每个端元的均值向量，计算每个未知像素到每个类均值向量的距离，将满足指定的标准差和距离阈值的像素分类到最近的类。最小距离分类器利用了一阶统计量——类均值，所需处理时间少，当协方差阵无法可靠估计时可选择最小距离分类器。支持向量机分类法是建立在统计学习理论基础之上的机器学习方法，其最大的特点是根据结构风险最小化原则，尽量提高学习机的泛化能力，即由有限的训练样本集获取的分类器，能对独立的测试样本集保持较小的分类误差，适用于小样本、高维特征情况下的分类。基于模糊集理论的方法认为，高光谱相邻波段间存在较大的相似性，可对原始波段集中的光谱波段进行模糊等价划分，然后在每个模糊等价波段组中选择较少谱波段的组合进行分类。软分类方法针对像素对应地表范围往往由多个类别地物组成的实际情况，假设每个像素都可能属于多个类别或由多个类别组成，利用像素特征(光谱特征、纹理特征或多种特征混合)与已知各类别统计特征的相似性，按照特定算法计算像素与各个类别的关系，输出该像素属于每一类别的概率(模糊分类)或者每一类别地物(端元)在该像素中的比例(混合像元分解)。

随着成像光谱技术的发展与成熟，高光谱遥感技术已经大大拓宽了遥感的应用领域，如：精准农业领域的作物参数反演，林业领域的树种识别、森林生物参数填图、森林健康检测等，水质检测领域的水质参数反演，大气污染检测领域的气溶胶、二氧化氮等的检测与反演，生态环境领域的生物多样性、土壤退化、植被重金属污染等检测，地质调查领域的矿物填图、岩层识别、矿产资源、油气能源探测等，城市调查领域的城市绿地调查、地物及人工目标识别等。

8.2 基于 PPI 端元提取的高光谱影像分类方法

高光谱遥感较全色、多光谱遥感最大的优势是其分类识别能力。高光谱遥感波长覆盖范围从可见光延伸到短波红外，甚至到中红外和热红外，其光谱分辨率高，能够获取地物精细的光谱特征曲线，并可以根据需要选择或提取特定的波段来突出目标特征。但高光谱影像波段多、波段间的相关性高，导致训练样本数量相对不足，使统计学分类模型参数估计的可靠性降低。基于 PPI 端元提取和光谱角匹配法是一种重要而且常用的高光谱影像分类方法。

8.2.1 端元提取

由于传感器的空间分辨率以及地面的复杂多样性，混合像元普遍存在于高光谱遥感影像中。有效地提取纯净像元是高光谱遥感影像分类、目标识别和像元解混的关键步骤。在高光谱遥感数据处理中，端元(Endmember)被定义为纯净像元，是代表某种具有相对固定光谱的特征地物。端元一般来源于两种，一种是参考端元，来源于地物标准光谱库或实际地物类型光谱；另一种是影像端元，直接从影像上选择典型样区来提取训练样本作为端元光谱，然后不断对其修改、调整以确定端元。影像端元从影像本身获取组分，与影像数据具有相同的度量尺度。由于光谱数据库中的光谱和遥感数据几乎是不可能在完全相同的条件下获取，因此来源于光谱库中的端元没有考虑地面测量、光照和大气条件对光谱特征的影响。直接采集于影像中的端元与实际影像获取条件相同、外界因素影响相同，能更准确地反应实际光谱特性，是常用的端元提取方法。端元在高光谱信息提取中应用广泛，从影像上获取端元的方法有手工方法和自动方法。手工方法主要是在实际影像上根据经验进行主观选择，不同的手工操作选择的端元不尽相同，具有较大的随意性和不确定性。自动的方法主要是利用一系列非监督技术、变换分析技术从影像上自动寻找端元光谱，如投影追踪法、顶点成分分析、独立成分分析、迭代误差分析、凸锥分析以及纯净像元指数 PPI 法等。如凸面几何学的方法认为，高光谱数据在其特征空间呈现单形体的结构，每个像元都是特征空间中的一个点，在误差项很小的情况下混合像元的集合正好构成一个 N 维空间的凸集，而端元点则正好落在这个凸面单形体的顶点上。高光谱遥感数据端元获取在后续的混合像元分解和地物信息提取中起着重要作用，是高光谱数据分析应用的前提条件。尽管近期发展了一些新的端元自动提取算法，如自动形态学端元提取、空间-光谱端元提取、最小二乘端元提取等，由于端元光谱的不确定性，目前还仍然没有任何一种普遍适用的方法。

8.2.2　最小噪声分离

由于高光谱数据光谱维较多，波段间相关性很高，数据冗余大，影响了分类精度。直接用原始高光谱影像分类时，不仅增加了构建分类器的难度，而且因维数灾难现象表现出计算量过大、分类过程较长以及因噪声的存在而导致分类精度降低。在分类前，需要对高光谱信息进行噪声去除和特征提取，实现光谱数据的降维。在得到高光谱影像的反射率数据之后，可采用最小噪声分离算法(MNF)对高光谱数据同时进行降维和去噪。最小噪声分离变换用于判定影像数据的内在维数(即波段数)，提取影像特征，分离数据中的噪声，减少随后处理中的计算需求量。其本质是两次层叠的主成分变换。首先，基于噪声协方差矩阵估计对数据中的噪声去相关和归一化，使各序列之间互不相关，用于分离和重新调节数据中的噪声，使变换后的噪声数据只有最小的方差且没有波段间的相关。第二步是对噪声白化数据(Noise-whitened)的标准主成分变换，将高光谱数据主要的信息量集中到前几个主分量。经 MNF 变换后的特征图像上，特征值高表明信息丰富、特征值低表明信息匮乏。MNF 变换具有 PCA 变换的性质，是一种正交变换，变换波段之间互不相关，按照信噪比从大到小排列，而不像 PCA 变换按照方差由大到小排列。MNF 变换的第一波段中集中了大量的信息，随着维数的增加，影像质量逐渐下降，通过检查最终特征值和相关图像来判定数据的内在维数。MNF 变换将数据中的噪声部分隔离出来，克服了噪声对影像质量的影响，使信息更加集中在有限的特征集中，一些微弱信息则在去噪声过程中被加强，增强了分类信息。

以信噪比为度量的最小噪声分离变换考虑了噪声和区域对影像的影响，可以对高光谱影像进行成分分解和排列，是一种比较有效的降维去噪和特征提取方法。其实现过程如下：

① 利用高通滤波器模板对含有噪声的整幅影像 I 进行滤波处理，得到噪声协方差矩阵 C_N。

② 计算噪声协方差矩阵 C_N 的特征值 λ 和特征向量 p，由特征值 λ 按照降序排列组成的对角矩阵记为 D_N，由特征向量 p 组成的正交矩阵记为 U。

③ 噪声协方差矩阵 C_N 的白化矩阵 F 可按下式计算：

$$F = UD_N^{-\frac{1}{2}}$$

当 F 应用于影像数据 I 时，通过 FI 变换将原始影像投影到新的空间，产生的变换数据中的噪声满足 $E = F^T C_N F$，具有单位方差，且波段间不相关。

④ 对影像数据 I 进行噪声白化处理，按下式计算其协方差矩阵 C_W：

$$C_W = F^T C_I F$$

式中 C_I 为影像 I 的协方差矩阵。

⑤ 计算协方差矩阵 C_W 的特征值和特征向量，特征向量构成的正交矩阵记为 G，则 MNF 变化后的图像 I_{MNF} 可按下式计算：

$$I_{MNF} = G^T F^T I$$

MNF 变换具有 PCA 变换的性质，是一种正交变换，变换过程中的噪声具有单位方差且波段间不相关，因而比 PCA 变换更加优越。

8.2.3 PPI 端元提取

端元代表具有特定光谱特性的一种纯净物质或者材料，由于地面状况的复杂性以及影像分辨率的限制，在影像上很难找到纯净的端元。在众多端元提取算法中，纯净像元指数 PPI 是一种在高光谱影像中寻找波谱最纯净像元的经典提取算法，对原始影像做纯净像元筛选，剔除掉不纯净的像元，能够提高端元选择的精度。PPI 算法的核心思想为凸面几何学，在含有 N 个波段的高光谱影像的 N 维特征空间中，像元光谱与 N 维空间中的点一一对应，所有像元呈散点分布，其外围包裹着一个最小的 $N+1$ 个顶点的单形凸面体，而越纯的像元(端元)越靠近分布在这个单形体的顶点。如果采用投影方式将 N 维散点图中所有像元向量重复投影到某个单位随机向量上，单形体的任意投影都是线段，单形体顶点即是端元，其投影是线段的端点，一些纯像元向量也将投影到单位向量的两端。PPI 的计算过程就是寻找单形体顶点的过程，采用多个单位随机向量在特征空间内随机投影，投影在端点位置次数多的像元可视为纯净端元。统计每个像元投影到单位向量两端的极值(包括极大值和极小值)的计数，即可获得高光谱数据每个像元的 PPI 值产生的一个像元纯度指数图。PPI 值代表该像元在投影过程中被标记为极值像元的次数，纯像元就是像元纯度指数图中数值较大的那些像元。因此，PPI 值越大说明该像元的纯度越高，像元越可能成为端元。利用这种特性，将高光谱影像上的像元光谱向量与随机单位向量作内积，记录下内积值最大最小的极值像元，累积各个像元成为极值的次数，即可得到 PPI 值。N 维高光谱数据的 PPI 计算提取端元过程如下：

① 读取高光谱影像上 M 个像元的 N 维光谱向量 $\boldsymbol{p}_i = (p_{i1}, p_{i2}, \cdots, p_{iN})$，$i = 1, 2, \cdots, M$，产生 K 个 N 维随机单位向量 $\boldsymbol{e}_j = (e_{j1}, e_{j2}, \cdots, e_{jN})$，$j = 1, 2, \cdots, K$，初始化 M 个像元的 PPI 值集合 $\{\mathrm{PPI}_i, i = 1, 2, \cdots, M\}$。

② 对于每一个当前随机单位向量 $\boldsymbol{e}_j$，按下式计算所有像元光谱向量 $\boldsymbol{p}_i$ 与单位向量 $\boldsymbol{e}_j$ 的内积 w_i，$i = 1, 2, \cdots, M$：

$$w_i = \boldsymbol{p}_i \cdot \boldsymbol{e}_j = \sum_{n=1}^{N} p_{in} e_{jn}, \quad i = 1, 2, \cdots, M$$

在 M 个内积 $\{w_i, i = 1, 2, \cdots, M\}$ 中求取内积最大时对应的像素 $i_{\max}$ 和内积最小时对应的像素 $i_{\min}$，则 $\mathrm{PPI}_{i\max}$，$\mathrm{PPI}_{i\min}$ 分别增加 1。

③ 对所有随机单位向量重复步骤②，计算 PPI 值集合 $\{\mathrm{PPI}_i, i = 1, 2, \cdots, M\}$。

④ 给定纯净像元指数 PPI 的阈值 T_{PPI} 和光谱角度阈值 T_{SP}，对于 PPI 值集合 $\{\mathrm{PPI}_i, i = 1, 2, \cdots, M\}$ 中满足 $\mathrm{PPI}_i \geqslant T_{\mathrm{PPI}}$，$\mathrm{PPI}_j \geqslant T_{\mathrm{PPI}}$ 的任意两像素 i, j，按下式计算其相应的光谱角距离 S_{ij}：

$$S_{ij} = \arccos \frac{\sum_{n=1}^{N} p_{in} p_{jn}}{\| \boldsymbol{p}_i \| \cdot \| \boldsymbol{p}_j \|}$$

将满足条件 $S_{ij} \leqslant T_{\mathrm{SP}}$ 的像元 i, j 删除其中一个像元，将另一个像元保留作为端元。

在计算 PPI 值提取端元过程中，为了使获得的端元具有较高的准确性，需要较多的随

241

机单位向量参与运算，PPI 计算值表征遥感影像中每个像元的纯度。但 PPI 提取结果是一群未知端元簇，通常需要聚类算法或人机交互方式完成后续端元识别和地物匹配。

8.2.4 端元波谱识别

端元波谱识别是将获得的端元光谱和参考光谱进行最大拟合系数的计算，以最大拟合系数对应的参考类型名称作为分类端元光谱的地物类型。常用的波谱分析方法，包括二进制编码、波谱角匹配和波谱特征拟合等。利用高光谱数据匹配分析将光谱库中的参考波谱与影像中的端元波谱进行匹配排序，以进行物质的识别。波谱分析的结果是波谱库要素的重排序表，由匹配度最好(得分最大)到匹配度最差(得分最小)进行排序。

端元波谱分析中常利用二进制编码、波谱角分类和波谱特征拟合三种方法。二进制编码技术根据波段值相比波谱平均值的高、低，将端元波谱和参考波谱编码为 0 或 1，使用"异或"逻辑函数对每一种编码的参考波谱和编码的端元波谱进行比较，根据端元波谱与参考波谱匹配波段的多少给出一个拟合度得分。

波谱角匹配技术将每一个端元波谱在特征空间中的波谱矢量与参考光谱矢量进行比较，计算端元波谱矢量与参考光谱矢量之间的角度 α，以此判定两个波谱间的相似度。角度越小说明端元波谱与参考波谱越匹配，得出的匹配度分数就越高。

波谱特征拟合是一种基于吸收特征的方法，对参考波谱与端元波谱进行包络线去除，将参考波谱按比例缩放以匹配端元波谱，将参考波谱和端元波谱逐波段地进行最小二乘拟合，度量端元波谱与参考波谱之间匹配的程度，以生成一幅匹配度图像。

8.2.5 像素分类

利用光谱库中的参考光谱对影像中的端元光谱进行物质识别后，用基于光谱空间的方法将影像中的像素光谱与端元光谱进行匹配分类。光谱信息散度分类和光谱角分类都是基于光谱统计测度的分类方法，光谱角分类是确定性的方法，它搜索确切的像素匹配，以相同权重处理测度值差异。光谱信息散度分类是概率性方法，使用散度测度将像素和端元光谱进行匹配分类，能考虑像素测度值的差异，散度越小，相似性越高。

光谱信息散度法是一种基于信息论衡量两条光谱曲线之间差异的波谱分类方法，用来度量高光谱影像中两个不同像元之间的相似性。与光谱角、欧氏距离等描述确定量间的相似性准则相比，SID 还考虑了光谱本身的变动性，可以对两条光谱进行整体上的比较。

在 N 维高光谱影像上，像素 i 的光谱向量表示为 $\boldsymbol{x}_i = (x_{i1}, x_{i2}, \cdots, x_{iN})$，其中 x_{ij} 是波段 j 上像素 i 的辐射亮度或反射率值。设两个像素 s, t 的光谱向量分别为 $\boldsymbol{x}_s = (x_{s1}, x_{s2}, \cdots, x_{sN})$，$\boldsymbol{x}_t = (x_{t1}, x_{t2}, \cdots, x_{tN})$，两个像素 s, t 的光谱概率密度向量分别为 $\boldsymbol{a} = (a_1, a_2, \cdots, a_N)$，$\boldsymbol{b} = (b_1, b_2, \cdots, b_N)$。将 x_{ij} 看做随机变量，其概率密度可以表达为

$$a_j = x_{sj} \bigg/ \sum_{n=1}^{N} x_{sn}, \quad b_j = x_{tj} \bigg/ \sum_{n=1}^{N} x_{tn}$$

由信息理论像素 s, t 的光谱向量的自信息可按下式表示：

$$I_j(s) = -\lg a_j, \quad I_j(t) = -\lg b_j$$

则像素 s 光谱向量关于像素 t 光谱向量的相对熵可以按下式计算：

$$\text{Ent}(t \parallel s) = \sum_{j=1}^{N} b_j \text{Ent}_j(t \parallel s) = \sum_{j=1}^{N} b_j(I_j(s) - I_j(t)) = \sum_{j=1}^{N} b_j \lg \frac{b_j}{a_j}$$

像素 t 光谱向量关于像素 s 光谱向量的相对熵可以按下式计算：

$$\text{Ent}(s \parallel t) = \sum_{j=1}^{N} a_j \text{Ent}_j(s \parallel t) = \sum_{j=1}^{N} a_j(I_j(t) - I_j(s)) = \sum_{j=1}^{N} a_j \lg \frac{a_j}{b_j}$$

像素 s 光谱向量和像素 t 光谱向量的信息散度可以按下式计算：

$$\text{SID}(s, t) = \text{Ent}(s \parallel t) + \text{Ent}(t \parallel s)$$

光谱信息散度是利用光谱信息的相对熵对两条光谱进行相似性的度量，效果要好于光谱角匹配。

8.3 基于 PPI 端元提取的高光谱影像分类实验

【实验目的和意义】
① 掌握高光谱影像分类的原理和方法。
② 掌握 PPI 端元提取进行高光谱影像分类的方法。
③ 会用 ENVI 软件实现基于 PPI 端元提取的高光谱影像分类。
【实验软件和数据】
ENVI5.3，高光谱数据。

对高光谱数据进行辐射校正获得反射率数据之后，首先采用最小噪声分离变换对高光谱数据进行去噪、降维和特征提取。最小噪声分离将高光谱数据主要的信息量集中到前几个通道，选择信息量较大的通道运用 PPI 算法，在高光谱影像中寻找波谱最纯净像元提取出端元光谱。然后将获得的端元光谱和光谱库中的参考光谱进行最大拟合系数计算，以最大拟合系数对应的参考类型名称作为端元光谱的地物类型以进行端元波谱识别。最后利用光谱信息散度法将影像中的像素光谱与端元光谱进行匹配分类，得到基于 PPI 端元提取的高光谱影像分类图。

8.3.1 辐射校正

成像光谱仪获取的原始数据 DN 值不能直接反映地物的光谱特征，辐射校正是地物识别和定量分析的重要环节。高光谱数据受大气影响，包括大气散射、吸收，只有经过辐射校正，纠正了由于大气散射、吸收、地形起伏以及传感器本身不稳定带来的各种失真，将影像上记录的 DN 值转换为真实的地表反射率值，才能得到地面的实际波谱特征并与波谱库中的参考波谱特征或地面测量值进行有效匹配以识别地物。辐射校正一般包括辐射定标和大气校正。辐射定标是将传感器记录的无量纲 DN 值转换成具有实际物理意义的大气顶层辐射亮度或反射率。辐射定标的原理是建立数字量化值与对应视场中辐射亮度值之间的定量关系，以消除传感器本身产生的误差。大气校正采用的是 ENVI 中的 FLAASH 模型来进行。FLAASH 能够精确校正传感器接收信号中的大气影响以获得真实的地表反射率数据，其适用的波长范围包括可见光至近红外及短波红外，最大波长范围为 3 μm。FLAASH 模块中需要输入一些参数，包括图像中心点坐标、传感器类型、水气反演、平均海拔高度、气溶胶模型、传感器高、能见度、卫星过境时间、大气模型等，这些数据可通过影像获取时的属性文件查询得到。FLAASH 模型大气校正的详细过程参见前述章节。当影像大气校正的参数难以正确获得时，可以利用内部平均法对原始数据进行相对反射率转换。相对反射率转换是将辐射定标后的辐射亮度用波段的亮体平均辐射亮度与暗体平均辐射亮度的差异进行归一化以消除大气影响。

8.3.2 最小噪声分离

MNF 变换是一种特殊的主成分变换，通过 MNF 变换确定影像数据的内在维数，隔离数据中的噪声、提取有效特征，减少后续处理计算需求。在 ENVI 中，可首先通过执行 MNF 的前向变换，检查影像和特征值以确定哪些波段包含有用信息。然后使用仅包括好的波段或平滑噪声波段的光谱子集运行反向 MNF 变换，来删除数据中的噪声。ENVI Classic 假定每个像素同时包含信号和噪声，相邻的像素包含相同的信号和不同的噪声。计算每个像素上方和右边的邻近像素的差异，并对差异结果求平均以获得当前处理像素的噪声值。从同质区域而不是整个影像中使用移位差异统计，可获得最佳噪声估计。

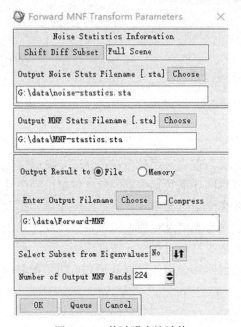

图 8.3.1 估计噪声统计值

① 在 ENVI 主菜单中点击 Transform →MNF Rotation→Forward MNF→Estimate Noise Statistics From Data 选择输入高光谱文件，执行可选的空间和光谱裁剪。点击 OK 后打开 Forward MNF Transform Parameters 对话框，如图 8.3.1 所示，使用 Estimate Noise Statistics From Data 估计噪声统计值。

② 点击 Shift Diff Subset 选择一个空间子集或 ROI 区域以计算统计数据。当使用移位差分法估计影像数据的噪声时，应选择一个光谱均匀的空间子集进行统计，然后将统计结果应用到整个文件。然而，如果数据集波段具有零方差，可能会遇到一个"奇点"问题，协方差矩阵不可逆。

③ 在 Output Noise Stats Filename［.sta］中输入噪声统计文件名，可选择同质区域以计算噪声统计值，在 Output MNF Stats Filename［.sta］中输入 MNF 统计文件。与主分量分析不同，前向 MNF 变换产生 2 个单独的统计文件：MNF 噪声统计文件和 MNF 统计文件。在前向 MNF 旋转中 ENVI 计算以下统计数据：输入影像每个波段均值、噪声的协方差统计、白化噪声的协方差统计。在 MNF 噪声统计文件中仅存储了全部噪声协方差统计值，在 MNF 统计文件中存储了特征向量矩阵和特征值。

④ 选择输出 MNF 波段的数量。点击 Select Subset from Eigenvalues 切换按钮选择 NO，

表示不用检测特征值直接设置 Number of Output MNF Bands 输出 MNF 波段的数量。点击 Select Subset from Eigenvalues 切换按钮选择 Yes，表示检测特征值，根据特征值大小选择输出 MNF 波段，实验中选择 Yes。

⑤ 点击 OK 后 ENVI Classic 计算统计值，打开 Select Output MNF Bands 对话框，列出了每个波段和其对应特征值，也列出了每个 MNF 波段所包含的数据方差的累积百分比，如图 8.3.2 所示。设置 Number of Output MNF Bands 值可仅输出特征值较高的波段，特征值接近于 1 的波段绝大部分是噪声数据不予保留。

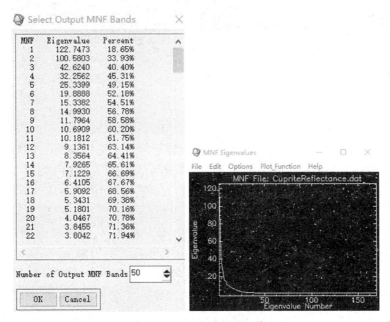

图 8.3.2　MNF 波段特征值

⑥ 点击 OK 进行前向 MNF 变换后，出现 MNF 特征值绘图窗口，横坐标为变换后的波段数，纵坐标为特征值。把鼠标移到曲线上并点击左键，曲线上会出现以点击位置为交叉点的十字，同时在窗口左下角显示当前的波段数和其特征值，特征值越高说明信息量越丰富。生成的 MNF bands 被添加到 Available Bands List 列表，但输出 MNF 文件中仅包含选择的波段数量。实验中，原始高光谱数据包含 224 个波段但仅选择了 50 个波段输出，则输出中仅包含前 50 个计算的 MNF 波段。

⑦ 在 Available Bands 列表中显示 MNF 波段，可比较 MNF 波段图以确定包含数据的波段和包含噪声的波段，如图 8.3.3 所示特征值为 122.7473 的 MNF 波段 1 与特征值为 3.8042 的 MNF 波段 22 的对比图。

可见特征值最大的 MNF 波段 1 中主要包含大量的有效信息，而特征值较小的 MNF 波段 22 中则含有大量的无效噪声。在 MNF 特征值绘图窗口中，大特征值波段(大于 1)以包含数据为主，特征值接近 1 的波段则包含大量噪声。根据 MNF 特征值曲线，以特征值高于曲线斜率的断点的波段数作为后续 PPI 端元提取所用的波段。

图 8.3.3 MNF 波段对比

8.3.3 计算 PPI 指数

对于实验区域，由于没有影像采集时当地区域的实际地物波谱库，也没有进行野外波谱测量。在缺乏实际地物波谱库和野外波谱测量数据的情况下，从影像本身获取端元是目前获取端元的主要方式。在 ENVI 中从影像获取端元，需要先运用 PPI 工具计算 PPI 指数。PPI 算法将高光谱数据中的每个混合像元视为在特征空间中由对应端元为顶点所构成的单形体包围，纯净端元为单形体的顶点，在单位向量的投影位于端点。ENVI 中进行 PPI 计算时，要注意参与运算的波段数目、迭代次数和阈值这 3 个参数的设置。

① 在 ENVI 主菜单点击 Spectral→Pixel Purity Index→ New Output Band 或［FAST］New Output Band 打开输入文件对话框，选择 MNF 变换结果文件作为计算 PPI 的输入文件，并根据特征影像和特征值曲线用光谱裁剪将噪声波段排除。在 Available Bands 列表中显示了 MNF 变换后影像中的各波段，可以看到随着波段序号增大波段信息量下降而噪声增加，到了波段 30 以后图像中以噪声为主，有效信息量变化不大。在特征值曲线图中也可以看出从波段 1 到波段 30，特征值从 110 左右急剧下降到 2 左右，而波段 31 以后特征值基本稳定在 1 左右。由于特征值大于 1 的波段以包含数据为主，特征值接近 1 的波段则包含大量噪声，因此计算 PPI 的 MNF 有效波段是波段 1 到波段 30，波段 31 到波段 50 为噪声波段不参与 PPI 计算。点击 Spectral Subset 打开 File Spectral Subset 对话框，在 Select Bands to Subset 中选中 MNF 文件的波段 1~波段 30，如图 8.3.4 所示。

图 8.3.4 MNF 变换光谱裁剪

② 点击 OK 打开 FAST Pixel Purity Index Parameters 对话框，如图 8.3.5 所示。

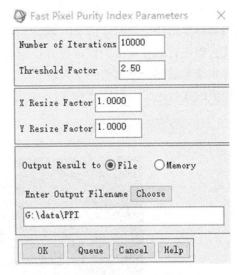

图 8.3.5 计算 PPI 参数设置

在 Number of Iterations 中输入迭代次数，迭代的最大次数是 32767。迭代次数越多，ENVI 能更好地搜索极值像素。通常需要平衡迭代次数和计算时间的关系，一般而言成像高光谱数据需要上千次迭代，在产生的影像头文件中将记录运行的迭代次数。实验中 Number of Iterations 设置为 10000。

③ 在 Threshold Factor 中输入极值像素选择的阈值因子，例如阈值因子为 2 表示大于极值像素(高和低) 2 个 DN 值的所有像素作为新的极值像素。这个阈值选择投影矢量两端的像素，阈值应该接近于 2 倍或 3 倍的数据中的噪声水平。当使用归一化噪声的 MNF 数据，一个 DN 值相当于一个标准差，阈值为 2 或 3 比较有效。较大阈值使 PPI 将不太可能是纯净端元的像素判定为极值像素。实验中 Threshold Factor 设置为 2.5。

④ 在 X Resize Factor 和 Y Resize Factor 中输入对数据进行二次抽样时的大小调整因子，一般输入小于或等于 1 的值。例如，大小调整因子为 0.5 表示每隔 2 个像素进行极值像素判断，二次抽样的大小调整因子应不小于 0.25 的每隔 4 个像素判断，以防止遗漏极值像素。实验中 X Resize Factor 和 Y Resize Factor 均设置为 1。

⑤ 点击 OK 进行 PPI 计算，出现 Fast Pixel Purity Index Calculation 对话框指示了 PPI 的计算进度，并显示了一个当前计算的 PPI 绘图窗口，如图 8.3.6 所示。PPI 绘图窗口显示了满足阈值准则的极值像素总数，是迭代次数的函数。PPI 曲线是 MNF 图像在迭代运算时生成的，横坐标表示 PPI 迭代运算次数，纵坐标表示当前 PPI 迭代时极值像元个数。

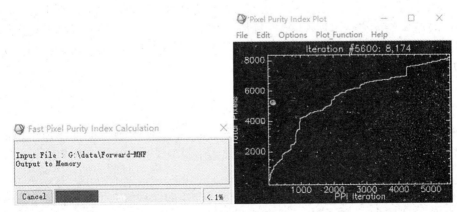

图 8.3.6 PPI 绘图窗口

　　PPI 运算结束后，所有满足阈值准则的极值像素都被发现，PPI 曲线将渐近逼近一个零斜率的平坦线，此时生成 PPI 图像如图 8.3.7 所示。PPI 图像上像素点值表明该像素在迭代过程中有多少次作为极值像元被记录下来。零值像素是从未被作为极值的像素，越亮的像素说明被标记为极值的次数越多、越可能是纯净像元；相反，越暗的像素说明被标记为极值的次数越少、是纯净像元的可能性越低。

图 8.3.7　PPI 图像

8.3.4　N 维可视化端元提取

　　上述步骤经过最小噪声分离变换分离出噪声、提取了有效特征后，再计算像元纯净指数提取出纯净像元，对于得到的纯净像元需利用 ENVI 的 n 维可视化工具（n-D Visualization）确定端元光谱。ENVI 软件封装了 PPI 和 n 维可视化端元选择工具，其中可视化工具可在 PPI 端元簇的多维空间视图中进行地类端元的人工选择，但是这种方法具有较大的人为主观性，需要一定的辨识经验。

　　（1）根据 PPI 值提取纯净像元

　　纯净像元是指最接近包含唯一光谱的独特端元。

　　① 在 ENVI 主菜单中点击 Basic Tools→Region of Interest→ROI Tool 打开 ROI Tool 对话框，点击 Options→Band Threshold to ROI 选择前述步骤生成的 PPI 图像作为输入文件后打开 Band Threshold to ROI Parameters 对话框。

　　② 在 Min Thresh Value 中输入最小阈值，创建 ROI 的像素值大于输入的最小阈值，在 Max Thresh Value 中输入最大阈值，创建 ROI 的像素值小于输入的最大阈值，在 ROI Name

中输入 ROI 的名称，在 ROI Color 下拉列表中选择所选 ROI 显示颜色，如图 8.3.8 所示。

③ 点击 OK 后出现的对话框列出了满足阈值准则的像素数量，点击 OK 生成包含在迭代过程中 10 次以上作为极值的最纯像素的 ROI。在 ROI Tool 对话框中列出了 ROI 区域名和区域中的像素数量，如图 8.3.9 所示。

从图中可以看出 1128 个满足阈值准则的纯净像元被提取出来，纯净像元以红色显示在 PPI 图像窗口。对于经 PPI 运算按阈值条

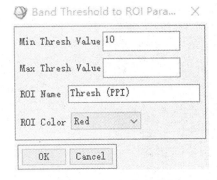

图 8.3.8 波段阈值生成 ROI

图 8.3.9 纯净像素 ROI

件提取出的以红色显示的纯净像元，还没有进行划分形成端元，需在 N 维空间中旋转并进行 N 维散点图分析，根据纯净像元的几何形状和聚集程度来定位图像的波谱端元。

（2）端元提取

在创建了包含高 PPI 值像素的 ROI 后，可利用 N 维可视化工具交互地定义影像端元。ENVI 的 N 维可视化功能为选取 N 维空间中的端元提供了一个交互式工具，使用 N 维可视化工具可定位、识别，聚类数据集中最纯净的像素和极值光谱响应，有助于可视化数据云的形状，产生特征空间中以影像波段作为绘图轴的绘图影像数据，显示的最大波段数为 54。通过 N 维可视化工具可交互地旋转 N 维空间中的数据，将像素分组选为类别，也可输出选择的类到 ROI 中用以分类、线性光谱解混等。一般地，对 MNF 数据经 PPI 运算确定了纯净像元后再使用 N 维可视化工具进行分析。利用 MNF 变换后的前 10 波段，将定义的纯净像元 ROI 导入 N 维可视化工具，通过旋转 N 维散点图，分离纯净像元为各自的端元光谱。散点图是端元波谱提取的一个重要而有效的方式，波谱可以看成 N 维散点图中的点，其中 N 为波段数。在 N-维空间中，点的坐标由像元在 N 个波段中波谱辐亮度值或反射率值组成，根据点在 N 维空间中的分布可以估计波谱端元数以及它们的纯波谱信号数。

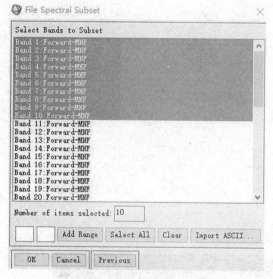

图 8.3.10 MNF 影像波段选择

① 在 ENVI 经典主菜单中点击 Spectral → n-Dimensional Visualizer → Visualize with New Data 打开输入文件对话框，选择提取 n 维散点图的的源文件，一般是通过特征影像和特征值图排除了噪声波段的 MNF 变换文件。在实验中选择前述步骤中生成的包含 50 个波段的 MNF 影像，点击 Spectral Subset 后打开 File Spectral Subset 对话框，从中选择 Band 1 ~ Band 10，如图 8.3.10 所示。

② 点击 OK 后打开 ROI Tool 工具框、n-D Controls 对话框、n-D Visualizer 窗口，如图 8.3.11 所示。N 维可视化工具载入从 PPI 运算结果中设置阈值规则提取的纯净像元 ROI。如果输入影像当前只有一个 ROI，则它自动地用做 N 维可视化工具的输入。如果当前影像有多个 ROI，则打开 n-D Visualizer Input ROI 对话框，从中选择一个 ROI 用做纯净像元 ROI。在实验中，前述步骤已生成包含提取纯净像元的 ROI，在 ROI Tool 工具框中自动列出名为 Thresh(PPI) 的 ROI。

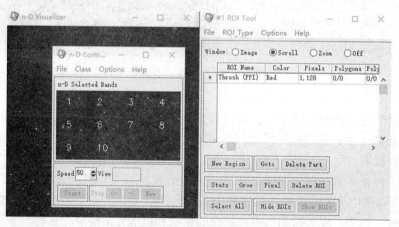

图 8.3.11 N 维可视化工具

③ n-D Controls 对话框中包含所选文件的所有波段，波段以数字编号框、按初始黑色显示。点击单个波段编号使其变为白色，在 n 维散点图中显示对应波段的像素数据。再次点击选中的波段编号将其变为黑色，将在 n 维散点图中关闭该波段的像素数据。在 n-D Controls 对话框中选择 n 个波段生成 n 维散点图，可一次选择任意波段组合，但必须至少选择 2 个波段才能绘制一个散点图。当像素数据标绘在以影像波段为绘图轴的散点图中时，光谱纯净的像元总是位于数据云的边角，而光谱混合的像素总是位于数据云的内部。

实验中导入到 N 维可视化工具的 ROI 是通过
PPI 阈值定义的，数据云仅显示边角，虽然混
合像素位于数据云的中心，但 PPI 阈值定义的
ROI 中不包含混合像素。实验中，在 n-D
Controls 对话框的 n-D Selected Bands 下选择散
点图所用的绘图轴波段，选取前 5 个波段构成
5 维散点图，点击菜单栏的 Options，在下拉菜
单中选中 Show Axes 选项，如图 8.3.12 所示。

④ n-D Visualizer 是显示所选数据的 n 维散
点图的可视化绘图窗口，是 n 维数据在 2 维平
面上的投影，可旋转 n 维空间的散点图以隔离
特定的像素组。n-D Visualizer 包含了以白色像
素标绘的数据、绘图轴、颜色编码的类，可突

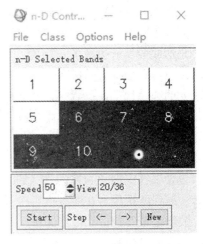

图 8.3.12　选择散点图所用波段

出单个或像素组将它们创建到一个 ROI 中。当选择了绘图波段后，在 n-D Visualizer 中左
键单击可以开始定义多边形的每个顶点，右键单击结束定义多边形。在 n-D Controls 对话
框中，点击需要在 n-D Visualizer 窗口投影的波段编号，最多可以选择 54 个波段，如果选
择 2 维波段则不能旋转数据，如果选择 3 维及以上的波段可进行自动随机旋转。通过在随
机投影的视图之间切换可旋转数据点，在 n-D Controls 对话框中点击 Start 或 Stop 可以开始
或结束旋转。设置 Speed 值可控制数据点的旋转速度，点击 step<-或 step→可在投影视图
之间一步步向前或向后移动视图以进入所希望的投影视图，点击 New 可显示一个新的随
机投影视图，如图 8.3.13 所示。

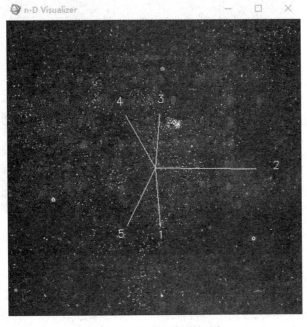

图 8.3.13　随机投影视图

⑤ 在 n-D Visualizer 窗口中可视化地识别和区分影像中的纯净像元，将所有纯净像元分离为不同的类，并使用这些类的像素光谱作为光谱分析的端元。在散点图中，纯净像元总是形成数据云边角的正顶端，每个边角对应影像中一个光谱独特的物质。在提取端元时，应搜索数据云的所有边角，并分配每个边角一个不同的颜色。为确定对应到不同影像端元的纯净像素，可观察数据云旋转直到像素形成数据云的边角。当观察到一个明显的边角时停止旋转，从类菜单中选择一个类颜色，圈出最极端的边角像素以表示它们代表一个端元。一个边角可由数十个聚集的像素组成，也可能仅由一、两个相似像素组成。最好不要将聚集成一个边角所有像素都圈起来，而应该仅仅标出边角最顶端的较少像素，这些像素包含了特定端元物质的最大部分。在已经给边角像素赋颜色后，继续观察数据云的旋转，确保所选像素在所有投影中都聚集在一起。应不断改变散点图中所用波段，以至于每个波段都最终包括在散点图中，确保已识别为同类的所有像素确实在所有波段中都有相似的值。如果像素在所有投影中不始终聚类，在一些投影中发现一个类的一些像素和剩余像素分离，则它们不对应到同一物质，应选择白色作为类颜色并圈出这些错误的像素，以从该类中删除这些像素。实验中分别以红色、绿色、蓝色圈出了 3 组最极端的边角像素以表示它们代表的 3 个端元，如图 8.3.14 所示。

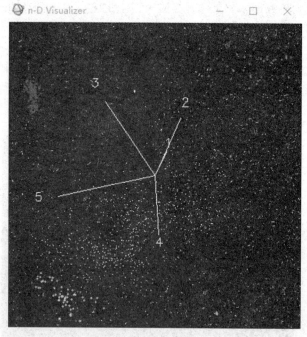

图 8.3.14 选择端元

⑥ 在散点图上单击鼠标右键，在菜单中选择 Mean All 打开 Input File Associated with n-D Data 对话框，选择大气校正后的高光谱影像文件作为端元的波谱曲线数据源，单击 OK 后打开 n_D Mean 窗口自动绘制了所提取的 3 个端元的波谱曲线，如图 8.3.15 所示。

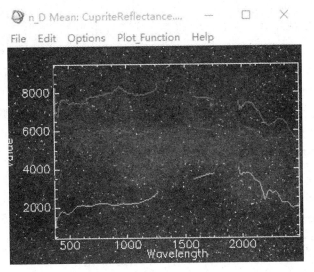

图 8.3.15　端元波谱曲线

8.3.5　端元波谱分析

根据散点图将地物端元波谱提取出来，但并不知道端元波谱代表哪类物质，要想判别出这些波谱端元的物质类型，需要用到波谱分析技术。ENVI 的光谱分析工具可根据端元的光谱特征识别物质，光谱分析使用二进制编码、光谱角匹配和光谱特征拟合将未知光谱与光谱库中的物质光谱进行匹配，并将匹配程度进行排序，输出端元相对于输入光谱库中每个物质的排序或加权的分值。波谱分析输出的是输入波谱库中每类物质的得分排序或赋有权重的得分，其中相似的物质可能有相对较高的分值，而不相关的物质应该有较低的分值，最高的分值表示最接近的匹配。波谱分析工具不识别具体的光谱，只推荐可能的候选物质以供进一步判断，当相似性方法或权重改变时推荐结果可能改变。

① 在 ENVI Classic 主菜单栏中，点击 Spectral→Spectral Analyst 打开 Spectral Analyst Input Spectral Library 对话框，点击 Open→Spectral Library 选择匹配比较所用的光谱库，实验中选择… \ Program Files \ Exelis \ ENVI53 \ classic \ spec_lib \ usgs_min. sli。波谱分析需要打开一个波谱库，然后将未知波谱与波谱库中的波谱进行匹配处理，在运行 ENVI 的 Spectral Analyst 之前，必须首先显示一个端元采集波谱图。

② 点击 OK 打开 Spectral Analyst 窗口和 Edit Identify Methods Weighting 对话框，如图 8.3.16 所示。

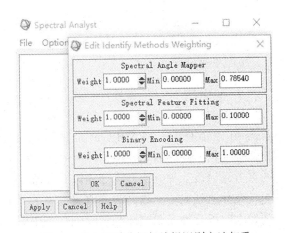

图 8.3.16　光谱分析与编辑识别方法权重

在对话框中为二进制编码方法、光谱角填图方法和光谱特征拟合方法输入权值以及 Min、Max 值。缺省情况下，光谱特征拟合方法的权值为 1。每个方法的 Min 因子和 Max 因子表示按从 0 到 1 的分值缩放它们可认为是较好的匹配。对于光谱角填图方法，以弧度度量对库光谱的相似性，按弧度输入 Min 和 Max 值。对于光谱特征拟合方法，使用 RMS 拟合误差度量相似性，按 RMS 误差单位输入 Min 和 Max 值。光谱角填图方法或光谱特征拟合方法的结果小于或等于 Min，表示匹配较好获得的分值为 1，结果大于或等于 Max 获得的分值是 0。对于二进制编码，输入的 Min 和 Max 值表示正确匹配的波段数百分比，二进制编码结果小于或等于 Min 获得的分值是 0，二进制编码结果大于或等于 Max 获得的分值是 1。

③ 在 Edit Identify Methods Weighting 对话框中输入权值、最小、最大值后点击 OK，进入 Spectral Analyst 对话框。

④ 在 Spectral Analyst 对话框中可打开一个新的光谱库，设置波长范围、再次编辑各个光谱分析方法的权重、最小值、最大值，输入 x 和 y 比例因子等。在光谱绘图窗口中，使用鼠标中键可缩放波长范围，在 Spectral Analyst 对话框中点击 Apply 就设置了新的波长范围。在光谱分析列表中双击一个库光谱名，可在一个绘图中同时显示输入端元光谱和所选的库光谱。在 Spectral Analyst 对话框中点击 File→New Spectral Library File 打开 Spectral Analyst Input Spectral Library 对话框，选择匹配比较所用新的光谱库。在 Spectral Analyst 对话框中点击 Options→Edit（x，y）Scale Factors 打开 Edit（x，y）Scale Factors 对话框，在 X Data Multiplier 和 Y Data Multiplier 中输入或编辑 x 和 y 所用的比例因子，以将输入光谱比例变换到和光谱库相同的空间。实验中，在 Spectral Analyst 对话框中设置 X Data Multiplier 和 Y Data Multiplier 的值分别为 0.001 和 0.0001，点击 Apply 选择需要鉴别的端元波谱。如果绘图窗口绘制了一条光谱曲线，则该光谱自动载入到 Spectral Analyst 对话框中。如果绘图窗口绘制了多条光谱曲线，则需要从对话框中选择光谱名，一次只能选择一条光谱，如图 8.3.17 所示。

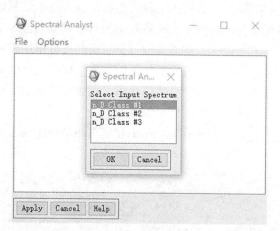

图 8.3.17　鉴别端元波谱

⑤ 选中第一个端元名称 n_D Class #1 点击 OK 后，ENVI Classic 重采样光谱库以匹配输入光谱的光谱分辨率，从而进行相似性度量。在 Spectral Analyst 对话框中列出了所选输入端元的光谱与光谱库中各个物质的参考光谱按三种方法计算的相似性分值，如图 8.3.18 所示。

在分值列表中，较高的分值表示满足更多的规则，因此匹配相似性较好，邻近分值之间较大的可分性表示物质匹配较可靠。在实验中，端元 n_D Class #1 与物质 serpent2 的光谱相似性分值最高，因此将端元 n_D Class #1 识别为物质 serpent2。在 n_D Mean 窗口点击

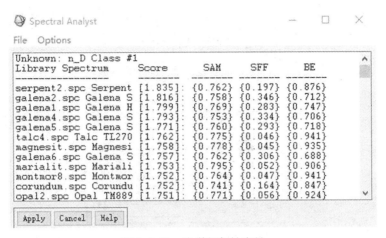

图 8.3.18 光谱相似性度量

Edit→Data Parameters 打开 Data Parameters 对话框，将 n_D Class #1 的 Name 更改为 serpent2，如图 8.3.19 所示。

⑥ 在 Spectral Analyst 对话框中分别点击 Apply，分别载入其他端元光谱 n_D Class #2、n_D Class #3，点击 OK 后在 Spectral Analyst 对话框中分别列出了所选输入端元的光谱与光谱库中各个物质的参考光谱按三种方法计算的相似性分值，如图 8.3.20 所示。

在 n_D Mean 窗口点击 Edit→Data Parameters 打开 Data Parameters 对话框，将 n_D Class #2 的 Name 更改为 antigor3、将 n_D Class #3 的 Name 更改为 muscovi4，如图 8.3.21 所示。

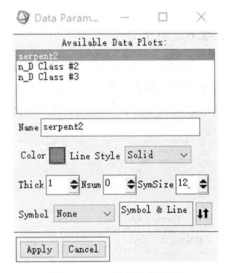

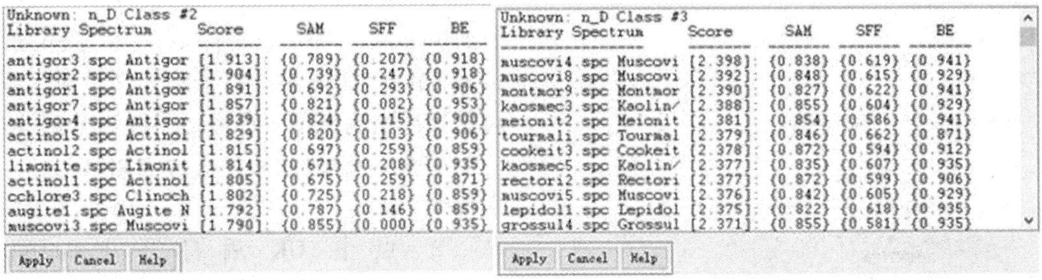

图 8.3.19 端元物质识别

图 8.3.20 端元、物质相似性分值

255

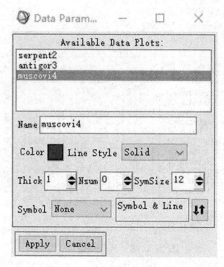

图 8.3.21　端元物质识别

8.3.6　影像分类

利用波谱分析功能分别对 3 种端元光谱与光谱库中的物质光谱进行相似性分值匹配，根据得分高低将 3 种端元光谱识别为 3 种不同物质。再利用这 3 种识别后的端元对整幅影像进行判别划分，将影像中的像素光谱与端元光谱进行匹配分类。实验中利用 ENVI 软件的监督分类工具光谱信息散度分类法进行基于信息论的概率性方法，度量高光谱影像中两个不同像元之间的相似性。光谱信息散度分类(SID)是使用散度测度匹配像素光谱与参考光谱的分类方法。像素散度越小越可能相似，低的光谱散度测度表示较好地匹配到端元光谱，满足最大散度阈值准则的区域将被分类，散度值大于指定的最大散度阈值的像素不被分类。SID 中所用端元光谱可来自于 ASCII 文件或光谱库，或直接从影像提取。

① 在 ENVI Classic 主菜单中，点击 Classification → Supervised → Spectral Information Divergence 打开输入文件对话框，可选择原始高光谱影像经最小噪声分离变换后的前 50 个波段的影像文件 MNF 作为分类文件。

② 点击 OK 后打开 Endmember Collection：SID 对话框，点击 Import 后选择端元光谱的获取方式，如图 8.3.22 所示。

图 8.3.22　选择端元光谱获取方式

在实验中已利用了 PPI 和 N 维可视化工具完成了端元提取，以及经光谱分析工具确定了端元光谱的物质类型，且端元光谱曲线绘制在 n_D Mean 窗口中。因此选择 Import→ from Plot Windows 打开 Import from Plot Windows 窗口，如图 8.3.23 所示。

③ 点击 OK 后在 Endmember Collection：SID 对话框中点击 Select All，点击 OK 打开 Spectral Information Divergence Parameters 对话框，如图 8.3.24 所示。

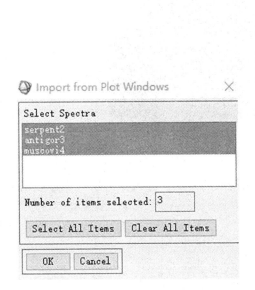

图 8.3.23 Import from Plot Windows 窗口

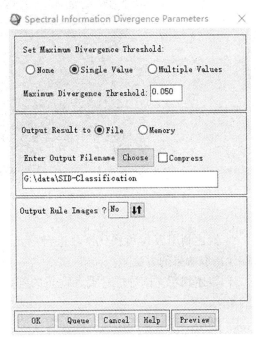

图 8.3.24 光谱信息散度参数设置

④ 在 Set Maximum Divergence Threshold 中选择以下阈值选项：选择 None 表示不使用阈值；选择 Single Value 表示在 Maximum Divergence Threshold 中对所有类输入单一阈值。阈值是端元光谱向量和像素向量之间最小的可允许变化量，缺省值是 0.05。由于相似性测度的性质也可能发生很大变化，以及概率分布的相似性或不相似性，对一对光谱向量区别很好的阈值也可能对另一对光谱向量太敏感或不敏感，选择 Multiple Values 表示对不同的类输入不同的散度阈值。实验中选择 Single Value 后，在 Maximum Divergence Threshold 中输入 0.05。

⑤ 设置分类输出文件后，点击 Output Rule Images 切换按钮选择 No 表示不创建规则影像，点击 OK 执行 SID 分类，如图 8.3.25 所示。

【实验考核】

① 在最小噪声分离变换中，分析影像质量和特征值与有效波段数之间的关系，叙述通过 MNF 特征值绘图窗口选取有效波段数的方法。

② 叙述利用 PPI 指数计算检测纯净像元的方法，分析 PPI 阈值的选取与纯净像元检测的关系。

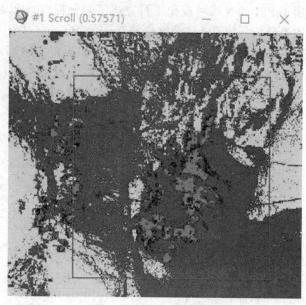

图 8.3.25　光谱信息散度分类结果

　　③ 叙述利用 N 维可视化工具进行端元光谱提取的方法，分析如何在 N 维散点图中改善端元提取效果的方法。

　　④ 叙述利用光谱分析对端元物质的判定方法，分析相似性分值对端元物质判定可靠性的影响。

　　⑤ 利用一种基于特征空间的分类方法实现高光谱影像分类。

参 考 文 献

［1］仇春平，王坚．从 SAR 影像提取 DEM 的方法研究［J］.测绘通报，2006(6)：6-9.

［2］顾海燕，李海涛，杨景辉．基于最小噪声分离变换的遥感影像融合方法［J］.国土资源遥感，2007，2：53-55.

［3］韩晶，邓喀中，李北城．基于灰度共生矩阵纹理特征的 SAR 影像变化检测方法研究［J］.大地测量与地球动力学，2012，32(4)：94-98.

［4］黄维，黄进良，王立辉，胡砚霞，韩鹏鹏．基于 PCA 的变化向量分析法遥感影像变化检测［J］.国土资源遥感，2016，28(1)：22-27.

［5］刘灿．基于 MODIS 数据的气溶胶光学厚度反演研究［D］.重庆师范大学，2014.

［6］劳小敏．基于对象的高分辨率遥感影像土地利用变化检测技术研究［D］.浙江大学，2013 年 3 月.

［7］李丹丹，舒宁，李亮．像斑的遥感影像土地利用变化检测方法［J］.地理空间信息，2011，9(1)：75-78.

［8］李苗，臧淑英，吴长山．基于 TM 影像的克钦湖叶绿素 a 浓度反演［J］.农业环境科学学报，2012，31(12)：2473-2479.

［9］李素菊，王学军．内陆水体水质参数光谱特征与定量遥感［J］.地理学与国土研究，2002，18(2)：26-30.

［10］李晓静，刘玉洁，邱红，张玉香．利用 MODIS 资料反演北京及其周边地区气溶胶光学厚度的方法研究［J］.气象学报，2003，61(5)：580-591.

［11］刘灿．基于 MODIS 数据的气溶胶光学厚度反演研究［D］.重庆师范大学，2015 年 5 月.

［12］刘汉湖，杨武年，杨容浩．高光谱遥感岩矿端元提取与分析方法研究［J］.岩石矿物学杂志，2013，32(2)：213-230.

［13］孙中平，白金婷，史园莉，刘素红，姜俊，王昌佐．基于高分影像的面向对象土地利用变化检测方法研究［J］.农业机械学报，2015，46：298-303.

［14］覃志豪，Zhang Minghua，Arnon Karnieli，Pedro Berliner．用陆地卫星 TM6 数据演算地表温度的单窗算法［J］.地理学报，2001，56(4)：456-466.

［15］陶秋香．植被高光谱遥感分类方法研究［J］.山东科技大学学报(自然科学版)，2006，26(5)：61-65.

［16］佟国峰，李勇，丁伟利，岳晓阳．遥感影像变化检测算法综述［J］.中国图象图形学报，2015，20(12)：1561-1571.

［17］涂梨平．利用 LandsatTM 数据进行地表比辐射率和地表温度的反演［D］.浙江大学，

2006 年 5 月.

[18] 王珊珊，李云梅，王永波，王帅，杜成功. 太湖水体叶绿素浓度反演模型适宜性分析[J]. 湖泊科学，2015，27(1)：150-162.

[19] 徐雯佳，等. 应用 MODIS 数据反演河北省海域叶绿素 a 浓度[J]. 国土资源遥感，2012(4)：152-155.

[20] 徐州，赵慧洁. 基于光谱信息散度的光谱解混算法[J]. 北京航空航天大学学报，2009，35(9)：1091-1094.

[21] 杨一鹏，王桥，肖青，闻建光. 基于 TM 数据的太湖叶绿素 a 浓度定量遥感反演方法研究[J]. 地理与地理信息科学，2006，22(2)：5-8.

[22] 钟家强，王润生. 基于自适应参数估计的多时相遥感图像变化检测[J]. 测绘学报，2005，34(4)：331-336.

[23] 朱子先. 基于高光谱遥感影像的扎龙湿地植被分类研究[D]. 哈尔滨师范大学，2011 年 6 月.

[24] 祝令亚，王世新，周艺，等. 应用 MODIS 监测太湖水体叶绿素 a 浓度的研究[J]. 遥感信息，2006：25-28.

[25] 李刚. 遥感影像处理综合应用教程[M]. 武汉：武汉大学出版社，2017.

[26] 秦福莹. 热红外遥感地表温度反演方法应用与对比分析研究[D]. 内蒙古师范大学，2008 年 4 月.

附录　遥感信息工程国家级实验教学示范中心介绍

依托国家特色专业和卓越计划　建设示范中心

李刚，毕卫民，潘励，王玥，黄培旗

（武汉大学遥感信息工程学院，湖北武汉，430079）

摘要：武汉大学遥感信息工程实验教学中心依托全国重点学科和国家特色专业，以卓越计划为契机，开展示范中心建设。文章首先介绍了实验中心的教学改革，包括：依据专业特色改革实验课程体系，科学研究教学转化改革实验教学内容，工程应用教学转化创新工程实践教育。其次介绍了实验中心的队伍建设，包括：设置"知卓讲坛"建立卓越兼职队伍，引起优秀留学人才优化实验专职队伍，委托企业深造培训建设双师型实验队伍，以教学、科研、生产相互连接转化建立三强实验队伍。最后，总结了实验中心硬软件资源建设以及管理模式的创新。

关键词：实验教学示范中心；国家特色专业；卓越计划；教学改革；队伍建设；资源建设；管理模式.

中图分类号：G642.0　　**文献标识码**：A　　**文章编号**：1006-7167(2016)11-0154-04

0　引言

21世纪科学技术迅猛发展、人才竞争日益激烈，人才和科技正成为国家可持续发展的关键动力[1]。为应对全球发展的新形势，国家实施科教兴国战略，并提出了"走中国特色新型工业化道路，建设创新型国家、建设人力资源强国"的战略部署。《国家中长期教育改革和发展规划纲要(2010—2020年)》指出，在新形势下高等教育的发展方向为大力加强创新素质教育，培养创新型应用人才。2010年起教育部联合国务院有关部门、行业协

基金项目：湖北省教学研究项目(2013016)；湖北省教学研究项目(2014023)

作者简介：李刚(1976—)，男，湖北孝感人，博士，高级工程师，研究方向：实验教学。

通信作者：毕卫民(1970—)，男，湖北赤壁人，博士，高级工程师，研究方向：实验室与设备管理。

本文发表于：实验室研究与探索，2016，35(11)：154-157.

(学)会和部分企业实施"卓越工程师"教育培养计划，是国家走新型工业化发展道路、建设创新型国家和人才强国战略的一个重要举措[2]，其主要目的在于创新高等教育，建立高校与行业企业联合培养人才的新机制，培养应用能力强、适应经济社会发展需要的工程技术型人才[3]。实验教学是实现教学科研协同，创新高等教育的重要环节[4]。创新型实验教学在创新型应用人才培养中起着重要作用，已成为高等教育创新体系的重要组成部分[5]。为进一步加强高校实验室建设，适应高等教育快速发展和人才培养模式的改革与创新[6]，2012年教育部启动了"十二五"国家级实验教学示范中心建设，继续推动"支持高等学校以学校优势学科的专业特色为基础，建设国家级实验教学示范中心，形成优质资源融合、教学科研协同、学校企业联合培养人才的实验教学新模式"的建设目标[7]，对于深化高校实验教学改革与创新，促进学生实践能力、创新能力的培养具有重要意义[8]。

"摄影测量与遥感"是武汉大学的优势学科，是教育部审定的首批全国重点学科，也是211和985工程重点建设学科，形成了本科、硕士、博士、博士后流动站、教育部重点实验室、国家重点实验室、教育部特聘教授岗位等完整的学科体系，学科综合实力在国内外同领域内处于领先地位。该学科同空间科学、电子科学、地球科学、计算机科学以及其他边缘学科交叉渗透、相互融合，已发展成为一门新型的地球空间信息学学科。武汉大学在整合摄影测量与遥感、全球定位系统、地理信息系统等相关技术的基础上，创办"遥感科学与技术"专业，该专业是国家一类特色专业和湖北省"高校人才培养质量与创新工程品牌专业"。2012年遥感科学与技术专业入选"卓越工程师计划"实施专业综合改革试点。

遥感信息工程实验中心依托国家特色专业和重点建设学科，将教育部实施国家级实验教学示范中心建设背景与卓越工程师教育培养计划有机结合，整合学科专业的优势资源，建立科学研究实验教学转化机制、工程应用实验教学转化模式，创新实验教学改革和人才培养模式，大力推进实验室建设，于2014年获批为湖北省实验教学示范中心，2016年获批为国家级实验教学示范中心。本文从实施卓越工程师教育培养计划，创新实验教学改革，创新实验教学队伍建设，加强实验中心硬软件资源建设，创新实验中心管理模式等方面，来介绍遥感信息工程实验教学中心的建设。

1　根据专业特色和卓越计划，创新实验教学

"卓越计划"的主要目标是培养创新能力强，适应经济社会发展和产业结构调整需要的高质量工程技术型人才[9]，要着力解决的是高等工程教育中的实践性和创新性问题。实验教学是培养学生"较强的应用实践能力和创新能力"最主要、最直接的途径和方式。根据卓越计划培养目标和示范中心建设目标，结合遥感科学与技术学科发展现状以及国家、社会对创新型遥感应用人才需求，遥感信息工程实验教学中心按照"符合国家通用标准和行业要求，理论学习与实践教学相结合、校内实验体系与校企实验平台相结合"的原则，以工程应用能力、探索研究能力和创新精神培养为主线，创新实验教学改革。实验课程的改革体现在不仅要随着学科专业的发展，将科学研究中的新技术、新方法引入到实践教学，而且还要随着行业生产发展，将工程应用中新技术、新成果引入实践教学，使学生直接面对科研和生产中的热点问题、难点问题和新问题，培养学生的创新应用能力。

（1）依据专业特色，改革实验课程体系

紧跟学科专业发展，以遥感的理论、方法和应用为主线，构建了涉及测绘科学、地球科学、计算机科学等多学科交叉的实验课程体系。该实验课程体系按"技术基础型实习"、"技能综合型实习"、"工程应用型实习"和"探索研究型实习"四个相互衔接而又逐层推进的层次，建立了全面涵盖从地面遥感实习到航空航天遥感实习，从信息获取、处理实习到分析、应用实习，从地表资源调查实习到全球探测、监测实习的实验课程系列，并以能力培养为主线贯穿整个教学过程。其中，技术基础型实习，以遥感的基本技术方法的验证操作为教学内容，重点培养学生对理论技术的理解能力；技能综合型实习，以遥感、摄影测量以及地理信息系统商业软件和硬件系统的实际应用作为教学内容，使学生在掌握各种专业硬软件的基础上，能够加以综合应用并熟练解决具体的专业问题，重点培养学生的综合应用技能；工程应用型实习，以遥感行业工程项目和生产实践中典型的应用问题和重要的开发环节作为教学内容，使学生能够自主设计解决应用问题和完成项目开发的方案与流程，并制定具体方法予以实现，重点培养学生自主设计、独立解决应用问题的能力；探索研究型实习，以遥感科学研究和理论探索中的典型方法和先进技术应用于社会生产实践、解决现实的热点问题作为教学内容，使学生面对科学研究的前沿领域和应用热点，在模仿和探索中学习科学研究的方法和培养科学研究的兴趣，重点培养学生的科学素养和探究精神。

（2）依托科研创新平台，以科学研究教学转化，改革实验教学内容

美国著名的高等教育学家伯顿·克拉克教授通过对德、英、法、美、日5国高等教育深入的比较分析，论证了在大学建立科研-教学连接体的必要性[10]。实验中心依托科研创新平台，打通教学、科研实验室壁垒，统筹教学科研实验室资源，建立成为科研与教学相融合的连接体，并将科学研究教学转化、改革创新教学内容作为示范中心建设的重要方面。实验中心所在学科拥有丰富的科研创新平台，如"2011地球空间信息技术协同创新中心"、"民政部减灾与应急工程重点实验室"、"地球空间信息工程中国冶金地质总局重点实验室"、"中国资源卫星中心-武汉大学卫星数据处理与应用技术研究中心"等，取得了大量的科研成果与技术积累，为深化实践教育改革、培养创新型应用人才提供了坚实的基础。实验中心通过建立科学研究与实践教学的转化连接机制，把科研成果转化为实验教学内容，将科研方法融入实验教学活动，向学生传授科研理念、科研文化、科研价值，使学生了解科技最新发展和学术前沿动态，提升学生科学研究和科技创新的能力。

（3）依托校企工程平台，以工程应用教学转化，创新工程实践教育

高校具有丰富的科研和教学优势资源，而科学技术只有转化成生产力才能真正推动社会进步与发展。企业具有生产技术优势，是实现工程应用、技术成果产业化以及社会生产的主要场所。因此，利用高校的科研、教学优势联合企业的生产技术优势，创新校企实验教学平台，建立生产-教学连接体，是强化工程能力和创新能力培养的重要途径。根据卓越计划的"创立高校与行业和企业联合培养人才的新机制"要求和国家实验教学示范中心建设的"实验教学内容与科研、工程、社会应用实践密切联系"要求，实验中心与遥感行业领先企业密切产学研合作，建立校企工程实践教育平台，加强培养学生的遥感工程实践能力。实验中心依据专业特色建立的校企实验教学平台有：① 天-空-地一体化遥感数据采

集平台，该实验平台具有集航天、航空、低空、地面等不同层面的、立体的、多角度的遥感数据采集系统；② 遥感数据处理、信息提取与应用平台，搭建面向多源、多尺度、多类型遥感信息的集成处理实验软硬件环境条件；③ 电子地图实践教学平台，将电子地图数据采集和数据处理等基础型工程项目作为工程实践教育的主要内容，培养学生地理信息数据采集、数据处理和电子地图生产技能。通过这些校企工程平台，开展更深层次的创新技术研究与工程应用实验教学，提高学生在高新技术领域的工程应用能力。

2 结合示范中心和卓越计划，创新实验队伍建设

卓越计划的特点是按通用标准和行业标准强化培养学生的工程能力和创新能力，而要实现卓越计划的人才培养特点和要求，师资队伍的质量起着直接、关键性的作用。师资队伍作为知识和能力的传承者，其水平对高校的教学质量起着决定性作用[11]。美国哈佛大学校长科南特曾提出："大学的荣誉并不在于它的人数和校舍，而是在于教师的质量。学校要办好，教师必须要出色"[12]。为保证卓越计划的顺利实施，教育部在《关于实施卓越工程师教育培养计划的若干意见》中明确指出，按照"卓越计划"的特点，要培养具有较强创新能力的高质量工程技术人才，首先必须要建立一支具有一定工程背景的高水平专、兼职教师队伍。为深化实验教学改革，教育部在《关于开展高等学校实验教学示范中心建设和评审工作的通知》中也提出要以高素质实验教学队伍为保障，全面提高实验教学水平。遥感信息工程实验中心结合示范中心和卓越计划要求创新实验队伍建设，以优化结构为重点，以提高工程素质为中心，形成一支由学术带头人或高水平教授负责，热爱实验教学，教育理念先进，学术水平高，教学科研能力强，实践经验丰富，勇于创新的卓越教师队伍。

（1）聘请学术带头人和企业优秀人才，设置"知卓讲坛"，建立卓越兼职队伍

聘任优秀兼职教师、建立卓越型教师队伍，是优化师资结构、加强实践教学环节的重要途径。学术带头人作为学科专业领域内有重大突出贡献的专家，具备深厚的学术造诣和丰富的工作经验，有较强的研究、开发才能与协调、组织条件。实验中心将聘请学术带头人作为实验队伍建设的重要基础，通过聘请遥感领域内知名学术带头人、长江学者、教学名师组成实验室学术指导委员会和实验教学指导委员会，建立卓越兼职队伍，具体决策工程实践教育的发展规划和方向。同时，实验中心面向业内知名企业，聘请了优秀企业家和具有丰富实践经验的高水平工程技术人才作为兼职教师，通过举办"知卓讲坛"定期做创新创业报告和培训、讲座，将遥感生产实践中先进的工程技术方法、最新应用成果以及工程人才培养理念引入到师资力量建设中。以学术带头人和企业优秀人才组建的卓越兼职队伍是培养卓越师资力量的重要基础，也是整体实验教学能力提升的根本保证。

（2）引进优秀留学人才，通过"传、帮、带"，优化实验专职队伍

卓越计划提出了"扩大工程教育的对外开放"要求，确立了人才培养国际化的标准，旨在通过和国外先进的工程教育模式接轨，开阔学生的国际视野，提高学生的国际竞争力[13]。遥感信息工程实验中心将卓越计划的"人才培养国际化"标准引入示范中心建设过程中，而人才培养的国际化，需要精通国际工程教育理念、具有国际合作项目开发经验和工程应用能力的师资队伍。为此，以学术带头人为核心的学术指导委员会利用其在学术领

域和业内的深厚凝聚力和影响力，积极引进海外留学的高层次国际化人才加盟实验中心。优秀海外留学人员的引入优化了师资队伍结构，对示范中心的建设起到了巨大的推动作用：① 海外留学人员具有国际视野以及参与国际竞争的能力，实验中心利用其优势，通过制定"传、帮、带"等措施，加强引进人员与原有专职实验教师之间的学习融合，促进了师资队伍的整体素质提升；② 通过实现"国外先进的工程教育理念"与"国内普遍的实践教学模式"的结合，促进"国外工程应用的最新技术成果"与"国内实践教学改革"相结合，提高了实践教学培养质量。

（3）委托企业深造培训，建设双师型实验队伍

遥感信息工程实验中心以卓越计划为契机，加强示范中心建设的一个重要举措就是建设双师型实验队伍。实验中心对双师型实验教师的要求是，学术水平高、工程实践能力强；工程实践能力是制约是否具备双师资格的关键性因素。因此，实验中心密切加强与企业合作，有效利用企业优越的工程环境和生产条件，定期选派青年教师到遥感行业领域内的优秀企业参加培训，使教师深入了解产业发展趋势，及时掌握新的工程技术和新的生产工艺，显著提高了工程意识和实践能力。在实验教学示范中心建设过程中，利用校企结合共建双师型师资队伍，有利于推进传统实验教学与真实项目教学的高度结合，提高学生的实践能力、创新能力。

（4）以教学、科研、生产相互连接转化，建立三强实验队伍

根据国家实验教学示范中心建设要求，实验中心师资建设的目标是建立实验教学与理论教学队伍互通，教学、科研、技术兼容的实验教学团队[14]。为达到这一要求，实验中心在建设过程中提出了三强师资力量理念，要求实验教师具备科学研究能力强、工程实践能力强、实验教学能力强。实验中心一方面利用工程实践教育平台，大力提高实验教师的工程实践能力，并且通过建立工程应用向实践教学的连接转化模式，促进工程应用的实验教学转化，实现工程化、项目式教学。另一方面利用科学研究创新平台，有计划地安排实验教师进入相应的研究团队，大力提高实验教师的科学研究能力，并通过建立科研向实践教学的连接转化机制，促进科学研究的实验教学转化，实现研究型、创新型教学。

3　依托重点学科和卓越计划，加强实验中心硬软件资源建设

（1）依托重点学科建设，健全遥感专业硬软件系统

最新的设备往往代表着最新的生产力和最新的技术，实验中心按卓越计划标准强化培养学生工程应用能力的一个重要体现，就是培养学生实际操作专业设备和熟练应用专业软件的能力。为此实验中心把健全专业硬软件系统，特别是遥感领域内代表遥感科学研究和工程应用最新进展、最新成果的设备，作为示范中心建设的重要内容。遥感科学与技术依托"重点学科"、"211 工程"、"985 工程"建设，逐渐建立健全了以"MODIS 卫星数据接收系统"、"机载 POS 系统"、"机载激光雷达系统"、"无人机遥感成像系统"、"地面多功能协同数据采集系统"、"三维虚拟现实系统"、"DPGRID 数字摄影测量网格系统"为代表的集航天、航空、低空、地面等不同层次、多角度、立体的遥感对地观测和信息处理系统。这些硬软件系统通过科研、教学资源共享，既用于科学研究也用于实践教学。通过设置综合性、设计性、创新性实验教学内容，将这些代表遥感领域内最新技术、最新成果的硬软

件系统引入实践教学，使学生在实际运用这些硬软件系统解决具体专业问题过程中强化培养应用操作能力。

（2）依托卓越计划建设，自主创新研发遥感应用系统

实验中心按卓越计划标准强化培养学生创新能力的一个重要体现，就是将教师在科学研究和工程应用中为解决特点重点问题、热点问题、新问题而创新开发的遥感应用系统引入到实验教学中。由教师自主创新研发并引入到实验教学的应用系统有：VirtuoZo 全数字摄影测量系统、DPGrid 数字摄影测量网格系统、GeoStar 地理信息系统、WuCAPS 自动空三软件包、机载激光雷达数据处理系统 ALDPro、遥感影像自动处理系统、国产高分辨率光学卫星影像地面处理软件、影像匀光软件等。自主创新研发遥感应用系统并引入实验教学，使学生通过学习并体验教师的创新开发成果而借鉴培养自身的创新思维和创新能力。

（3）依托示范中心建设，开发实验教学网络管理平台

根据国家示范中心建设要求，为实现网上辅助教学和实验教学资源的开放共享[15]，实验中心建立并完善了网络实验教学和实验室管理信息平台。实验教学管理信息平台主要有：实验教学网络管理平台、仪器设备网络管理平台、实验室开放预约平台、实验数据服务平台等。这些平台全部集成到实验中心网站上提供统一入口，为实现师生交互反馈、在线答疑、教学评估等提供了网络支撑，学生通过平台可以查询实验课表，下载实验资料，在线提问，提交实验成果，提交课程评价等，教师通过这个平台可以上传实验资料，在线答疑，评判实验成果，查询课程评价，以及提交课程总结等。仪器设备网络管理平台为实现实验教学资源的开放共享提供了网络支撑，通过该平台可以实现仪器设备的查询、预约和租借。实验室开放预约平台实现了各实验室开放使用的在线查询及其预约申请功能，学生通过这个平台可以了解到实验室开放研讨会和开放课程授课情况，从而便于结合自己的时间灵活安排选听。实验数据服务平台为各类实验数据的上传、下载、共享使用提供了网络支撑。由于遥感数据具有数据量大、种类多的特点，且价格较为昂贵、获取渠道有限，为便于实验教学和科学研究的需要，通过该平台在实验中心内部实现了数据共享和可重复利用。

4　创新实验中心管理模式

根据国家级实验教学示范中心的建设目标要求，示范中心要建设成为教学先进、设备先进、资源共享、队伍先进的开放式实验环境。要实现实验中心的先进特性，必须创新管理机制，改革管理模式，全面提高实验教学水平和实验室使用效益。实验中心创新管理模式体现在：

（1）校院共管的行政管理模式

在行政管理上，实验中心采取了"学校领导，以院为主，校院共管"的模式，学校和学院共同对实验中心的行政事务工作负责。

（2）多部门联合的业务管理模式

在业务管理上，学校实验设备处和本科生院联合对实验中心开展督导，实验设备处对实验中心的设备管理工作进行业务指导和监督，本科生院对实验中心的教学管理工作进行业务指导和监督。

（3）主任负责制的建设发展模式

在实验中心建设发展上，实行中心主任负责制，中心主任全面负责实验中心的具体规划和建设发展，包括教学改革、队伍建设、环境建设、经费使用等。中心主任根据学校的办学定位和人才培养目标，制定了合理的政策，采取了有效的措施，结合实际、积极创新，充分发挥了实验中心的特色和示范、辐射作用。

（4）教委会负责的质量管理模式

实验教学质量是检验示范中心建设的最重要标准。实验中心高度重视实验教学质量管理，由实验中心教学指导委员会专门负责教学督导和质量管理。教学指导委员会建立了实验教学质量监控体系和竞争上岗、定期考核的质量管理机制，保障了示范中心实验教学的可持续良性发展。

（5）依托学科专业的资源共享模式

依据学科、专业的特点，实验中心对分散建设、分散管理的实验教学资源进行了有效整合，并在此基础上，统筹安排、合理调配、高效使用，实现了优质资源共享，把实验室建设成了面向多学科、多专业、受益面大、影响面宽的实验教学示范中心。

5　结语

武汉大学遥感信息工程实验教学中心，在"全国重点学科"、"国家特色专业"以及"湖北省'高校人才培养质量与创新工程品牌专业'"支持下，将卓越计划和示范中心建设相结合，按照"高水平的实验教学质量、先进的实验教学队伍、先进的仪器设备配置、先进的运行管理模式"大力开展实验室建设，取得了较为显著的效果，先后被评为湖北省实验教学示范中心和国家级实验教学示范中心。同时，引领、辐射作用增强，郑州大学、中国地质大学、湖北大学、中南民族大学等高校组织相关专业本科生到实验中心参加集中实验课学习。为进一步加快遥感信息工程实验教学示范中心的建设，将从虚拟仿真实验教学以及学校与行业、企业协同培养人才的新机制方面开展研究和实践，提升实验中心的综合实力。

参考文献

[1] 罗光洁. 以人力资本为支撑推动中国经济发展研究[D]. 昆明：云南大学，2015.
[2] 周定文，谢明元，何晋. 实施专业综合改革探索工程人才培养新模式[J]. 教育发展研究，2011，4：17-19.
[3] 曹国永. 着力强化校企合作提高人才培养质量[J]. 中国高等教育，2012，7：7-9.
[4] 余建潮. 构建面向创新人才培养的实践教学体系[J]. 中国高等教育，2015，5：53-55.
[5] 付庆玖，韩振. 高等教育创新性实验教学体系的探讨[J]. 实验室研究与探索，28（6）：14-16.
[6] 王煌. 高水平建设实验教学示范中心全面提升人才培养质量[J]. 中国高等教育，2009（6）：17-19.

[7] 姜文凤，高欣."十二五"国家级实验教学示范中心建设与思考[J]. 实验技术与管理，2013，30(5)：5-7.

[8] 季林丹，朱剑琼，徐进. 国家级实验教学示范中心十年建设工作总结[J]. 实验室研究与探索，2014，33(12)：143-146.

[9] 魏建文，和凯凯，廖雷，等. 卓越计划为导向的环境工程实践教学改革探讨[J]. 教育教学论坛，2014，22：34-36.

[10] 冯克诚，等. 当代教学方法与艺术基本原理与文论选读[M]. 北京：中国环境科学出版社，2006.

[11] 王松涛，朱志良. 师资队伍建设与本科教学质量保证体系之间的关系初探[J]. 中国高校师资研究，2006，2：46-51.

[12] 黄声豪. 美国大学教师专业发展的研究[D]. 厦门：厦门大学，2013.

[13] 林健."卓越工程师教育培养计划"质量要求与工程教育认证[J]. 高等工程教育研究，2013，6：49-61.

[14] 周郴知，丁洪生，冯俊，等. 创建国家级实验教学示范中心的探索与实践[J]. 中国大学教学，2008，2：76-78.

[15] 潘海涵，赵玉茹，徐世浩. 实验教学示范中心再建设的思考[J]. 高等工程教育研究，2015，4：189-192.

武汉大学遥感信息工程国家级实验教学
示范中心创新型实验教学改革

李　刚

（武汉大学遥感信息工程学院，湖北武汉，430079）

摘要：实验教学改革是示范中心建设的重要内容，对于加强素质教育，培养创新型应用人才起着重要作用。本文以武汉大学遥感信息工程实验教学示范中心为例，总结了创新型实验教学的改革与建设。该创新型实验教学改革包括以下方面：首先，紧跟专业发展，凝练了实验教学理念，完善了实验教学体系；其次结合科技进展，建立了科学研究实验教学多机制转化，实现了工程应用实验教学 CDIO 模式转化；最后，通过任务驱动式方法、问题启发式方法、翻转课堂等多样化、相结合的方法改革了实验教学方法。实验教学改革与创新，进一步推动了示范中心的建设与发展。

关键词：国家级示范中心；实验教学理念；实验教学体系；科学研究实验教学转化；工程应用实验教学转化；CDIO；任务驱动式；问题启发式；翻转课堂

中图分类号：G64　　　**文献标识码**：A　　　　　**文章编号**：0494-0911（2017）08-0138-04

0　引言

21 世纪科学技术迅猛发展、人才竞争日益激烈，人才和科技正成为国家可持续发展的关键动力[1]。为应对全球发展的新形势，"国家科教兴国战略"提出了"走中国特色新型工业化道路，建设创新型国家，建设人力资源强国"的战略部署。为落实这一战略部署，教育部在《关于全面提高高等教育质量的若干意见》（教高〔2012〕4 号）文件中指出，高等教育要牢固确立人才培养的中心地位，强化实践育人环节，创新教育教学改革[2]。实验教学是创新高等教育的重要环节，创新型实验教学在培养创新型应用人才中起着关键作用，已成为高等教育创新体系的重要组成部分[3]。从 2004 年教育部提出全面实施"进一步深化高校的教学改革，建设一批示范教学基地和基础课程实验教学示范中心"，直到 2012 年教育部启动"十二五"国家级实验教学示范中心建设以来，通过深化全国高校实验室建设、实验教学改革，进一步地促进了对学生实践能力、创新能力的培养[4]。武汉大

基金项目：湖北省教学研究项目（2013016）；湖北省教学研究项目（2014023）

作者简介：李刚（1976—　），男，湖北孝感人，博士，高级工程师，从事遥感影像解译的研究。

本文发表于：测绘通报，2017（8）：138-141.

学"摄影测量与遥感"是首批全国重点学科和"211 工程"重点建设学科，承担着为国家培养遥感应用人才的任务。遥感信息工程实验中心作为培养创新型遥感应用人才的实践教学基地，围绕着"创建国际一流，国内示范、行业领先"的建设发展目标，大力开展实验室建设，将实验教学作为创新高等教育、培养创新型应用人才的重要环节，进行了一系列创新型实验教学改革，并于 2014 年获批为湖北省实验教学示范中心、2016 年获批为国家级实验教学示范中心。本文从凝练实验教学理念、完善实验教学体系、建立科学研究实验教学多机制转化、实现工程应用实验教学 CDIO 模式转化、创新实验教学方法方面，介绍遥感信息工程实验教学示范中心的建设。

1　根据教学实践，凝练实验教学理念

实验教学理念对实验教学活动有着极其重要的指导意义，决定了实验教学的培养目标、培养模式、教学方法以及实验教学改革的方向。传统的实验教学注重知识的传授，大多按照"教师讲解、学生操作，教师演示、学生模仿"的方式开展，不利于培养学生的学习兴趣，难以激发创新思维，不适合现代实验教学的需求与发展[5]。教育部在《关于开展高等学校实验教学示范中心建设和评审工作的通知》（教高［2005］8 号）中，明确地提出实验教学示范中心的建设目标是：树立以学生为本，知识传授、能力培养、素质提高协调发展的教育理念和以能力培养为核心的实验教学观念[6]。

针对教育部文件精神，根据遥感科学与技术学科发展现状并结合国家、社会对创新型遥感应用人才的紧迫需求，实验中心在教学实践中逐渐形成了以下教学理念：（1）以学生为本，以促进学生全面发展为核心，以提高学生综合素质为重点，形成知识传授与能力培养协调发展；（2）以完善实验教学体系为基础，通过构建多层次实验课程系列，系统培养学生形成从基础操作、综合应用到开发研究的能力体系；（3）以培养学生的创新素质为出发点，通过建立科学研究与实验教学的转化连接机制，开展创新教育；（4）以社会对遥感应用人才需求为导向，通过紧密结合工程应用实践，建立工程应用与实验教学的转化连接方式，培养学生工程应用能力，开展创业教育。

2　紧跟专业发展，完善实验教学体系

遥感科学与技术专业，经过多年的探索与努力，建设成为国家一类特色专业和湖北省"高校人才培养质量与创新工程品牌专业"，遥感实验教学紧跟学科专业发展、深化改革，已由传统的"依附于理论课、作为理论课配套与延伸"的操作与验证型实习发展成为"与理论教学有机结合，以能力培养为核心，以综合设计与探索创新型实习为主"的实验课程体系。该实验课程体系以遥感的理论、方法和应用为主线，构建了涉及"空间科学"、"信息科学"、"地球科学"、"计算机科学"等多学科交叉的实验课程网络，按"理论技术基础型实习"、"专业技能综合型实习"、"工程应用设计型实习"和"探索研究创新型实习"四个相互衔接而又逐层推进的层次，建立了全面涵盖从地面遥感实习到航空乃至航天遥感实习，从信息获取、处理实习到分析、应用实习，从地表资源调查实习到全球探测、监测实习的实验课程系列。

（1）理论技术基础型实习

重点培养学生对理论技术的理解能力，以遥感信息获取、测量数据处理、仪器操作类

实习为主，主要开设了"遥感原理实习"、"GPS 测量与数据处理实习"、"空间数据误差处理实验"、"数字图像处理课程实习"等课程。

（2）专业技能综合型实习

重点培养学生的综合应用技能，以遥感与地理信息分析、地表资源调查分析以及测量数据分析类实习为主，主要开设了"遥感解译综合实习"、"微波遥感综合实习"、"摄影测量课程设计"、"时空数据库实习"、"数字摄影测量课程设计"、"地理信息系统综合实习"等课程。

（3）工程应用设计型实习

重点培养学生自主设计、独立解决应用问题的能力，以遥感与地理信息应用、测量数据应用、工程设计类实习为主，主要开设了"地表覆盖与土地利用实习"、"地理国情模拟与可视化实习"、"GIS 工程设计开发综合实习"、"网络 GIS 程序设计实习"、"遥感应用课程设计"等课程。

（4）探索研究创新型实习

重点培养学生的科学素养和探究精神。以遥感研究领域内的一些典型研究为主，如遥感环境分析、遥感监测，主要开设了"遥感应用模型实习"、"遥感变化检测实习"、"地理国情监测综合实习"等课程。

3 科学研究实验教学的多机制转化

创新高等教育，必须加强科研与教学的融合，实现教学、科研相统一[7]。美国著名的高等教育学家伯顿·克拉克教授通过对德、英、法、美、日五国高等教育深入的比较分析，论证了在大学建立科研-教学连接体的必要性[8]。科学研究的发展与进步，为深化实践教学改革、培养创新型应用人才提供了坚实的基础，实验中心瞄准遥感科学技术前沿，通过建立科学研究与实验教学的转化连接机制，将科学研究中的新技术、新成果不断转化到实验教学中，创新实验教学内容，有效地成为了遥感科研与教学相融合的连接体。实验中心科学研究与实验教学的转化连接机制主要分为以下三种方式。

（1）科学研究实验教学转化机制一：根据科学研究新方向，创建全新实习项目

当今社会经济快速发展，对遥感技术服务于社会生产的需求也越来越大。遥感技术与日益增长的经济发展、社会需求相结合，孕育出了大量的新的科学研究方向。实验中心紧跟科学研究新方向，结合社会发展、环境监测中的热点问题，创建了一些全新实习项目。例如，定量遥感作为遥感新的研究方向，在环境评估、资源监测方面有着广阔应用[9]。城市热岛效应对城市发展、人类健康等具有很大的影响，城市温度反演是遥感应用研究中的重要问题[10]。实验中心将定量遥感与城市地表温度反演相结合，在遥感综合实习中创建了全新的"城市地表温度反演与热岛效应分析"项目，将学生较早地引入遥感应用领域的技术前沿，在教学内容上具有前瞻性、应用性和研究性，体现了创新型实验教学改革注重对学生遥感应用与研究能力培养的特点。

（2）科学研究实验教学转化机制二：结合科学研究新进展，创新实习内容

随着我国高分辨率对地观测计划的启动，高分辨率遥感影像的解译技术已成为遥感科学研究的新进展[11]。实验中心结合高分辨率遥感解译技术这一新进展，将其引入"土地

利用遥感变化检测实习"中创新实习内容。"土地利用遥感变化检测实习"是为配合国家开展第二次土地资源普查、建立中小比例尺地图数据库的重大需求而设置的实验课程,最初是针对低分辨率的多时相卫星影像,利用传统的基于像素的方法进行宏观变化检测;为适用遥感技术的新进展,该实验课程创新教学内容,针对高分辨率的多时相卫星影像,引入基于对象的解译技术在小尺度上进行高分变化检测,新增了程序开发型与探索研究型实验教学环节,使学生直接面对这一研究难点和热点,能较早地接触到遥感应用领域的新进展,为创新性人才培养打下基础[12]。

(3)科学研究实验教学转化机制三:结合特定新技术,改进实习效果

视觉注意机制是图像处理中新发展起来的技术,模拟人类视觉对显著特征的选择性注意机制,是计算机图像信息处理领域的一个热点。实验中心将其引入到数字图像处理教学实践中,在"raw 格式到 bmp 格式转换"中新增了探索开发型教学环节,启发学生利用视觉注意机制技术去开发自动转换算法,将学生的学习活动与更高层次的任务和问题相结合,以探索研究新技术来引导和维持学习动机,使学生充分拥有学习的主动权。

4 工程应用实验教学的 CDIO 模式转化

实验教学的改革与创新,不仅要实现科学研究的实验教学转化,而且还要实现工程应用的实验教学转化,将行业生产、工程应用中的新技术、新成果引入实验教学,使学生直接面对生产和工程中的热点问题、难点问题和新问题,培养创新应用能力。实验中心将国际先进的工程教育模式 CDIO 与遥感实验教学结合,建立了工程应用向实验教学转化的CDIO 模式。CDIO 是近年来国际工程教育改革的最新成果,麻省理工学院和瑞典皇家工学院等四所大学组成的跨国研究,在继承和发展欧美 20 多年来工程教育改革经验的基础上创立了 CDIO 理念,适合于工科教育各个环节的改革[13]。CDIO 代表构思(Conceive)、设计(Design)、实现(Implement)和运作(Operate),是以工程项目设计为导向、创新能力培养为目标的教育模式,注重培养学生系统工程技术能力,尤其是项目的构思、设计、开发和实施能力,以及较强的自学能力、组织沟通能力和协调能力[13]。实验中心建立工程应用实验教学转化的 CDIO 模式、开展项目式教学,其关键之一在于项目式教学内容,既要能涉及工程应用中热点技术问题,又要能将整个遥感知识点相互衔接、系统地结合起来;其关键之二在于项目式教学环节组织,通过设置"调研构思"、"自主设计"、"开发实现"、"运行应用"四个衔接紧密而又逐层提升的实验教学环节,对项目式教学完整地开展整体训练,系统地完成一个项目的实际经历,从而对主动学习能力、设计开发能力、系统应用能力以及团体合作能力进行整体培养[14]。例如在基于 CDIO 模式的"遥感原理与应用课程设计"创新型实验课程建设中,合理选择遥感工程应用中的热点项目内容"遥感专题信息提取"进行实验教学 CDIO 转化,给学生营造一种近似真实的项目环境,开展工程化、项目式教学[14]。

5 以学生为本,创新实验教学方法

创新型实验教学要达到培养创新型高素质人才的目的,需要改革传统的教学方法,实现"以教师为主开展教学"到"以学生为本组织教学"的转变。教育部办公厅《关于开展

2015 年国家级实验教学示范中心建设工作的通知》文件也要求"重点实行以学生为本的基于问题、案例、项目的互动式、研讨式教学方式和自主、合作、探究的学习方式"[15]。因此，实验中心将创新实验教学方法的重点放在实现学生在教学中主体地位的转变，以建构主义教学理论[16]和问题教学理论[17]为基础，采取了"任务驱动式方法"、"问题启发式方法"以及"翻转课堂"等相结合的多样化方法。

（1）任务驱动式方法

以美国教育心理学家布鲁纳为代表的建构主义理论认为，学习是学生在主动改造和重组已有经验的基础上建构新知识的活动，任务驱动式教学是建构主义理论基础上以任务为主线、以教师为主导、以学生为主体的方法[18]。通过设立有代表性的典型任务，将知识和技术的传授蕴含在驱动、引导学生完成实际任务的过程中，以使学生掌握学习的主动权。实验中心创新型实验课程建设的一个特点是将任务驱动式方法贯穿于整个实习过程，在教学内容上设置了紧密相连、逐级提升的实验环节，而各个实验环节又安排了不同层次的具体任务。对于这些不同层次的任务，教师首先并不向学生直接公开完成任务的具体步骤，而是提供相关引导和启发，将学生虚拟在一个面临生产应用、科学研究的场景中，驱动学生自主学习、相互交流、探索研究，到达能力综合培养的目的。

（2）问题启发式方法

苏联教学论专家马赫穆托夫的问题教学理论认为，问题教学是发展性教学的高级层次，教学活动应该围绕问题开展，启发学生为解决学习问题而组织活动[17]。问题启发式方法以"问题"作为教学的出发点、以"启发"作为教学的重点、以"提出问题、分析问题、解决问题"为线索，贯穿于整个教学过程。将问题启发式方法引入到实验教学中，在各个实验环节都会使学生面临特定的问题，这些问题包括教师为启发学生思考而有针对性设置的共性问题、也包括学生在实习过程中遇到的个性问题。教师根据任务所涉及的知识点和技能，将复杂的任务分解为一系列相互衔接、有机关联、层层深入的问题，引导学生在思考中构建认知结构、在质疑中培养分析问题的能力。

（3）翻转课堂教学方法

翻转课堂(Flipped Classroom 或 Inverted Classroom)是一种起源于美国的新教学模式，在世界各地学校广受欢迎，是一种利用丰富的信息化资源，让学生逐渐成为学习的主角，将学习的决定权从教师转移给学生的全新教学方法[19]。将翻转课堂引入到实验教学中，通过多媒体技术、计算机仿真技术，将遥感实验课程中所涉及的主要内容、遥感数据接收、处理以及遥感生产过程制作成形式丰富的微视频和课件，并配以声音、文字、图像、动画，以加深学生理解，提高课堂外学习的趣味性、主动性。而课堂内教学则以任务驱动和问题启发为主，使学生将分散知识以一个完整的知识群形式串成一个整体。

6 结语

武汉大学遥感信息工程国家级实验教学示范中心，在"全国重点学科"、"国家特色专业"以及"湖北省'高校人才培养质量与创新工程品牌专业'"支持下，大力开展实验教学改革与创新。实验中心紧跟专业发展，凝练了实验教学理念、完善了实验教学体系，而且还建立了科学研究实验教学多机制转化、工程应用实验教学 CDIO 模式转化。在此基础上，为加强创新素质教育，注重实验教学方法的改革与创新，采取了任务驱动式、问题启发式、翻转课堂等多样化、相结合的方法，进一步推动了实验教学示范中心的建设。后续将围绕着队伍建设、管理模式、示范效应等方面展开总结。

参考文献

[1] 罗光洁. 以人力资本为支撑推动中国经济发展研究[D]. 云南大学，2015.

[2] 教育部. 关于全面提高高等教育质量的若干意见(教高[2012]4号)[Z]，2012.

[3] 付庆玖，韩振. 高等教育创新性实验教学体系的探讨[J]. 实验室研究与探索，2009，28(6)：14-16.

[4] 姜文凤，高欣. "十二五"国家级实验教学示范中心建设与思考[J]. 实验技术与管理，2013，30(5)：5-7.

[5] 张洪奎，朱亚先，胡荣宗，等. 建设现代化的化学实验教学示范中心[J]. 实验室研究与探索，2006，25(7)：817-821.

[6] 教育部. 关于开展高等学校实验教学示范中心建设和评审工作的通知》(教高[2005]8号)[Z]，2005.

[7] 郭传杰. 坚持教学与科研结合培育创新型人才[J]. 中国高等教育，2010(6)：32-35.

[8] 冯克诚，等. 当代教学方法与艺术基本原理与文论选读[M]. 北京：中国环境科学出版社，2006.

[9] 梁顺林. 定量遥感[M]. 范闻捷，等，译. 北京：科学出版社，2009.

[10] 龚珍，胡友健，黎华. 城市水体空间分布与地表温度之间的关系研究[J]. 测绘通报，2015(12)：34-36.

[11] 李德仁，童庆禧，李荣兴，龚健雅，张良培. 高分辨率对地观测的若干前沿科学问题[J]. 中国科学：地球科学，2012，42(6)：805-813.

[12] 李刚，潘励，潘斌. 土地利用遥感变化检测综合实习课程的建设与创新[J]. 测绘科学，2014，39(5)：161-164.

[13] 顾佩华，沈民奋，李升平，等. 从CDIO到EIP-CDIO——汕头大学工程教育与人才培养模式探索[J]. 高等工程教育研究，2008(1)：12-20.

[14] 李刚，万幼川. 基于CDIO模式的"遥感原理与应用课程设计"创新型实验教学示范[J]. 测绘通报，2015(1)：134-136.

[15] 教育部. 教育部办公厅关于开展2015年国家级实验教学示范中心建设工作的通知(教高厅函[2015]31号)[Z]，2015.

[16] Bruner J. Acts of Meaning[M]. Cambridge，MA：Harvard University Press，1990.

[17] 马赫穆托夫. 问题教学[M]. 王义高，等，译. 南昌：江西教育出版社，1994.

[18] 侯飞. 建构主义教学理念下高校建筑学实验室的教学与建设研究[D]. 沈阳建筑大学，2013.

[19] 石端银，张晓鹏，李文宇. "翻转课堂"在数学实验课教学中的应用[J]. 实验室研究与探索，2016，35(1)：176-178.

基于工程教育认证的"遥感应用综合实习"课程改革与创新

李刚，秦昆，陈江平

（武汉大学遥感信息工程学院，湖北武汉，430079）

摘要：按《华盛顿协议》进行工程教育认证是提高工程技术人才培养质量的重要举措。基于工程教育认证标准进行实验教学改革与创新，对于提高实验教学质量、培养创新型工程应用人才起着重要的促进作用。文章总结了遥感综合实习引入工程教育认证标准进行实验教学改革与创新的探索实践，包括：根据工程教育认证标准要求进行了教学内容的工程化改革、研究化改革以及联合企业参与改革，同时基于工程教育标准开展了CDIO与翻转课堂相结合的教学模式创新。基于工程教育认证的"遥感应用综合实习"课程改革为创新实验教学探索了新途径，具有一定的借鉴意义。

关键词：华盛顿协议；工程教育认证；教学内容改革；教学模式创新；CDIO；翻转课堂

中图分类号：G642.0   **文献标识码**：A   **文章编号**：1006-7167(2017)11-0220-05

0 引言

工程教育是我国高等教育的重要组成部分[1]，工程教育认证是由中国工程教育专业认证协会、教育部高等教育教学评估中心针对高校开设的工程类专业实施的专门性认证，是工程教育质量保障体系的重要环节。2016年6月在吉隆坡召开的国际工程联盟大会上，我国正式加入《华盛顿协议》成为该协议的第18个正式成员，开始由工程教育大国向工程教育强国迈进。"摄影测量与遥感"是武汉大学的优势学科，是教育部审定的首批全国重点学科，也是211和985工程重点建设学科，学科综合实力在国内外同领域内处于领先地位。在该学科基础上创建与发展的"遥感科学与技术"专业是国家一类特色专业、湖北省"高校人才培养质量与创新工程品牌专业"和教育部"卓越工程师计划"工程教育改革试点专业，承担着为国家培养遥感工程应用人才的任务。作为遥感专业本科教育教学的重要组成部分和创新型遥感工程应用人才培养的重要环节，遥感实验教学以开展专业认证为契机，以目标导向为基础，按照工程教育认证中的毕业标准要求改革教学内容、创新教学模式，推动实验教学的工程化发展。本文以"遥感应用综合实习"为例介绍基于工程教育认

基金项目：湖北省教学研究项目(2013016)；湖北省教学研究项目(2014023)

作者简介：李刚(1976—)，男，汉族，湖北孝感人，博士，高级工程师，研究方向：遥感影像解译。

本文发表于：实验室研究与探索.

证标准的遥感实验课程的改革与创新。

1　实验教学改革的工程教育认证背景

在以信息化、国际化、全球化为特征的知识经济时代[2]，科学技术的进步、国家创新能力的提升以及工业产业的发展，都越来越依赖于工程教育的改革与进步。从欧盟实施以"欧洲高等工程教育"[3]、"加强欧洲工程教育"[4]、"欧洲工程的教学与研究"[5]为主题的工程教育改革和欧洲工程教育国际化战略，到美国以《本科的科学、数学和工程教育》报告[6]启动延续至今的科学、技术、工程、数学教育改革和科技人力资源能力建设，都表明在新技术革命席卷全球的形势下，欧美国家确立了工程科技人才在国家发展中的战略地位，全力关注工程教育的改革与创新。1989 年由美国、英国、加拿大、爱尔兰、澳大利亚、新西兰 6 个国家发起和签署的《华盛顿协议》是国际上最具权威性的本科工程学历、学位的互认协议，其国际化程度高、体系完整[7]。

中国是世界工程教育大国，工程教育在国家工业化和信息化建设中发挥了巨大的作用[8]。为构建与国际等效接轨的工程教育体系，教育部开展了工程教育专业认证工作，国内各高校的工程类专业积极参与，按照国际标准培养工程技术人才，推进工程教育改革、提高工程教育质量，进一步地促进了中国工程教育的国际互认，提升了我国工程技术人才的国际竞争力。

高等工程教育的目标是培养高级工程技术人才[9]，注重培养学生系统工程技术能力，尤其是工程的设计开发和创新应用能力培养。实验教学是创新型高等教育的重要组成部分[10]，也是实现高等工程教育培养目标最有效的教学环节，直接决定着工程教育的培养质量。工程教育专业认证是国际通行的工程教育质量保障制度，是实现工程教育国际互认的重要基础[11]，其核心就是要确认工科专业毕业生达到行业认可的质量标准要求，是一种以培养目标和毕业出口要求为导向的合格性评价[12]。按照工程教育认证的毕业要求标准，进行实验教学改革与创新，对于提高实验教学质量、培养创新型工程应用人才起着重要作用。

2　基于工程教育认证标准的实验教学改革思路

工程教育认证标准中提出了"学生"、"培养目标"、"毕业要求"、"持续改进"等七个通用标准项，其中毕业要求标准又提出了"工程知识"、"问题分析"、"设计/开发解决方案"、"研究"、"个人和团队"、"、沟通"等 12 个具体要求。遥感综合实习是遥感科学与技术专业本科生在大学期间开设的最后一门综合性实习课程，根据遥感专业的培养目标，要求学生巩固遥感技术全过程的理论、掌握遥感应用的主要方法。结合工程教育认证标准要求和遥感行业人才需求，遥感综合实习的改革思路为：以学生为中心，通过教学内容改革和教学模式创新，提高学生的工程应用能力、研究创新能力、设计开发能力以及团队合作能力。为实现这一改革思路，遥感综合实习的课程目标定位为培养"能应用、能研究、能开发、能合作"的四能人才。① 能应用。能应用仪器进行光谱反射测量和高光谱数据采集，能应用软件进行遥感影像预处理和遥感影像解译，能应用 ERDAS、ENVI、PCI、eCognition 进行基于像素和面向对象的遥感影像信息提取和变化检测及精度评定；② 能研究。能应用定量遥感技术进行地表温度反演研究和水体叶绿素浓度反演研究；③ 能开发。能利用 VS 和 GDAL 设计开发影像分割、分类、特征变换、信息提取和变化检测的算法和程序。④ 能合作。通过团队工作的实际训练，培养组织沟通能力和协调合作能力。

3 基于工程教育认证标准的实验教学内容改革

基于工程教育认证标准的实验教学内容改革包括三方面：针对毕业标准的"工程知识"、"设计/开发解决方案"和"使用现代工具"要求，进行了实验教学内容工程化改革；针对"研究"、"问题分析"和"环境和可持续发展"要求，进行了实验教学内容研究化改革；针对"工程与社会"、"沟通"和"项目管理"要求，联合企业以多种方式参与实验教学改革。

（1）按工程教育认证标准，实验教学内容工程化改革

工程教育认证的毕业标准中提出了"工程知识"、"设计/开发解决方案"和"使用现代工具"要求，重在评价学生的工程技术能力。为达到这些评价要求，遥感综合实习改革教学内容，通过实现工程应用的实验教学转化，不仅要使学生掌握实际生产、工程应用中已发展成熟的应用技能，还要将行业发展的新技术、新成果引入实验教学中，使学生直接面对生产和工程中的热点问题、难点问题和新问题，培养学生的系统工程技术能力。按毕业要求标准，实验教学内容工程化改革的重点在于引入了"高分辨率遥感影像专题信息提取"和"多时相遥感影像城市用地变化检测"项目式教学。

① 高分辨率遥感影像专题信息提取

随着我国经济社会的快速发展，资源环境问题日益突出，及时准确地掌握土地覆盖状况和时空分布信息，对于可持续发展具有重要意义。借助遥感技术进行土地利用专题信息提取，在国土监测、资源调查、城市建设、灾害评估等方面有着广泛的应用需求[13]。遥感综合实习引入遥感影像专题信息提取这一工程应用中的热点问题进行项目式实验教学改革，使学生通过掌握面向对象的分析技术，应用 eCognition 软件从遥感影像上提取水体、植被、道路、建筑用地、农用地等信息，从而加深对遥感技术应用于社会发展、经济建设的理解和掌握。作为一种创新性的影像分析技术，面向对象的技术是以地理对象而不是传统意义上的像素作为分析单元，提高了高空间分辨率数据的自动识别精度，有效地满足了科研和工程应用的需求。eCognition 是目前商用遥感软件中第一个基于对象的遥感信息提取软件，突破了传统商业遥感软件单纯基于光谱信息进行影像分析的局限性。遥感综合实习将遥感应用领域的新进展"面向对象分析技术"与遥感工程中的热点问题"专题信息提取"相结合改革实习内容，针对工程教育认证的"学生"标准和"设计/开发解决方案"要求，为体现以学生为本，尊重学生在教学中的主体作用，教师首先向学生阐明的是项目数据和成果要求，而对于由数据获得成果所需的任务方案和技术路线，则要求学生通过主动思考、独立设计完成。对于自主设计的技术路线中欠缺、错误的地方，在教师提示和引导下通过"发现问题、分析问题、解决问题"进行修正。要求学生在熟练应用 eCognition 的基础上进行多尺度分割并构建植被指数、水体指数、建筑用地指数等多种自定义特征，利用特征阈值法、最近邻法、模糊函数法、决策树法、随机森林法等完成影像中专题信息的提取，使学生能较早地接触到遥感应用领域的新进展，为创新性人才培养打下基础。

② 多时相遥感影像城市用地变化检测

2013 年 2 月国务院下发《关于开展第一次全国地理国情普查的通知》启动了我国地理国情监测工作[14]，其目的是构建国家级地理国情动态监测信息系统，实现重要地理国情信息全国性监测，为国家战略规划制定和社会公众服务等提供有力保障[15]。地理国情普查与监测对遥感工程应用人才提出了更大的需求和更高的要求，为此，遥感综合实习将遥感影像变化检测技术与地理国情监测这一重大需求相结合进行实验教学工程化改革，设置了"遥感影像城市用地变化检测"项目式教学内容，以加深对遥感技术应用于国情普查的理解和掌握。城市土地应用规模以及类型变化是地理国情普查的重要方面，利用遥感技术对城市进行动态变化检测是地理国情监测的重点研究内容[16]。针对工程教育认证的"工程知识要求"，该实验要求从多时相城市遥感影像中定量检测出特征差异或解译差异来确定地表变化信息，培养学生综合应用从数据预处理到特征提取、从影像解译判读到分析识别、从影像分类到分类后处理、精度评定，从特征差异法到分割、分类比较法等的遥感工程技术能力。其中：遥感数据预处理环节要求学生掌握数据输入输出、几何配准、辐射校正、影像融合、影像镶嵌、影像裁剪等技术；特征提取环节要求学生掌握光谱特征、纹理特征、边缘特征、组合特征以及变换特征等的提取；影像分类环节要求学生掌握多种分类技术如贝叶斯分类、最小距离分类、支持向量机分类、决策树分类、神经网络分类等；变化检测环节要求学生应用特征差异综合法、变换特征差异法、分类比较法、分割比较法以及模糊变化分析法等实现城市用地变化检测。

（2）按工程教育认证标准，实验教学内容研究化改革

工程教育认证的毕业标准中提出了"研究"、"问题分析"和"环境和可持续发展"要求，重在评价学生的科学研究与创新应用能力。为达到这些评价标准，遥感综合实习改革教学内容，通过实现科学研究的实验教学转化，将科学研究的新方向、新技术与社会发展、环境监测中的热点问题相结合，创建了一些全新实习项目。将新技术引入实习，不仅引导了学生进入科学研究的新领域，而且还开阔了学生的科学视野，也培养了学生对于新技术的掌握。将社会发展、环境监测中的热点问题引入实习，不仅提高了学生的学习兴趣、激发了学习热情，而且还培养了学生的科学素养和学以致用的精神。按毕业要求标准，实验教学内容研究化改革的重点在于引入了"热红外遥感影像地表温度反演与热岛效应分析"和"多光谱遥感影像叶绿素浓度反演"研究式教学。

① 热红外遥感影像地表温度反演与热岛效应分析

随着世界各国城市化的进展，城市热岛效应已经成为一个跨学科领域的问题[17]。由于下垫面的改变、人工建筑物的增加、绿地水体的减少、大气污染等原因，城市温度明显高于郊区温度从而形成类似高温孤岛现象，对城市环境生态系统和人类生产活动产生重大影响[18]。定量遥感技术已逐渐发展成为遥感领域新的主要研究方向，利用遥感技术进行地表温度反演已成为目前定量遥感研究中的重要任务[19]，遥感综合实习将其引入进行实验教学研究化改革，设置了热红外遥感影像地表温度反演与热岛效应分析教学内容，以加深对遥感技术应用于生态环境可持续性发展的理解和掌握。该实验要求从 Landsat5 的热红外影像上反演地表温度分布，并探讨不同类型的地表对城市热岛形成的影响。为达到工程教育认证的"研究"要求，该实验首先安排学生通过阅读科技文献对遥感地表温度反演的

单窗算法、劈窗算法、多通道算法进行研究，并结合实验数据最终选定利用单窗算法进行地表温度反演。为达到工程教育认证的"问题分析"标准，该实验设置了单窗算法反演模型分析环节，要求学生对反演模型的三个问题进行分析。问题之一是关于反演模型的特点，单窗反演模型是根据地表热辐射传导方程推导出的、直接包含大气和地表影响的算法，降低了对无线电探空数据的依赖[20]。单窗算法实际上是解决了由像元 DN 值到辐射强度，再到辐射亮温，最后到地表温度的转换问题。问题之二是关于辐射亮温的获取，辐射亮温是在辐射定标的基础上通过对数函数运算转化得出。问题之三是关于反演模型参数的含义和获取方法，要求学生准确理解反演模型所包括的参数，如地表比辐射率、大气透过率、含水量以及大气平均温度等，其重点是影像中地物类型的分类及其植被覆盖度的计算。通过研究和问题分析教学，培养学生运用定量遥感技术解决遥感实际问题的应用能力。

②多光谱遥感影像叶绿素浓度反演

叶绿素浓度是海洋中重要的水质参数，不仅与海洋生态系统初级生产力的研究密切相关，而且对于海洋-大气系统中碳循环、环境监测、赤潮灾害监测以及渔业管理等都具有重要影响[21]。利用遥感影像进行叶绿素浓度反演是突破传统方法，应用遥感技术解决环境监测问题的又一个典型应用。遥感综合实习将其引入进行实验教学研究化改革，设置了多光谱遥感影像叶绿素浓度反演实验，在教学内容上具有综合性、应用性和研究性，体现了创新型实验教学培养学生创新性应用能力的特点。该实验要求根据 TM 影像的多光谱波段建立多种组合模型，结合监测站点实测的叶绿素浓度数据进行模型运算、建立相应的回归方程，比较后得出二次回归模型反演叶绿素浓度分布。为达到工程教育认证的"问题分析"和"使用现代工具"标准，对于实测数据的有效性问题，该实验要求学生应用格拉布斯方法结合 GB4883—1985《数据的统计处理和解释·正态样本异常值的判断和处理》进行叶绿素浓度实测数据的异常值检验；对于影像的几何变形以及采样点坐标与影像投影坐标精确匹配问题，要求学生运用 ERDAS、ENVI、PCI 对影像进行多项式的几何纠正，并选择 UTM 投影以及 WGS84 椭球体；对于影像的辐射失真问题，要求学生运用 FLASHH 模型、ATCOR2 模型对影像进行辐射校正。在此基础上，要求学生运用建模或波谱运算工具建立各种波段组合模型并进行模型运算，利用 MATLAB 软件或 EXCEL 软件实现组合模型值与叶绿素实测数据之间的拟合关系、建立回归方程。最后对拟合关系进行分析，选取复相关系数最大的回归方程作为反演模型，反演出整个区域的叶绿素浓度分布。

（3）按工程教育认证标准，联合企业参与实验教学改革

工程教育认证的毕业标准中提出了"工程与社会"、"沟通"和"项目管理"要求，重在培养学生的表达交流、团队协作和组织管理能力。为达到这些评价标准，遥感综合实习借助学校与企业的合作关系，联合企业参与进行实验教学改革和工程应用人才培养。高校具有丰富的科研和教学优势资源，而科学技术只有转化成生产力才能真正推动社会进步与发展。企业具有生产技术优势，是实现工程应用、技术成果产业化以及社会生产的主要场所。联合企业的生产技术优势，建立生产—教学连接体，是强化工程能力和创新能力培养的重要途径。遥感综合实习联合企业参与实验教学改革采取了多种方式，包括：参观遥感应用生产基地，到第一线体验生产作业流程，使学生对遥感工程应用有了最实际的体会；

听取企业管理人才讲解项目管理与开发报告，学习项目的管理经验与设计开发流程以及运行应用的实际情况，使学生对项目管理有了清晰的认识；与企业工程技术人次座谈交流，就生产应用与项目开发中的技术问题与工程师进行沟通交流，使学生锻炼了表达与沟通交流能力；邀请企业具有丰富实践经验的高水平工程技术人才作为兼职教师到学校进行专题授课，将遥感生产实践中先进的工程技术方法、最新应用成果以及工程人才培养理念引入到实验教学中，使学生深刻掌握工程服务于社会的方法。

4 基于工程教育认证标准的实验教学模式创新

要达到工程教育认证标准的另一个关键是深化实验教学模式改革，提高实验教学质量，这是达成培养目标的重要基础。实验教学模式改革需要实现三个转变：从灌输课堂向启发课堂转变、从知识课堂向能力课堂转变、从句号课堂向问号课堂转变，以达到以学生为本，培养主动学习的精神。为此，遥感综合实习引入 CDIO 工程教育理念与翻转课堂相结合的方式进行实验教学模式创新。CDIO 教育理念是近年来国际工程教育改革的最新成果，继承和发展了欧美 20 多年来工程教育改革的经验，适合于工科教育各个环节的改革[22]。CDIO 代表构思（Conceive）、设计（Design）、实现（Implement）和运作（Operate），是以工程项目设计为导向、工程应用能力培养为目标，通过使学生系统地完成一个项目的实践经历和整体训练，对主动学习能力、设计开发能力、系统应用能力以及团体合作能力进行整体培养[22]。翻转课堂（Flipped Classroom）是一种起源于美国的新教学模式，在世界各地学校广受欢迎，是一种利用丰富的信息化资源，让学生逐渐成为学习的主角，将学习的决定权从教师转移给学生的全新教学方法[23]。翻转课堂的教学分为课堂内教学和课堂外教学两部分，传统课堂所灌输的知识等教学内容，以多媒体技术、计算机仿真技术制作成形式丰富的微视频和课件，作为翻转课堂的课堂外教学内容，而翻转课堂的课堂内教学则由问题答疑主导。

遥感综合实习将 CDIO 教育理念与翻转课堂相结合进行教学模式创新，实验教学内容工程化改革和研究化改革均按照该创新型教学模式进行组织，这涉及两个关键。关键之一是每个实习任务所涉及的知识点、软件操作技能、数据处理方法都以课件的形式分配给学生在课堂外自学完成。关键之二是每个实习任务的课堂内教学以任务驱动和问题启发为主，设置了调研构思、自主设计、开发实现、运行应用四个联系紧密而又逐层提升的实验教学环节，通过采取项目和团队工作的实际训练对学生全面地展开 CDIO 的整体培养，将分散知识和应用技能以一个完整的知识群形式系统地串成整体。

5 结语

加入《华盛顿协议》对于我国工程技术领域应对国际竞争、走向世界具有重要意义，工程教育认证有利于提高工程教育质量和工程技术人才的培养质量。本文总结了遥感综合实习引入工程教育认证标准进行实验教学改革的尝试和探索，包括：基于工程教育认证标准的实验教学内容工程化、研究化改革以及 CDIO 与翻转课堂相结合的教学模式创新。该实习课程建设为深化遥感系列实验课程的改革与创新探索了新途径，积累了经验，促进和推动了基于工程教育认证标准的遥感系列实验课程的全面改革与创新。

参考文献

[1] 曾云，陈刚，吴北平．基于工程教育专业认证的测绘工程专业课程体系优化[J]．教育教学论坛，2016(32)：268-270.

[2] 马媛．论知识经济时代大学生团队精神的培养[D]．西安科技大学，2010.

[3] 李正，林凤．欧洲高等工程教育发展现状及改革趋势[J]．高等工程教育研究，2009(4)：37-43.

[4] 姚威，邹晓东．欧洲工程教育一体化进程分析及其启示[J]．高等工程教育研究，2012(3)：41-46.

[5] 华南理工大学高等教育研究所．国际工程教育撷英(第11辑)[J]．高等工程教育研究，2008(5)：46-49.

[6] 姚威，邹晓东，胡珏．美国工程教育的政策动向及其启示[J]．高等工程教育研究，2012(5)：28-33.

[7] 中国测绘地理信息学会．《华盛顿协议》的解读[EB/OL]．2014年11月28日．http：//cssmg．sbsm．gov．cn/article/cjzn/zyrz/201411/20141100145643．shtml.

[8] 杨靖．我国工程教育质量状况到底怎样[N]．科技日报，2014-11-27.

[9] 江树勇，任正义，赵立红．从高等工程教育的功能浅谈工程训练的教学定位[J]．高教论坛，2010(4)：71-73.

[10] 陈晓宇．改革实验教学培养创新人才[J]．中国现代教育装备，2006(11)：29-30.

[11] 李敏，肖瑛，张俊星，等．基于工程教育认证的电子信息类专业教学团队建设[J]．教书育人：高教论坛，2015(15)：14-16.

[12] 吴继春，赵又红，刘金刚．基于专业认证为导向的实验室建设思考[J]．中国市场，2015(52)：127-128.

[13] 张奕凡，肖鲁湘．遥感在土地资源管理中的应用[J]．城市地理，2016(2)：74.

[14] 许娟．3S技术在地理国情普查信息采集中的应用研究[D]．成都理工大学，2015.

[15] 王华，洪亮，周志诚，等．地理国情监测的应用分析和对策[J]．地理空间信息，2016，14(1)：4-7.

[16] 刘丹丹，常慧娟，刘发明．基于遥感影像的城市用地变化监测方法研究[J]．测绘与空间地理信息，2015(10)：101-103.

[17] 寿亦萱，张大林．城市热岛效应的研究进展与展望[J]．气象学报，2012，70(3)：338-353.

[18] 宋巍巍．基于遥感的热岛效应研究[D]．华中科技大学，2005.

[19] 秦福莹．热红外遥感地表温度反演方法应用与对比分析研究[D]．内蒙古师范大学，2008.

[20] 孟鹏，胡勇，巩彩兰，等．热红外遥感地表温度反演研究现状与发展趋势[J]．遥感信息，2012，27(6)：118-123.

[21] 王春磊．莱州湾Ⅱ类水体叶绿素遥感反演算法研究[D]．中国科学院研究生院，2011.

[22] 顾佩华，沈民奋，李升平，等. 从 CDIO 到 EIP-CDIO——汕头大学工程教育与人才培养模式探索[J]. 高等工程教育研究，2008(1)：12-20.

[23] 石端银，张晓鹏，李文宇."翻转课堂"在数学实验课教学中的应用[J]. 实验室研究与探索，2016，35(1)：176-178.